工程弹性力学与有限元法

陆明万 张雄 葛东云 编著

Lu Mingwan Zhang Xiong Ge Dongyun

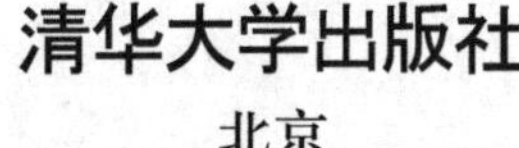

北京

内容简介

本书是为“工程弹性力学”或“弹性力学与有限元”课程编写的教材。宗旨是简明而系统地讲述弹性力学的基本概念、基本原理和基本方法，为从事工程有限元应力分析打下坚实的力学理论基础。讲述中贯穿物理概念和基本思路的阐述，突出基本理论的灵活应用和工程应用实例的讲解。章末附有习题供读者训练。附录中补充相关数学知识。

本书第1篇讲述基本理论，强调对应力与应变张量、平衡与协调、边界条件等基本概念以及弹性力学一般原理的正确理解。第2篇讲述专门问题，选讲平面问题、轴对称问题、柱形杆扭转问题和板壳问题。第3篇讲述应变能和应变余能概念，能量原理和直接解法，并简要地介绍有限元法的基本思想。

本书可作为工科专业本科生或研究生教材，亦可供从事应力分析与强度设计的工程师与研究人员参考。

图书在版编目(CIP)数据

工程弹性力学与有限元法/陆明万，张雄，葛东云编著. —北京：清华大学出版社，2005.10(2024.4重印)

(高等院校力学教材)

ISBN 978-7-302-11858-9

Ⅰ.工… Ⅱ.①陆… ②张… ③葛… Ⅲ.①工程力学：弹性力学 ②工程技术－有限元法 Ⅳ.①TB125 ②TB115

中国版本图书馆 CIP 数据核字(2005)第109345号

责任编辑：杨　倩
责任印制：丛怀宇

出版发行：清华大学出版社

网　　址：https://www.tup.com.cn，https://www.wqxuetang.com
地　　址：北京清华大学学研大厦A座　　邮　　编：100084
社 总 机：010-83470000　　邮　　购：010-62786544
投稿与读者服务：010-62776969，c-service@tup.tsinghua.edu.cn
质量反馈：010-62772015，zhiliang@tup.tsinghua.edu.cn

印 装 者：三河市龙大印装有限公司
经　　销：全国新华书店
开　　本：175mm×245mm　　印张：14.5　　字数：310千字
版　　次：2005年10月第1版　　印次：2024年4月第8次印刷
定　　价：42.00元

产品编码：014689-03/0

前言

随着现代工业与高新科技的迅猛发展，工程师们所面临的结构与设备设计任务变得越来越新颖、越来越复杂。目前我国高等院校工科专业教学大纲中所设置的基础力学课程(理论力学与材料力学)为学生打下了良好的力学基础，但是用于处理复杂结构部件的应力分析和强度设计问题还远远不够。学生们毕业后经常感到理论基础不足，需要在工作中通过自学来补充弹性力学、有限元法等课程的知识，然而这些课程的教材大多是为力学专业的学生或从事相关研究工作的专业人员编写的，理论较深，不易入门。随着教学改革的深入，许多工科院校都希望开设一门48学时左右的“工程弹性力学”或“弹性力学与有限元”课程，简明而系统地讲述弹性力学的基本概念、基本原理和基本方法，并简要地介绍有限元法的基本思想。

经典弹性力学具有丰富的内容和严密的理论体系，通常由三部分组成。第一部分是基本理论，讲述应力、应变、平衡、协调、能量等基本概念，建立三维弹性力学问题最一般的基本原理和求解方程体系。最终导出的求解方程是一组至今未能找到解析解的、十分复杂的偏微分方程。第二部分是简化问题的解析解，针对平面问题、柱形杆扭转问题、轴对称问题、板壳问题等各类专门问题的特点对弹性力学一般方程进行简化，讲授解析地求解这些简化方程的方法。其中一些经典问题(例如厚壁筒、小孔应力集中、裂纹尖端应力场、赫兹接触问题、回转壳薄膜理论等)的解析解在工程中发挥了指导性作用，成为制定工程强度设计规范的重要理论依据。第三部分是能量原理，讲述最小势能、最小余能等基本原理和瑞利-里茨、伽辽金、加权残量等近似解法，内容仍限于解析求解。可以看到，寻找解析解是经典弹性力学的特点和基本教学要求之一。完成上述教学要求一般需要80～96学时。

工科院校的“工程弹性力学”课程一般只有 32～48 学时，通常选用“弹性力学简明教程”，其特点是：①以简化的二维平面问题为核心来介绍弹性力学的基本理论和基本方法，降低较为抽象的弹性力学一般理论的教学要求；②选择性地讲授那些对工程应用有重要贡献的经典弹性力学解例，精简那些对学生数学基础要求较高的解法和解例。

随着计算机时代的来临，以有限元法为代表的数值方法迅速发展起来，为弹性力学开辟了崭新的通用求解途径。至今，任何复杂的工程结构部件都可以用有限元法求得满足工程精度要求的弹性力学数值解，给出相应的变形与应力分布。加上友好的用户输入界面及计算结果的图形显示和动画演示，有限元通用计算程序越来越受到工程师们的青睐，使工程应力分析与强度设计工作朝着更准确、更快速的方向产生了革命性的变化。有限元程序是一个高度自动化的“傻瓜”求解器，只要用户输入合理(但不一定正确)的初始数据，它就能给出漂亮(但不一定有用)的计算结果，用户无法通过逐步跟踪其求解过程来判断计算结果的正确性。于是，如何保证正确地建立简化计算模型，如何合理地判断最终计算结果的正确性，以及如何敏锐地预测导致错误结果的可能原因就成为有限元分析工程师的基本功。要培养这些能力必须系统地掌握弹性力学的基本概念和一般原理，而不只是知道若干弹性力学专门问题的具体解答。显然，现代“工程弹性力学”课程的教学内容需要作适当的调整。

根据作者多年讲授弹性力学课程和从事有限元分析研究的经验，本教材将突出如下特点：

(1) 加强三维弹性力学基本概念和一般原理的系统讲授。受学时所限，侧重力学概念的阐明与应用，精简严格的数学证明过程。

(2) 突出应力张量、应变张量等基本概念，在一般理论的推导中引入矩阵表示和运算方法。

(3) 增加与正确建立简化模型和合理评价计算结果相关的弹性力学知识。

(4) 放松弹性力学解析解法的教学要求，例题着重讲明概念，避免冗长的计算。

(5) 补充关于有限元法的简单介绍，并在教学中利用有限元程序和算例作辅助工具。

本书是为工程专业本科生(或有些专业的研究生)和从事应力分析与强度设计的工程师们编写的工程弹性力学教材。宗旨是简明而系统地讲述弹性力学的基本概念、基本原理和基本方法，为从事工程有限元应力分析打下坚实的力学理论基础。本书以重视物理概念和工程应用为特点，是作者为力学专业本科生和工程专业研究生编写的《弹性理论基础》教材(清华大学出版社/施普林格出版社，1990 年第 1 版，2001 年第 2 版)的姐妹篇。

本书第 8 章可以作为 16 学时左右的“工程板壳理论”选修课的教材。

本书楷体印刷的部分为选讲内容。

本书第 9 章、第 10 章和附录 C 由张雄编写，第 6 章、第 7 章和习题由葛东云编写，其余部分由陆明万编写。

陆明万　张　雄　葛东云
（清华大学航天航空学院）
2005 年 6 月于清华园

目录

第1篇　基本理论

第2篇 专门问题

第3篇　能量原理与有限元法

附　　录

第 1 篇

基本理论

第 1 章　绪论
第 2 章　应力与平衡
第 3 章　应变与协调
第 4 章　弹性力学基本方程和一般原理

第1章 绪 论

1.1 概 述

弹性力学是研究载荷作用下弹性体中内力状态和变形规律的一门科学。这里，**载荷**是指机械力、温度、电磁力等各种能导致物体变形和产生内力的物理因素。**弹性体**是指在载荷卸除后能完全恢复其初始形状和尺寸的物体。大多数工程结构，在正常工作载荷范围内，都可以简化为弹性体。

弹性力学是在不断解决工程实际问题的过程中发展起来的。1638 年伽利略(Galileo,G.)首先研究了建筑工程中梁的弯曲问题。1678 年胡克(Hooke,R.)根据金属丝、弹簧和悬臂木梁的实验结果提出了弹性体的变形与作用力(更精确地说，应变与应力)成正比的物理定律，为弹性力学打下了坚实的物理基础。1821—1822 年纳维(Navier,L. M. H.)和柯西(Cauchy,A. L.)导出了弹性理论的普遍方程，为弹性力学奠定了严密的数学基础。此后，许多学者针对一些典型的工程结构研究了柱型杆扭转与弯曲、平面问题、接触问题、应力集中以及板壳结构等一系列重要问题。现在弹性力学已经成为工程结构应力分析与强度、刚度设计的重要理论基础。

弹性力学的基本方程是一组十分复杂的偏微分方程，一百多年来人们一直在努力寻找它的解析解，但至今尚未成功。为此人们针对一些弹性力学专门问题的特点导出了相应的简化方程，并成功地找到了若干经典问题(例如厚壁筒、小孔应力集中、裂纹尖端应力场、赫兹(Hertz,H. R.)接触问题、回转壳薄膜理论等)的解析解，对工程应用起到了极为重要的指导作用，成为许多工程强度设计规范的理论依据。另一方面，里茨（Ritz，W.）和伽辽金（Галёркин，Б.Г.）分别于1908年和1915年提出了基于能量原理的直接解法，开创了近似求解弹性理论问题的新途径。随着高速大型电子计算机的发展，有限差分法、有限元法、边界元法、无网格法等各种有效的数值计算方法如雨后春笋般地涌现出来。尤其是有限元法具有模拟任意复杂几何形状的广泛适用性，为求解任何复杂工程结构部件的弹性力学问题提供了通用有效的数值解法。随着工程结构的复杂性与工程设计的精度要求日益提高，有限元计算已经成为工程师们解决结构部件应力分析与强度、刚度设计问题的主要手段之一。

有限元程序是一个求解弹性力学问题的黑匣子，只要用户能够输入合理（但不一定正确）的初始信息，它就能给出漂亮（但不一定有用）的计算结果。再加上自动剖分单元和计算结果可视化等友好的用户界面，似乎现在人人都能像使用“傻瓜”照相机那样容易地掌握有限元程序、进行有限元分析了。其实，有限元分析对工程师们系统掌握和灵活应用弹性力学基础知识提出了更高的要求。首先，必须根据弹性力学基本原理来建立所研究结构部件的合理简化模型和给定正确的边界条件，以确保输入信息的正确性与有效性。否则即使程序判断输入信息合理，并顺利完成计算，也会因为建模上的致命错误，导致漂亮的分析结果完全无效。其次，必须依靠对弹性力学基本概念和基本原理的深入理解来判断有限元计算结果的正确性，一旦发现错误，又要敏感地预测导致错误的原因，以便尽快找到正确结果。由于有限元程序完全隐藏了问题的求解过程，用户无法用逐步跟踪求解过程的方法来验证计算结果和查找错误原因，可以形象地比喻说，有限元分析者是中医，他（她）只能通过号脉、观貌、听音、嗅味等表观手段来判断求医者是否有病、有什么病，这就要求大夫对病理和病因有更综合、更透彻的理解。本书希望能为读者将来应用有限元分析手段处理工程强度问题打下坚实的弹性力学理论基础。

本书只讨论弹性静力学问题，不涉及振动、波动、稳定性（屈曲）和非弹性材料等问题。

1.2　弹性力学的基本假设

弹性力学采用如下基本假设。

（1）**连续性假设**　认为物体由密实的**连续介质**组成，并在整个变形过程中保持其连续性，不会出现开裂或重叠现象。

弹性力学不考虑材料的微观粒子结构，而采用由宏观性能试验测定的材料统计物理性质（如质量、弹性常数、热膨胀系数等）来表征物体。在宏观物理学中，物质的四态（固体、流体、气体和等离子体）都可以简化为连续介质，具有弹性特性的连续介质称为弹性体。

(2) **弹性假设** 认为在整个加、卸载过程中弹性体的变形与载荷存在一一对应的关系[①],且当载荷卸去后变形将完全消失,弹性体恢复其初始的形状和尺寸。

大多数工程材料在应力低于弹性极限时服从胡克定律,即应力与应变满足线性关系,称为**线性弹性**(简称线弹性)材料。当应力超过弹性极限后,材料中出现塑性变形,应力-应变将具有非线性的、与加载历史相关的关系;另外,有些工程材料的弹性应力应变关系也是非线性的,这都称为**材料非线性**效应。本书主要研究线弹性材料的小变形(变形和物体尺寸相比可以略而不计的)情况,这时不仅应力应变关系是线性的,而且应变与位移间的几何关系也是线性的,最终导致载荷与位移(变形)间也满足线性关系。但是在大变形情况下,应变与位移间将出现**几何非线性**效应,这时即使材料是线弹性的,载荷与变形的关系也将是非线性的。

(3) **均匀性假设** 认为材料的物理性质处处相同,与取样位置无关。

金属材料一般是均匀的。对于混凝土、玻璃钢、木材等非均质材料,如果只关心整体结构的受力与变形特征,也可以利用在足够大的材料试件上测得的等效弹性常数将其简化为均匀材料。近代研究表明,材料的细观结构及各组分间的界面强度对非均质材料的破坏具有重要影响,因此对于这类材料的破坏机理研究应该放弃均匀性假设。

(4) **各向同性假设** 认为材料的物理性质与测定方向无关。

金属材料和混凝土通常视为各向同性的。但是木材、纤维增强复合材料、地壳结构等通常是各向异性的。

(5) **无初应力假设** 认为物体在加载前处于无初始应力的自然状态。

其实加载前物体中已经存在初始内力场,例如分子间的相互引力以及由制造工艺(如铸造、焊接、强力拼装)引起的残余应力和装配应力等。但是由于初始内力场是一个与载荷无关的自平衡力系,可以单独求解,所以弹性力学引入无初应力假设,只考虑由载荷引起的附加内力场。这对大多数情况是适用的,但是对应力腐蚀等失效模式必须考虑残余应力的影响。

1.3 载荷分类

载荷是导致物体变形和产生内力的物理因素。

根据性质不同,载荷可以分为两大类。第一类称**机械载荷**,它们是作用在物体上的外力,例如重力、压力、推力、电磁力等。在外力作用下物体将同时产生变形和内

① 这里不考虑物体在弹性屈曲后的行为。

力，当内力与外力相平衡时变形就停止。第二类是**非机械载荷**，或称物理载荷，它们是能够引起物体变形的物理因素，例如温度变化（又称热载荷）引起物体热胀冷缩，中子辐照导致物体肿胀，电场使压电晶体变形，生物电流激励人体肌肉伸缩，有些含液的多孔高分子聚合材料当溶液浓度变化或受外电场作用时也会产生伸缩现象。非机械载荷并不直接引起内力，例如在均匀温度场中如果允许物体自由膨胀，则不会产生内力，仅当胀缩变形受到约束时物体内才会出现"热应力"。

根据作用域的不同，外力可以分为体积力和表面力。**体积力**是作用在物体内部体积上的外力，简称体力。例如重力、惯性力、电磁力等。在强电磁场中，物体内部体积上还受外力偶作用，但是对大多数工程问题体力偶可以忽略不计。**表面力**是作用在物体表面上的外力，简称面力。例如液体或气体对固体表面的压力、两个固体间的接触力等。材料力学中的**集中力**是高度集中的表面力的简化表示，在弹性力学中则应把集中力还原成作用在局部表面上的表面力来处理。

第 2 章 应力与平衡

本章基于静力学研究外力作用下物体的平衡状态。讲述应力张量的重要概念，导出应力应满足的平衡微分方程。本章不涉及物体的材料性质和变形情况，所得结论适用于任何连续介质。

2.1 内力和应力

当载荷作用于物体时将引起物体内相邻部分间的相互作用力，称为**内力**。内力的分布一般是不均匀的，弹性力学要分析物体内各点处的局部受力状态，以便准确地判断物体的安全性。为了考察 P 点处的内力，先用通过该点的截面(可以是平面或曲面)把物体切开，将内力暴露出来，如图 2-1(b)所示。由于截面上内力分布不均匀，必须引入应力的概念来描述局部受力状态。**应力**是单位面积截面上所受的**内力**，其量纲与压力相同，不同之处在于压力是作用在物体表面上的已知外力，属于载荷的一部分。为了给出应力的精确定义，以 P 为形心在截面上取一个面积为 ΔS 的面元，其单位外法线矢量为$\boldsymbol{\nu}$。面元上所受内力之合力为 $\Delta \boldsymbol{F}$(一般说它与法矢量$\boldsymbol{\nu}$不同向)，见图 2-1(c)。当 $\Delta S \to 0$ 时(即面元趋于 P 点时)，比值 $\Delta \boldsymbol{F}/\Delta S$ 的极限称为**应力矢量** $\boldsymbol{\sigma}_{(\nu)}$

$$\boldsymbol{\sigma}_{(\nu)} = \lim_{\Delta S \to 0} \frac{\Delta \boldsymbol{F}}{\Delta S} \tag{2.1}$$

对于小变形情况，取 ΔS 为面元变形前的初始面积；对大变形情况则取 ΔS 为面元变形后的实际面积。

应该指出，在刚体力学中，力可以看作自由矢量沿其作用线任意滑移，但在变形

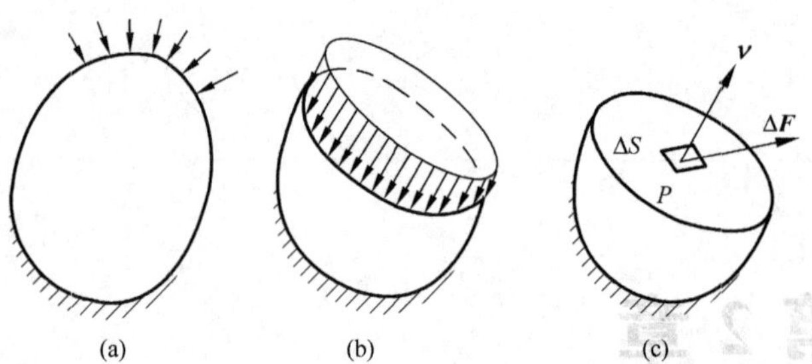

图 2-1　应力示意图

体力学中，力和应力矢量都有自己固定的作用点，不能随意移动。

应力记号的右下标(ν)表示：应力矢量$\boldsymbol{\sigma}_{(\nu)}$的大小与方向不仅和$P$点的位置有关，而且和截面的方向（用其法线方向$\boldsymbol{\nu}$表示）有关。以图 2-2 中的单向拉伸试件为例，横截面A上只有正应力$\sigma=F/S$（S为横截面面积），没有剪应力；45°斜截面B上的正应力和剪应力均为$\sigma/2$；而纵截面C上的正应力和剪应力均为零。由此可见，物体内一点处的局部受力情况（简称**一点应力状态**）是一个具有双重方向性的物理量，其中第一个是面元的方向，用其法矢量$\boldsymbol{\nu}$表示，第二个是作用在该面元上的应力矢量的方向，一般用其三个分量来表示。在数学中，具有多重方向性的物理量称为**张量**，它是矢量概念的推广，若有n重方向性就称为n阶张量。这样，物体内的一点应力状态必须用一个**二阶应力张量**才能完整地加以描述。

矢量只有一个方向性，属一阶张量，它有 3 个分量。具有双重方向性的二阶应力张量有 3×3=9 个分量。选择笛卡儿坐标系$x_1=x, x_2=y, x_3=z$，缩写为$x_i(i=1,2,3)$。用六个平行于坐标面的截面（简称**正截面**）在P点的邻域内取出一个正六面体微元，如图 2-3 所示。其中，外法线与坐标轴x,y,z同向的三个面元称为**正面**，外法线与坐标轴反向的另三个面元称为**负面**。把作用在三个正面上的应力矢量分别沿坐标轴正向分解，得到九个**应力分量**，如图 2-3 所示，它们的组合是

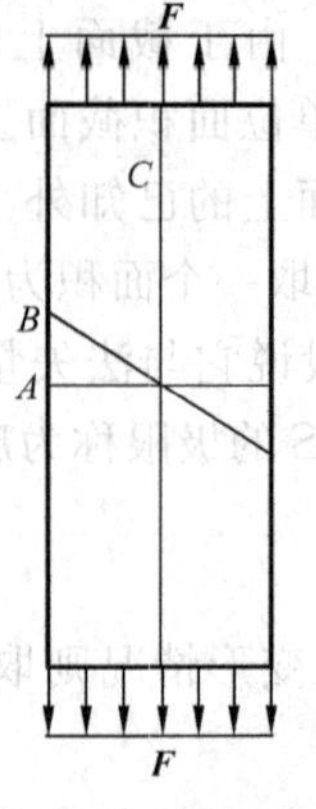

图 2-2　单向拉伸试件

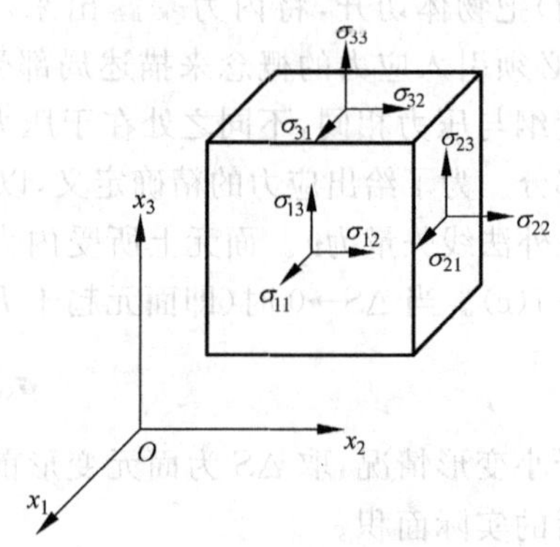

图 2-3　应力张量

$$(\sigma_{ij})=\begin{pmatrix}\sigma_{11} & \sigma_{12} & \sigma_{13}\\ \sigma_{21} & \sigma_{22} & \sigma_{23}\\ \sigma_{31} & \sigma_{32} & \sigma_{33}\end{pmatrix},\quad i,j=1,2,3 \tag{2.2}$$

其中,第一指标 i 表示面元的法线方向,称为**面元指标**。当 i 取 1,2,3 时分别表示法线与 x,y,z 轴同向的三个正面。第二指标 j 表示应力矢量的分解方向,称为**分量指标**。当 j 取 1,2,3 时分别表示沿 x,y,z 轴方向的应力分量。若 $i=j$,应力分量垂直于面元,称为**正应力**;若$i\neq j$,则应力分量作用在面元平面内,称为**剪应力**。如果用 σ 表示正应力,τ 表示剪应力,并用x,y,z作指标,则九个应力分量也可以记为

$$\begin{pmatrix}\sigma_x & \tau_{xy} & \tau_{xz}\\ \tau_{yx} & \sigma_y & \tau_{yz}\\ \tau_{zx} & \tau_{zy} & \sigma_z\end{pmatrix} \tag{2.3}$$

可以用应力张量的九个分量作元素构成 3×3 的**应力矩阵**:

$$[\sigma]=\begin{bmatrix}\sigma_{11} & \sigma_{12} & \sigma_{13}\\ \sigma_{21} & \sigma_{22} & \sigma_{23}\\ \sigma_{31} & \sigma_{32} & \sigma_{33}\end{bmatrix} \tag{2.4}$$

由剪应力互等定律可知 $\sigma_{ij}=\sigma_{ji}\,(i,j=1,2,3)$,故应力张量和应力矩阵都是对称的。

弹性力学对应力分量的正向规定如下:正面上的应力分量与坐标轴同向为正、反向为负;负面上的应力分量与坐标轴反向为正、同向为负。这个规定客观地反映了"作用与反作用"原理和"受拉为正、受压为负"的传统观念,并具有数学处理上的一致性。请读者对比弹性力学和材料力学对剪应力正向的规定有何异同。

应力矢量反映了物体相邻两部分间通过截面所传递的接触力,称为近程力。一般而言,物体中相隔一定距离的两部分间也存在相互吸引力,称为远程力。弹性力学假设:物体各部分间的远程吸引力相对于近程接触力而言可以忽略不计,称为**欧拉(Euler,L.)-柯西(Cauchy,A.L.)应力原理**。于是应力张量成为描述物体内力场的基本物理量。

2.2 斜面应力公式

本节推导用应力张量的九个分量来计算任意方向斜截面上的应力矢量的公式。考察图 2-4 中的四面体 $PABC$,它由一个斜面和三个负面组成。斜面单位法向矢量$\boldsymbol{\nu}$ 的分量(即方向余弦 l,m,n)为 $\nu_1=l=\cos(\nu,x_1)$,$\nu_2=m=\cos(\nu,x_2)$,$\nu_3=n=\cos(\nu,x_3)$。三个负面上的应力矢量沿坐标轴反向分解后就是九个应力分量。下面介绍两种推导方法。

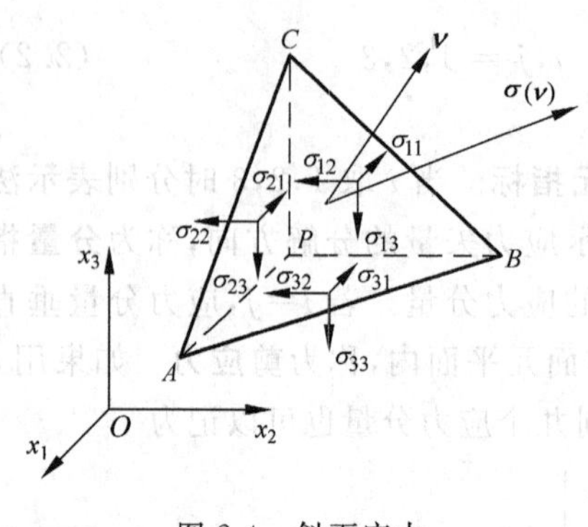

图 2-4 斜面应力

1. 张量分解法

应力张量有两个方向性，要作两次分解才能得到九个分量。第一次先对面元方向分解得到作用在三个正面上的应力矢量 $\boldsymbol{\sigma}_{(1)}$，$\boldsymbol{\sigma}_{(2)}$，$\boldsymbol{\sigma}_{(3)}$，它们是应力张量的三个一阶分量，在应力矩阵(2.4)中分别对应于面元指标 i 取 1,2,3 的三行，第二次再把每个应力矢量沿坐标方向分解成三个分量，分别对应于分量指标 j 取 1,2,3，得到应力张量的九个分量。在应力矩阵中三个应力矢量按列形式排列，各应力矢量的三个分量按行形式排列，即

$$[\boldsymbol{\sigma}]=\begin{Bmatrix}\boldsymbol{\sigma}_{(1)}\\ \boldsymbol{\sigma}_{(2)}\\ \boldsymbol{\sigma}_{(3)}\end{Bmatrix}=\begin{bmatrix}\sigma_{11} & \sigma_{12} & \sigma_{13}\\ \sigma_{21} & \sigma_{22} & \sigma_{23}\\ \sigma_{31} & \sigma_{32} & \sigma_{33}\end{bmatrix} \tag{2.5}$$

为了导出作用在斜面上的应力矢量 $\boldsymbol{\sigma}_{(\nu)}$，可以将应力张量向该斜面的法线方向 $\boldsymbol{\nu}$ 作第一次分解。把附录 A.2 中用标量积求矢量分量的思想推广到张量情况，将面元法矢量 $\boldsymbol{\nu}$ 从左边与张量中代表面元方向性的指标 i 相点乘，就得到应力张量 $\boldsymbol{\sigma}$ 在 $\boldsymbol{\nu}$ 方向上的一阶分量：

$$\boldsymbol{\sigma}_{(\nu)}=\boldsymbol{\nu}\cdot\boldsymbol{\sigma} \tag{2.6}$$

注意到面元指标 i 在应力矩阵中按列排列，所以 $\boldsymbol{\nu}$ 应取行矩阵(参见附录 A.2 节)：

$$\begin{bmatrix}\sigma_{(\nu)1} & \sigma_{(\nu)2} & \sigma_{(\nu)3}\end{bmatrix}=\begin{bmatrix}\nu_1 & \nu_2 & \nu_3\end{bmatrix}\begin{bmatrix}\sigma_{11} & \sigma_{12} & \sigma_{13}\\ \sigma_{21} & \sigma_{22} & \sigma_{23}\\ \sigma_{31} & \sigma_{32} & \sigma_{33}\end{bmatrix} \tag{2.7}$$

等式左端是应力矢量 $\boldsymbol{\sigma}_{(\nu)}$ 的三个分量，将等式右端作矩阵乘，再令等式左右对应元素相等，就导到**斜面应力**计算公式，或称柯西公式：

$$\left.\begin{aligned}\sigma_{(\nu)1}&=\nu_1\sigma_{11}+\nu_2\sigma_{21}+\nu_3\sigma_{31}=l\sigma_x+m\tau_{yx}+n\tau_{zx}\\ \sigma_{(\nu)2}&=\nu_1\sigma_{12}+\nu_2\sigma_{22}+\nu_3\sigma_{32}=l\tau_{xy}+m\sigma_y+n\tau_{zy}\\ \sigma_{(\nu)3}&=\nu_1\sigma_{13}+\nu_2\sigma_{23}+\nu_3\sigma_{33}=l\tau_{xz}+m\tau_{yz}+n\sigma_z\end{aligned}\right\} \tag{2.8}$$

知道分量后，立即能求得斜面应力的大小(又称斜面**全应力**)和方向：

$$\sigma_\nu=\left|\boldsymbol{\sigma}_{(\nu)}\right|=\sqrt{\sigma_{(\nu)1}^2+\sigma_{(\nu)2}^2+\sigma_{(\nu)3}^2} \tag{2.9}$$

$$\cos(\boldsymbol{\sigma}_{(\nu)},x_1)=\sigma_{(\nu)1}/\sigma_\nu;\quad \cos(\boldsymbol{\sigma}_{(\nu)},x_2)=\sigma_{(\nu)2}/\sigma_\nu;\quad \cos(\boldsymbol{\sigma}_{(\nu)},x_3)=\sigma_{(\nu)3}/\sigma_\nu \tag{2.10}$$

值得指出的是，式(2.8)中的 $\sigma_{(\nu)1}$，$\sigma_{(\nu)2}$，$\sigma_{(\nu)3}$ 既不是斜面上的正应力，也不是斜面剪应力，而是斜面应力矢量沿坐标轴 x，y，z 方向的分量。因为在面元法矢量 $\boldsymbol{\nu}$ 点乘应力张量的过程中，标志分解方向的右指标 j 并无任何改变，所以矢量 $\boldsymbol{\sigma}_{(\nu)}$ 仍按原坐标轴方向分解。

斜面正应力 $\boldsymbol{\sigma}_{(n)}$ 与法线 $\boldsymbol{\nu}$ 同向。为求其大小 σ_n，把 $\boldsymbol{\sigma}_{(\nu)}$ 向 $\boldsymbol{\nu}$ 方向分解(点乘 $\boldsymbol{\nu}$)得到

$$\sigma_n = \boldsymbol{\sigma}_{(\nu)} \cdot \boldsymbol{\nu} = \nu_1\sigma_{(\nu)1} + \nu_2\sigma_{(\nu)2} + \nu_3\sigma_{(\nu)3} \tag{2.11}$$

将式(2.8)代入，展开后得到**斜面正应力**计算公式：

$$\begin{aligned}\sigma_n &= \sigma_{11}\nu_1\nu_1 + \sigma_{22}\nu_2\nu_2 + \sigma_{33}\nu_3\nu_3 + 2\sigma_{12}\nu_1\nu_2 + 2\sigma_{23}\nu_2\nu_3 + 2\sigma_{31}\nu_3\nu_1 \\ &= \sigma_x l^2 + \sigma_y m^2 + \sigma_z n^2 + 2\tau_{xy}lm + 2\tau_{yz}mn + 2\tau_{zx}nl\end{aligned} \tag{2.12}$$

斜面剪应力 $\boldsymbol{\tau}$ 是斜面应力 $\boldsymbol{\sigma}_{(\nu)}$ 与斜面正应力 $\boldsymbol{\sigma}_{(n)}$ 之矢量差

$$\boldsymbol{\tau} = \boldsymbol{\sigma}_{(\nu)} - \boldsymbol{\sigma}_{(n)} \tag{2.13}$$

其分量为

$$\tau_1 = \sigma_{(\nu)1} - \nu_1\sigma_n; \quad \tau_2 = \sigma_{(\nu)2} - \nu_2\sigma_n; \quad \tau_3 = \sigma_{(\nu)3} - \nu_3\sigma_n \tag{2.14}$$

斜面剪应力作用在斜面内，与 $\boldsymbol{\sigma}_{(n)}$ 和 $\boldsymbol{\sigma}_{(\nu)}$ 构成直角三角形，其大小和方向为

$$\tau = \sqrt{\sigma_\nu^2 - \sigma_n^2} \tag{2.15}$$

$$\cos(\boldsymbol{\tau}, x_1) = \tau_1/\tau; \quad \cos(\boldsymbol{\tau}, x_2) = \tau_2/\tau; \quad \cos(\boldsymbol{\tau}, x_3) = \tau_3/\tau \tag{2.16}$$

当斜面为物体表面时 $\sigma_{(\nu)}$ 就是外部给定的表面力。4.3 节中将用斜面应力公式来给定力边界条件。

2. 平衡法

根据平衡原理可以直观地证明斜面应力公式。设斜面 $\triangle ABC$ 的面积为 $\mathrm{d}S$，则三个负面的面积分别为(参见图 2-4)：

$$\left.\begin{aligned}\triangle PBC:\quad \mathrm{d}S_1 &= \nu_1\mathrm{d}S; \\ \triangle PCA:\quad \mathrm{d}S_2 &= \nu_2\mathrm{d}S; \\ \triangle PAB:\quad \mathrm{d}S_3 &= \nu_3\mathrm{d}S;\end{aligned}\right\} \tag{2.17}$$

记四面体 $PABC$ 的高(顶点 P 到斜面的垂直距离)为 $\mathrm{d}h$，则其体积为

$$\mathrm{d}V = \frac{1}{3}\mathrm{d}h \cdot \mathrm{d}S \tag{2.18}$$

四面体内作用有体力 $\boldsymbol{f}$(为图面清楚未在图 2-4 中标出)，其分量为 f_1, f_2, f_3。

列出作用于四面体上的诸力沿 x_1 方向的平衡方程，注意到平衡方程是力(应力乘面积或体力乘体积)的平衡关系，有

$$\sigma_{(\nu)1}\mathrm{d}S + f_1\mathrm{d}V = \sigma_{11}\mathrm{d}S_1 + \sigma_{21}\mathrm{d}S_2 + \sigma_{31}\mathrm{d}S_3 \tag{2.19}$$

当四面体向 P 点收缩而趋于无穷小时，体元 $\mathrm{d}V$ 比面元 $\mathrm{d}S$ 小一个量级，而诸力的分量均为有限量，所以上式中体力项与面力项相比可以略而不计。将式(2.17)代入上式后得到

$$\sigma_{(\nu)1} = \nu_1\sigma_{11} + \nu_2\sigma_{21} + \nu_3\sigma_{31} = l\sigma_x + m\tau_{yx} + n\tau_{zx} \tag{2.20}$$

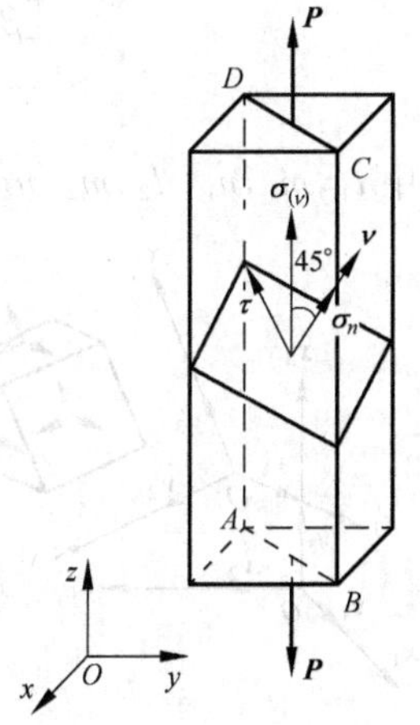

图 2-5 单拉试件斜面应力

这就是斜面应力公式(2.8)的第一式。同理,由 x_2 和 x_3 方向的平衡方程可以分别得到(2.8)的第二式和第三式。

例 2.1 受单向拉伸的方形杆(图 2-5),拉力 $P=1000\text{N}$,截面积 $A=1\text{cm}^2$,求法线$\boldsymbol{\nu}$与 z 轴成 $45°$,并与 x、y 轴夹角相等的斜面上的应力矢量、正应力和剪应力。

解 应用斜面应力公式前首先要根据题意确定微元正面上九个应力分量的值和斜面法线的方向余弦。由本题给定条件知:$\sigma_z=10\text{MPa}(1\text{MPa}=10^6\text{N/m}^2)$,其余应力分量为零;斜面法线的方向余弦 $\nu_3=1/\sqrt{2}$,再由 $\nu_1=\nu_2$ 和 $\nu_1^2+\nu_2^2+\nu_3^2=1$ 解得 $\nu_1=\nu_2=1/2$。

代入式(2.8)得斜面应力分量 $\sigma_{(\nu)1}=\sigma_{(\nu)2}=0$,$\sigma_{(\nu)3}=\sigma_z/\sqrt{2}=10/\sqrt{2}\,\text{MPa}$。再由式(2.9)得全应力 $\sigma_\nu=\sigma_{(\nu)3}=10/\sqrt{2}\,\text{MPa}$。可见,斜面应力与 $\boldsymbol{\sigma}_z$(即拉伸方向)同向,但大小 $\sigma_\nu=\sigma_z/\sqrt{2}$,因为斜截面的面积比横截面大了$\sqrt{2}$倍。

由式(2.11)可以求得斜面上的正应力:$\sigma_n=\sigma_z/2=5\text{MPa}$。代入式(2.15)得剪应力大小为 $\tau=5\text{MPa}$。斜面应力矢量、正应力和剪应力都位于对角平面 $ABCD$ 内,如图 2-5 所示。

2.3 应力的坐标转换

和矢量一样,张量在不同坐标系中的分量是不同的,它们之间存在一定的转换关系。如图 2-6 所示,由老坐标系 $x_i(i=1,2,3)$ 向新坐标系 $x'_i(i=1,2,3)$ 的坐标转换矩阵为(详见附录 A.3 节)

$$[\beta]=\begin{bmatrix}\beta_{11} & \beta_{12} & \beta_{13}\\ \beta_{21} & \beta_{22} & \beta_{23}\\ \beta_{31} & \beta_{32} & \beta_{33}\end{bmatrix}=\begin{bmatrix}l_1 & m_1 & n_1\\ l_2 & m_2 & n_2\\ l_3 & m_3 & n_3\end{bmatrix} \tag{2.21}$$

其中 l_1,m_1,n_1;l_2,m_2,n_2;l_3,m_3,n_3 分别是新基矢量$\boldsymbol{\nu}'_1$,$\boldsymbol{\nu}'_2$,$\boldsymbol{\nu}'_3$(即沿新坐标轴的三个单位矢量)在老坐标系中的方向余弦。可以看到,新基矢量$\boldsymbol{\nu}'_1$,$\boldsymbol{\nu}'_2$,$\boldsymbol{\nu}'_3$在$[\beta]$矩阵中是按列形式排列的,而它们各自的分量则按行形式排列。

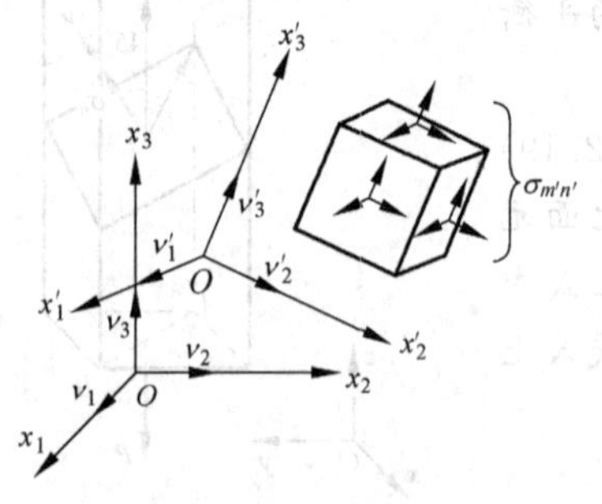

图 2-6 应力的坐标转换

用应力张量在老坐标系中的九个分量 σ_{ij} 求新坐标系中九个应力分量 σ'_{ij} 的计算公式称为**应力的坐标转换公式**,简称**应力转换公式**或**转轴公式**。图 2-6 表明,新坐标系中六面体微元的三个正面和三个负面的法线方向分别沿新坐标轴的正向和负向,在老坐标系中它们都是斜面。推导应力转换公式的第一步就是用斜面应力公式来计算作用在新微元三个正面上的应力矢量 $\boldsymbol{\sigma}_{(\nu_1')}$,$\boldsymbol{\sigma}_{(\nu_2')}$,$\boldsymbol{\sigma}_{(\nu_3')}$。由式(2.7)得到

$$\boldsymbol{\sigma}_{(\nu_1')} = [\sigma_{(\nu_1')1} \quad \sigma_{(\nu_1')2} \quad \sigma_{(\nu_1')3}] = [l_1 \quad m_1 \quad n_1] \begin{bmatrix} \sigma_{11} & \sigma_{12} & \sigma_{13} \\ \sigma_{21} & \sigma_{22} & \sigma_{23} \\ \sigma_{31} & \sigma_{32} & \sigma_{33} \end{bmatrix} \tag{2.22}$$

这就是说,新微元 x_1' 方向正面上的应力矢量 $\boldsymbol{\sigma}_{(\nu_1')}$ 等于用坐标转换矩阵$[\beta]$的第一行左乘老坐标中的应力矩阵$[\sigma]$。同理,x_2' 和 x_3' 方向正面上的 $\boldsymbol{\sigma}_{(\nu_2')}$ 和 $\boldsymbol{\sigma}_{(\nu_3')}$ 分别等于$[\beta]$的第二和第三行左乘$[\sigma]$。把它们合写在一起有

$$\begin{bmatrix} \boldsymbol{\sigma}_{(\nu_1')} \\ \boldsymbol{\sigma}_{(\nu_2')} \\ \boldsymbol{\sigma}_{(\nu_3')} \end{bmatrix} = \begin{bmatrix} \sigma_{(\nu_1')1} & \sigma_{(\nu_1')2} & \sigma_{(\nu_1')3} \\ \sigma_{(\nu_2')1} & \sigma_{(\nu_2')2} & \sigma_{(\nu_2')3} \\ \sigma_{(\nu_3')1} & \sigma_{(\nu_3')2} & \sigma_{(\nu_3')3} \end{bmatrix} = \begin{bmatrix} l_1 & m_1 & n_1 \\ l_2 & m_2 & n_2 \\ l_3 & m_3 & n_3 \end{bmatrix} \begin{bmatrix} \sigma_{11} & \sigma_{12} & \sigma_{13} \\ \sigma_{21} & \sigma_{22} & \sigma_{23} \\ \sigma_{31} & \sigma_{32} & \sigma_{33} \end{bmatrix} = [\beta][\sigma] \tag{2.23}$$

这里的 $\boldsymbol{\sigma}_{(\nu_1')}$,$\boldsymbol{\sigma}_{(\nu_2')}$,$\boldsymbol{\sigma}_{(\nu_3')}$ 已经是作用在新微元上的新应力矢量,但上式第一等式后的九个应力分量是新矢量在老坐标系中分解的结果,对新微元来说它们既不是正应力,也不是剪应力。所以推导应力转换公式的第二步应是把新应力矢量对新坐标系分解。注意到 $\boldsymbol{\sigma}_{(\nu_1')}$,$\boldsymbol{\sigma}_{(\nu_2')}$,$\boldsymbol{\sigma}_{(\nu_3')}$ 的分量是按行排列的,所以应采用附录 A 中(A.26)的转换关系,右乘转置矩阵$[\beta]^{\mathrm{T}}$,得到

$$\begin{bmatrix} \sigma_{11}' & \sigma_{12}' & \sigma_{13}' \\ \sigma_{21}' & \sigma_{22}' & \sigma_{23}' \\ \sigma_{31}' & \sigma_{32}' & \sigma_{33}' \end{bmatrix} = \begin{bmatrix} l_1 & m_1 & n_1 \\ l_2 & m_2 & n_2 \\ l_3 & m_3 & n_3 \end{bmatrix} \begin{bmatrix} \sigma_{11} & \sigma_{12} & \sigma_{13} \\ \sigma_{21} & \sigma_{22} & \sigma_{23} \\ \sigma_{31} & \sigma_{32} & \sigma_{33} \end{bmatrix} \begin{bmatrix} l_1 & l_2 & l_3 \\ m_1 & m_2 & m_3 \\ n_1 & n_2 & n_3 \end{bmatrix} \tag{2.24}$$

或简写为

$$[\sigma'] = [\beta][\sigma][\beta]^{\mathrm{T}} \tag{2.25}$$

这就是**应力的坐标转换公式**。

将式(2.24)右端作矩阵乘,再令等式两端的对应分量相等就得到**应力转换公式**的分量形式:

$$\left.\begin{aligned} \sigma_x' &= \sigma_x l_1^2 + \sigma_y m_1^2 + \sigma_z n_1^2 + 2\tau_{xy} l_1 m_1 + 2\tau_{yz} m_1 n_1 + 2\tau_{zx} n_1 l_1 \\ \sigma_y' &= \sigma_x l_2^2 + \sigma_y m_2^2 + \sigma_z n_2^2 + 2\tau_{xy} l_2 m_2 + 2\tau_{yz} m_2 n_2 + 2\tau_{zx} n_2 l_2 \\ \sigma_z' &= \sigma_x l_3^2 + \sigma_y m_3^2 + \sigma_z n_3^2 + 2\tau_{xy} l_3 m_3 + 2\tau_{yz} m_3 n_3 + 2\tau_{zx} n_3 l_3 \\ \tau_{xy}' &= \sigma_x l_1 l_2 + \sigma_y m_1 m_2 + \sigma_z n_1 n_2 \\ &\quad + \tau_{xy}(l_1 m_2 + m_1 l_2) + \tau_{yz}(m_1 n_2 + n_1 m_2) + \tau_{zx}(n_1 l_2 + l_1 n_2) \\ \tau_{yz}' &= \sigma_x l_2 l_3 + \sigma_y m_2 m_3 + \sigma_z n_2 n_3 \\ &\quad + \tau_{xy}(l_2 m_3 + m_2 l_3) + \tau_{yz}(m_2 n_3 + n_2 m_3) + \tau_{zx}(n_2 l_3 + l_2 n_3) \\ \tau_{zx}' &= \sigma_x l_3 l_1 + \sigma_y m_3 m_1 + \sigma_z n_3 n_1 \\ &\quad + \tau_{xy}(l_3 m_1 + m_3 l_1) + \tau_{yz}(m_3 n_1 + n_3 m_1) + \tau_{zx}(n_3 l_1 + l_3 n_1) \end{aligned}\right\} \tag{2.26}$$

如果用斜面上两个相互垂直的方向和斜面法线方向构成新坐标系，则用应力转换公式也能计算斜面应力，这样做能直接求得斜面上的正应力和剪应力。

例 2.2　已知微元体 x 方向正面上的应力分量为 σ_x 和 τ_{xz}，其余应力分量 $\sigma_y=\sigma_z=\tau_{xy}=\tau_{yz}=0$，试分别用斜面应力公式和应力转换公式计算微元 x 方向负面上的正应力和剪应力。

解　x 方向负面法线的方向余弦为 $l=-1$；$m=0$；$n=0$，代入斜面应力公式(2.8)得

$$\sigma_{(\nu)1}=-\sigma_x;\quad \sigma_{(\nu)2}=0;\quad \sigma_{(\nu)3}=-\tau_{xz} \tag{a}$$

应用应力转换公式的关键是正确写出新、老坐标系间的坐标转换矩阵。设新坐标系（图中右上角）由老坐标系（图中左下角）绕 z 轴转 180°而得，则坐标转换矩阵为

$$[\beta]=\begin{bmatrix} l_1 & m_1 & n_1 \\ l_2 & m_2 & n_2 \\ l_3 & m_3 & n_3 \end{bmatrix}=\begin{bmatrix} -1 & 0 & 0 \\ 0 & -1 & 0 \\ 0 & 0 & 1 \end{bmatrix} \tag{b}$$

代入应力转换公式(2.26)得

$$\sigma'_x=\sigma_x;\quad \tau'_{xz}=-\tau_{xz};\quad \sigma'_y=\sigma'_z=\tau'_{xy}=\tau'_{yz}=0 \tag{c}$$

弹性力学的研究对象有不少是具有方向性的物理量，在解题过程中要十分注意各物理量的实际方向以及各理论公式的正向规定。本题的运算并不复杂，但对理解正向规定很有帮助。x 方向负面上实际所受的应力分量与正面反向，即沿老坐标轴的反向，见图 2-7。由于本题取的“斜面”是 x 方向的负面，所以斜面应力公式中的应力分量 $\sigma_{(\nu)1}$ 和 $\sigma_{(\nu)3}$ 已经是正应力和剪应力，但它们规定为沿老坐标轴正向为正，这与负面上应力分量的正向规定（沿老坐标轴反向为正）刚好相反，所以式(a)中两项均为负。x 方向负面在新坐标系中是正面，所以应力转换公式中的 σ'_x 和 τ'_{xz} 以新坐标轴正向为正，负面上的正应力 σ_x 和剪应力 τ_{xz} 分别沿新轴 x' 和 z' 的正向和反向，所以式(c)中为一正一负。

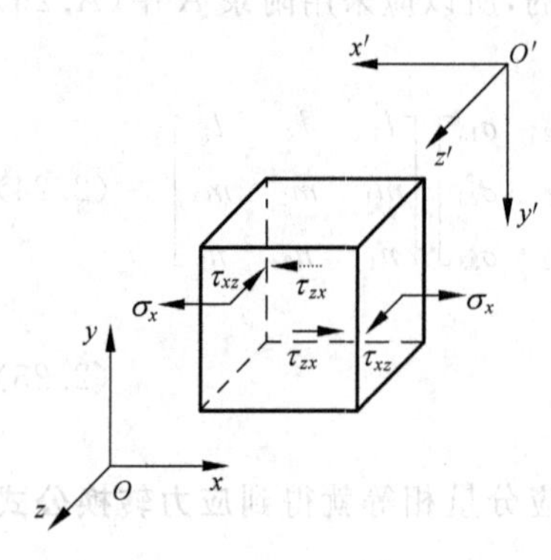

图 2-7　例题 2.2 图

2.4　应力莫尔圆

莫尔圆采用图形方式直观而简洁地表达了应力转换关系。虽然在材料力学中曾经讲过二维莫尔圆，但是因为它在工程应用中十分重要，这里再用弹性力学的观点来强调一下应用莫尔圆时应该注意的重要概念。

考虑图 2-8 中二维应力状态的转换关系，这时新基矢量 $\boldsymbol{\nu}'_1$，$\boldsymbol{\nu}'_2$ 的方向余弦为

$$\left.\begin{aligned} l_1 &= \cos\theta, \quad m_1 = \sin\theta \\ l_2 &= -\sin\theta, \quad m_2 = \cos\theta \end{aligned}\right\} \tag{2.27}$$

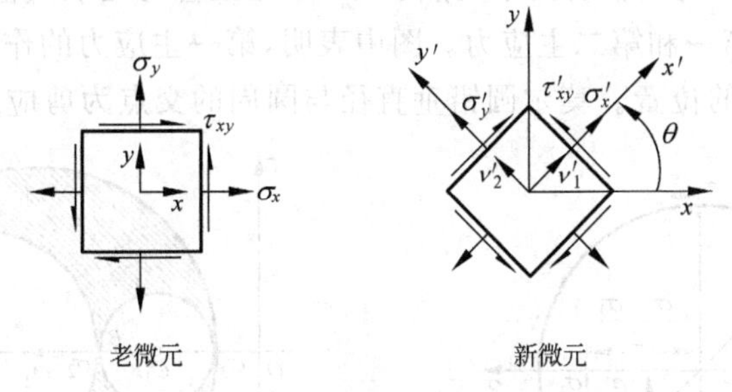

图 2-8 二维应力坐标转换

即坐标转换矩阵为

$$[\beta] = \begin{bmatrix} \cos\theta & \sin\theta \\ -\sin\theta & \cos\theta \end{bmatrix} \tag{2.28}$$

对二维应力状态 $\sigma_z = \tau_{yz} = \tau_{zx} = 0$，且式(2.27)以外的方向余弦均为零，则三维应力转换公式(2.26)简化为

$$\left.\begin{aligned} \sigma'_x &= \sigma_x \cos^2\theta + \sigma_y \sin^2\theta + 2\tau_{xy}\cos\theta\sin\theta \\ \sigma'_y &= \sigma_x \sin^2\theta + \sigma_y \cos^2\theta - 2\tau_{xy}\cos\theta\sin\theta \\ \tau'_{xy} &= -(\sigma_x - \sigma_y)\cos\theta\sin\theta + \tau_{xy}(\cos^2\theta - \sin^2\theta) \end{aligned}\right\} \tag{2.29}$$

利用三角函数关系改写(2.29)的第一、第三式，并引入符号 σ 和 τ，得

$$\left.\begin{aligned} \sigma'_x &= \sigma = \frac{\sigma_x + \sigma_y}{2} + \frac{\sigma_x - \sigma_y}{2}\cos 2\theta + \tau_{xy}\sin 2\theta \\ \tau'_{xy} &= \tau = -\frac{\sigma_x - \sigma_y}{2}\sin 2\theta + \tau_{xy}\cos 2\theta \end{aligned}\right\} \tag{2.30}$$

将式(2.30)的第一式右端第一项移到等号左边，两式两端分别平方，再相加，得到一个应力平面 σ-τ 上的圆方程：

$$\left(\sigma - \frac{\sigma_x + \sigma_y}{2}\right)^2 + \tau^2 = R^2, \quad \text{其中} R = \sqrt{\left(\frac{\sigma_x - \sigma_y}{2}\right)^2 + \tau_{xy}^2} \tag{2.31}$$

该圆称为**应力莫尔**(Mohr,O)**圆**，简称莫尔圆。

由图 2-9 可见，莫尔圆的圆心位于坐标原点右方距离为平均正应力 $\sigma_{ave} = (\sigma_x + \sigma_y)/2$ 的地方。每个截面上的应力状态(用正应力 σ 和剪应力 τ 表示)都对应于圆上的一个点，当截面转过 θ 角时，相应的应力点在莫尔圆上按同一个方向转过 2θ 角。要特别注意，莫尔圆规定：无论在哪个截面上，剪应力 τ 的正向都规定为由正应力 σ 正向按**顺时针**旋转 90°为正，这与弹性力学的剪应力正向规定不同，而材料力学常沿用此规定。对比后不难发现，x 方向正面上的正剪应力 τ_{xy} 在莫尔圆中为负值，而 y

方向正面上的正剪应力 τ_{yx} 在莫尔圆中为正值。所以，图 2-9 中截面 $A—A$ 上的弹性力学剪应力分量 τ_{xy} 是正的，但在莫尔圆中应从 σ_x 点向下画，而从 σ_y 点向上画。

图 2-9 中莫尔圆与 σ 轴的两个交点 σ_1 和 σ_2 是正应力之最大值和最小值，且相应剪应力为零，称为第一和第二主应力。图中表明，第一主应力的作用面在 $A—A$ 截面按顺时针转过 θ 角的位置。莫尔圆铅垂直径与圆周的交点为剪应力最大值 $\tau_{\max}$。

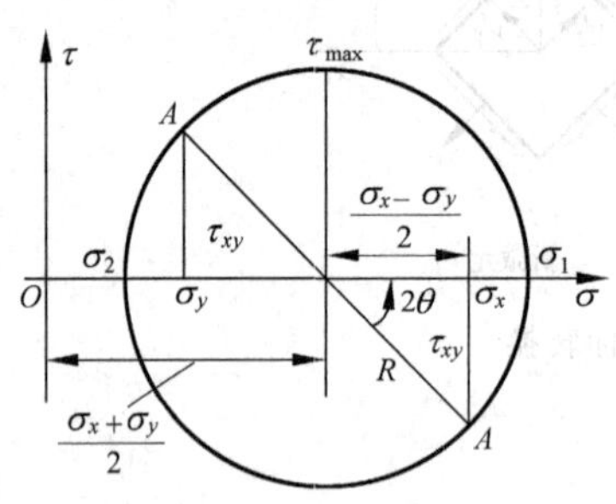

图 2-9 二维莫尔圆

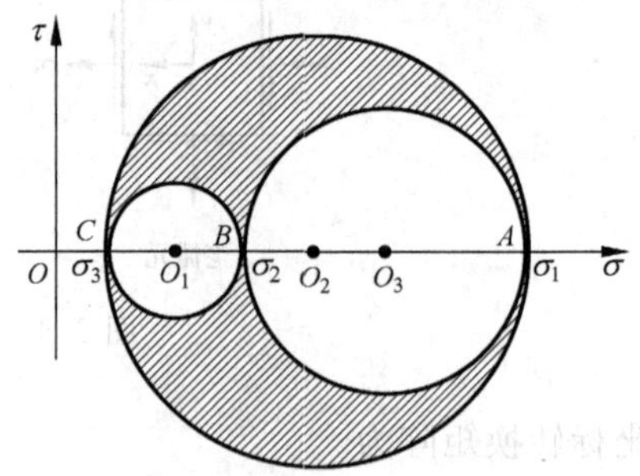

图 2-10 三维莫尔圆

莫尔圆可以推广到三维应力状态，详见参考文献[1]。**三维莫尔圆**由三个二维莫尔圆组成，如图 2-10 所示。大圆 σ_1-σ_3、右小圆 σ_1-σ_2 和左小圆 σ_2-σ_3 分别表示当截面绕 σ_2 轴、σ_3 轴和 σ_1 轴（它们沿主应力方向，称为主轴）转动时应力点的变化轨迹。对三维应力状态，当截面绕某个主轴转动时，沿该轴的主应力将保持不变，且该主应力的大小对转动截面上的应力变化规律也没有任何影响，这时的应力转换关系与该主应力为零时由另两个主应力构成的二维莫尔圆完全相同。许多工程结构部件的最大应力往往发生在自由表面处（即已知自由表面上的主应力为零），或者有一个主应力很容易确定的地方，所以经常可以用二维莫尔圆来处理工程实际问题。例如，梁内最大弯曲应力发生在梁的上下表面处（注意，不是在自由表面上，而是在垂直于自由表面的横截面上，下同）；小孔应力集中发生在孔洞侧面的自由表面处；承扭轴的最大剪应力经常发生在轴的自由表面处；压力容器内表面上的压力是一个已知的主应力等。但要注意，当截面绕并非主轴的其他倾斜轴转动时，相应的应力点将落在这三个圆之间的阴影区内，确定阴影区内应力点位置的过程比较复杂，工程中较少应用。

2.5 主应力和最大剪应力

斜面应力公式表明：对于给定的一点应力状态（用应力张量 $\boldsymbol{\sigma}$ 表示），若改变斜截面的方向（用其法矢量 $\boldsymbol{\nu}$ 表示）则斜面应力 $\boldsymbol{\sigma}_{(\nu)}$ 的大小和方向也随之改变。那么，是否存在只受正应力而无剪应力作用的截面呢？弹性力学证明：在通过考察点的所有可能截面中，至少能找到三个互相垂直的、只受正应力而无剪应力的截面，称为**主平**

面。它们的法线方向称为**主方向**。作用在三个主平面上的应力矢量称为**主应力**，它们沿主平面法线方向，是主平面上的正应力。通常将三个主应力按代数值大小排序，称为第一、第二、第三主应力，记为 $\sigma_1,\sigma_2,\sigma_3$。

主应力具有如下重要性质。

(1) **客观性**：主应力是具有客观性的物理量。它们是大小和方向都不随参考坐标系的人为选择而改变的**不变量**，所以经常以它们或它们的函数作为定义材料破坏准则的特征量。

(2) **实数性**：主应力的大小一定是实数。如果分析或计算结果出现复数，则必存在错误或误差。

(3) **正交性**：三个主应力是相互正交的。在理论分析中经常沿三个主应力方向(即主方向)建立坐标系，称**主坐标**，其坐标轴称**主轴**，用 p_1,p_2,p_3 表示。在主坐标系中应力张量和应力矩阵都退化为对角型：

$$\begin{bmatrix} \sigma_1 & 0 & 0 \\ 0 & \sigma_2 & 0 \\ 0 & 0 & \sigma_3 \end{bmatrix} \tag{2.32}$$

因而使相关的表达式变得非常简洁。

(4) **极值性**：主应力 σ_1 和 σ_3 分别是考察点处所有可能截面上的正应力的最大值和最小值(按代数值)，而且也是全应力的最大值和最小值(按绝对值)。

(5) **最大剪应力**等于最大与最小主应力之差的一半。

$$\tau_{\max} = (\sigma_1 - \sigma_3)/2 \tag{2.33}$$

最大剪应力作用平面的法线位于主坐标 p_1-p_3 平面内，且与 p_1 及 p_3 轴成 45°角，见图 2-11。该作用面上的正应力为最大与最小主应力的平均值：

$$\sigma_n \big|_{\tau=\tau_{\max}} = (\sigma_1 + \sigma_3)/2 \tag{2.34}$$

性质(4)和性质(5)说明，主应力代表了一点应力状态中最危险的情况，所以主应力的计算是工程强度评定的基础。

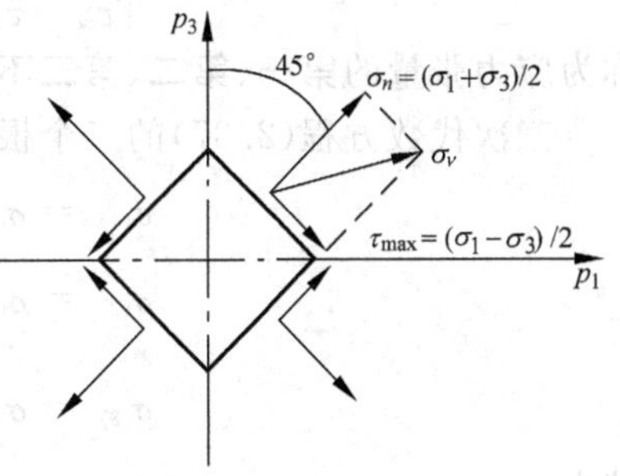

图 2-11 最大剪应力

上述主应力的有些性质可以由三维莫尔圆直接看出。例如，图 2-10 中各莫尔圆与 σ 轴的三个交点从右到左排序就是主应力 σ_1，σ_2 和 σ_3，它们对应的剪应力 $\tau=0$；它们两两间的莫尔圆夹角都是 180°，所以相互正交；任意应力点 P 在 σ 轴和 τ 轴上的投影就是相应截面上的正应力和剪应力，不难直接看出位于大圆水平直径两端的 σ_1 和 σ_3 是正应力的最大值和最小值；剪应力 τ 的最大值就是大圆的铅垂半径，其值就是式(2.33)，相应的正应力就是大圆圆心坐标，即式(2.34)，该截面的方向就是由 σ_1 轴逆时针转过 45°角；由 σ-τ 坐标系的原点至任意应力点 P 的连线就是相应的全应力，不难看出全应力的最大值和最小值就是σ_1 和 σ_3。

应该指出，三个主应力分别作用在三个相互垂直的不同平面上，它们是应力张量的三个一阶分量，而不是某个矢量的三个分量。

下面对主应力计算公式的导出过程作一介绍。基于主应力与其作用面法线同向(即为正应力)的性质，若某斜面应力 $\boldsymbol{\sigma}_{(\nu)}$ 为主应力，则必须满足 $\boldsymbol{\sigma}_{(\nu)}=\sigma_\nu\boldsymbol{\nu}$，其中 σ_ν 为其大小，$\boldsymbol{\nu}$ 是其作用面的法矢量。将斜面应力公式(2.6)、式(2.7)代入左端有

$$\boldsymbol{\nu}\cdot\boldsymbol{\sigma}=\sigma_\nu\boldsymbol{\nu}\quad \text{即}\quad \boldsymbol{\nu}\cdot(\boldsymbol{\sigma}-\sigma_\nu\boldsymbol{I})=0 \tag{2.35}$$

其中，$\boldsymbol{I}$ 为单位张量，对应于对角元素为 1 其余元素为 0 的单位矩阵。展开后得到求解主方向$\boldsymbol{\nu}$ 的线性代数方程组：

$$\left.\begin{aligned}(\sigma_{11}-\sigma_\nu)\nu_1+\sigma_{21}\nu_2+\sigma_{31}\nu_3&=0\\ \sigma_{12}\nu_1+(\sigma_{22}-\sigma_\nu)\nu_2+\sigma_{32}\nu_3&=0\\ \sigma_{13}\nu_1+\sigma_{23}\nu_2+(\sigma_{33}-\sigma_\nu)\nu_3&=0\end{aligned}\right\} \tag{2.36}$$

若能由上式解出非零的主方向(ν_1,ν_2,ν_3)，则存在主应力。上式有非零解的必要条件是其系数行列式为零。将行列式展开，得到一个对 σ_ν 的**特征方程**：

$$\sigma_\nu^3-I_1\sigma_\nu^2+I_2\sigma_\nu^3-I_3=0 \tag{2.37}$$

其中系数

$$\left.\begin{aligned}I_1&=\sigma_x+\sigma_y+\sigma_z\\ I_2&=\sigma_x\sigma_y+\sigma_y\sigma_z+\sigma_z\sigma_x-\tau_{xy}^2-\tau_{yz}^2-\tau_{zx}^2\\ I_3&=\begin{vmatrix}\sigma_x&\tau_{xy}&\tau_{xz}\\ \tau_{yx}&\sigma_y&\tau_{yz}\\ \tau_{zx}&\tau_{zy}&\sigma_z\end{vmatrix}\end{aligned}\right\} \tag{2.38}$$

称为应力张量的**第一**、**第二**、**第三不变量**，它们是与坐标选择无关的客观量。

三次代数方程(2.37)的三个根就是三个**主应力**的大小：

$$\left.\begin{aligned}\sigma_{(1)}&=\sigma_0+\sqrt{2}\tau_0\cos\theta\\ \sigma_{(2)}&=\sigma_0+\sqrt{2}\tau_0\cos\left(\theta+\frac{2}{3}\pi\right)\\ \sigma_{(3)}&=\sigma_0+\sqrt{2}\tau_0\cos\left(\theta-\frac{2}{3}\pi\right)\end{aligned}\right\} \tag{2.39}$$

其中

$$\left.\begin{aligned}\sigma_0&=\frac{1}{3}(\sigma_x+\sigma_y+\sigma_z)\\ \tau_0&=\frac{1}{3}\sqrt{(\sigma_x-\sigma_y)^2+(\sigma_y-\sigma_z)^2+(\sigma_z-\sigma_x)^2+6(\tau_{xy}^2+\tau_{yz}^2+\tau_{zx}^2)}\\ \theta&=\frac{1}{3}\arccos\left(\frac{\sqrt{2}J_3}{\tau_0^3}\right)\\ J_3&=I_3-\frac{1}{3}I_1I_2+\frac{2}{27}I_1^3\end{aligned}\right\} \tag{2.40}$$

将式(2.39)求得的 $\sigma_{(1)},\sigma_{(2)},\sigma_{(3)}$ 按代数值大小排序就得到第一、第二、第三主应力 σ_1，

σ_2,σ_3。把 $\sigma_1,\sigma_2,\sigma_3$ 分别代回式(2.36),再加上法矢量$\boldsymbol{\nu}$为单位矢量的条件 $\nu_1^2+\nu_2^2+\nu_3^2=1$,就可以逐个求出三个主应力所对应的主方向$\boldsymbol{\nu}^{(1)}$,$\boldsymbol{\nu}^{(2)}$和$\boldsymbol{\nu}^{(3)}$。

三维应力状态下的主应力计算公式(2.39)比较复杂,手算有些麻烦,但用计算机算很快,在有限元程序中已经编成标准子程序。如2.4节所述,当一个主应力可以直观判断时,寻找另两个主应力就退化为二维问题,可以利用二维莫尔圆。例如,若 σ_3 已知,在其垂直平面内寻找另两个主应力 σ_1 和 σ_2,它们在 σ 轴上的位置是圆心坐标加、减圆的半径(图2-9),因此

$$\sigma_{1,2}=\frac{\sigma_x+\sigma_y}{2}\pm\sqrt{\left(\frac{\sigma_x-\sigma_y}{2}\right)^2+\tau_{xy}^2} \tag{2.41}$$

主方向就是图中 2θ 角的一半:

$$\theta_1=\frac{1}{2}\arctan\left(\frac{2\tau_{xy}}{\sigma_x-\sigma_y}\right);\quad \theta_2=\theta_1+\pi/2 \tag{2.42}$$

如果三个主应力中有两个相等,例如 $\sigma_2=\sigma_3\neq\sigma_1$,则图2-10中的左小圆退化为 σ 轴上的一个点。无论截面绕 σ_1 轴如何转动,正应力保持不变,且剪应力始终为零,所以在 σ_2-σ_3 平面内出现各向均匀拉伸(压缩)应力状态,通过 σ_1 轴的(法线垂直于 σ_1 轴的)任何平面都是主平面。如果三个主应力全都相等,则图2-10中的三个莫尔圆全都退化为 σ 轴上的同一个点,出现三向均匀拉伸(压缩)应力状态,通过考察点的任何平面都是主平面,可以任选三个相互垂直的轴来作主轴。

例2.3 直径 $d=1.0\text{m}$,长 $l=1.0\text{m}$,左端固定的圆轴受扭矩 $M_\text{T}=900\pi\text{kN}\cdot\text{m}$ 和横剪力 $Q=900\pi\text{kN}$ 联合作用,如图2-12所示,Q 力平行于 y 轴。试求圆轴表面 A,B 两个微元的主应力和主方向。

解 首先要正确画出 A,B 两微元所受的应力图。图2-12(b)中左列是扭矩 M_T 引起的应力,右列是横剪力 Q 引起的应力,除图中所示应力外其余应力分量均为零。画应力图时要特别注意微元的取向(即与坐标系的相对关系),应力作用在微元的哪个面上,以及应力分量的名称和方向。

根据材料力学,扭矩 M_T 引起的 A,B 微元的剪应力分别为 $\tau_{xy}^M=\dfrac{16M_\text{T}}{\pi d^3}$ 和 $\tau_{xz}^M=\dfrac{16M_\text{T}}{\pi d^3}$;横剪力 Q 引起的 A 微元的剪应力为 $\tau_{xy}^Q=\dfrac{16Q}{3\pi d^2}$,$B$ 微元的正应力为 $\sigma_x^Q=\dfrac{32Ql}{\pi d^3}$。

注意上述应力方向与弹性力学正向规定的异同,把同一微元的左右两状态合成,并代入题中给定的具体参数得到:

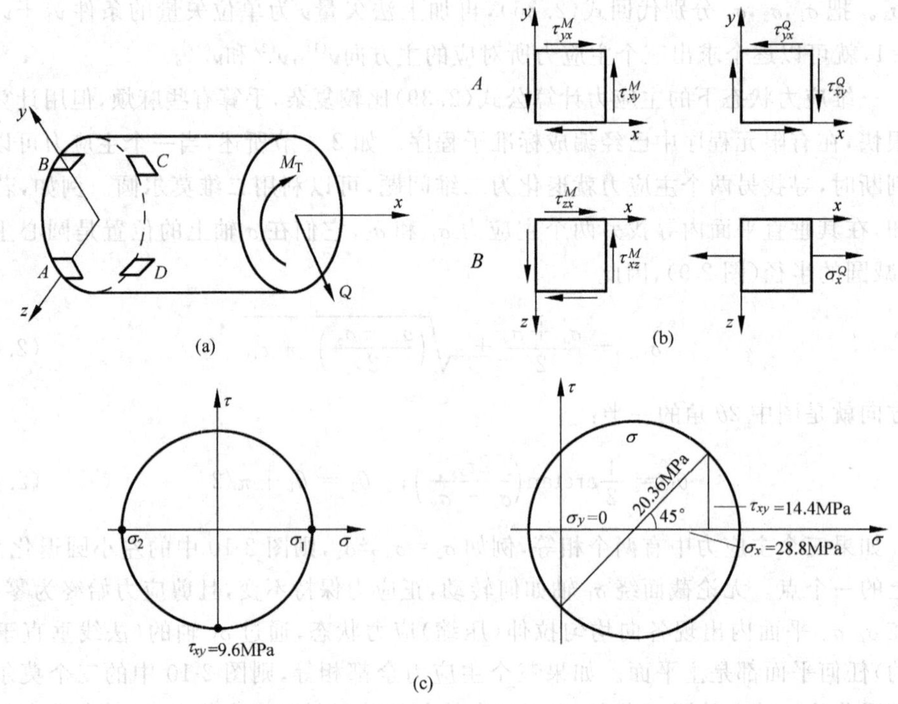

图 2-12　受扭矩和横剪力的圆轴

A 微元只受剪应力(纯剪应力状态)

$$\sigma_x = 0;\quad \sigma_y = 0;$$

$$\tau_{xy} = \tau_{yx} = \frac{16M_{\mathrm{T}}}{\pi d^3} - \frac{16Q}{3\pi d^2} = 9.6\mathrm{MPa} \tag{a}$$

B 微元受正应力和剪应力

$$\sigma_x = \frac{32Ql}{\pi d^3} = 28.8\mathrm{MPa};\quad \sigma_y = 0;$$

$$\tau_{xz} = \tau_{zx} = \frac{16M_{\mathrm{T}}}{\pi d^3} = -14.4\mathrm{MPa} \tag{b}$$

A,*B* 两微元都在自由表面处,已知自由表面上主应力为零,可以绕垂直于自由表面的轴旋转用二维莫尔圆来求主应力,见图 2-12(c)。左图为 *A* 微元的莫尔圆,对应于 x 向正面的应力点位于铅垂直径下端。由图读出:$\sigma_1 = \tau_{xy} = 9.6$MPa,方向由 x 轴逆时针转 45°;$\sigma_2 = -9.6$MPa,方向由 x 轴顺时针转 45°。右图为 *B* 微元的莫尔圆,其半径为 $14.4\sqrt{2} = 20.36$MPa。注意 x 向正面上剪应力的正向规定与莫尔圆规则相反,所以对应的应力点位于右上方。由图读出:$\sigma_1 = (14.4 + 20.36)MPa=$34.76MPa,方向由 x 轴顺时针转 22.5°;$\sigma_2 = (14.4 - 20.36)MPa= -5.96$MPa,方向与 σ_1 垂直。

例 2.4　已知图 2-13 中(a)、(b)两个应力状态叠加后为(c)状态，试分别计算三个状态的最大剪应力。

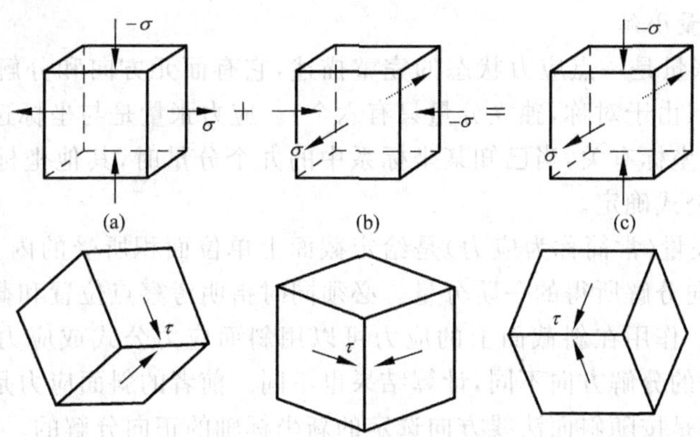

图 2-13　应力状态的叠加

解　三个状态的主应力都是 $\sigma_1=\sigma$；$\sigma_2=0$；$\sigma_3=-\sigma$，所以最大剪应力都等于 $\tau_{\max}=\dfrac{\sigma_1-\sigma_3}{2}=\sigma$。

为什么(c)状态的最大剪应力不等于(a)状态与(b)状态的最大剪应力之和呢？这又涉及到方向性问题。三个状态的主应力虽然数值相同，但方向显然不同，因而三个最大剪应力的方向也不相同，所以不能简单地用代数运算方法来求叠加后之应力状态的最大剪应力。那么(a)状态与(b)状态之最大剪应力的矢量和是否等于(c)状态的最大剪应力呢？也不是，因为这三个剪应力作用在不同的截面上，见图 2-13 的下半部分。在弹性力学中，只有作用在同一点、同一截面上的应力分量才能求矢量和。由于应力状态是一个张量，作用在不同截面上的应力满足应力的坐标转换关系，而不是矢量叠加关系。

上例说明，不同应力状态中主应力(或最大剪应力)的方向不同，作用面也不同，所以两个应力状态叠加后的主应力(或最大剪应力)并不等于这两个应力状态主应力(或最大剪应力)之和。正确的做法是，先把两个应力状态在同一坐标系中分解成分量，将对应的应力分量相叠加，然后再用叠加后的应力分量重新计算新的主应力(或最大剪应力)，这简称为“先加后算”法则。

2.6　应力张量、球量和偏量

应力张量是弹性力学和工程结构部件应力分析中最重要的概念之一。在工程强度设计准则中要计算最大正应力(第一强度理论)、最大剪应力(第三强度理论)或米泽斯等效应力(第四强度理论)的大小，不少工程人员往往习惯性地忽视了它们的方向性，在处理复杂应力状态时犯下原则性的错误。为此本节先从方向性的角度对描述应力的各种参量作一概念性的小结，然后再介绍应力球量、应力偏量和八面体应力的概念。

1. 应力张量小结

(1) 应力张量是一点应力状态的完整描述，它有面元方向和分解方向两个方向性，共九个分量(由于对称，独立分量只有六个)。应力张量是与坐标选择无关的不变量，但其分量与坐标有关，当已知某坐标系中的九个分量时，其他坐标系中的分量均可由应力转换公式确定。

(2) 应力矢量(常简称为应力)是给定截面上单位面积所受的内力，它是应力张量对该截面方向分解所得的一阶分量。必须同时指明考察点位置和截面方向才能惟一地确定应力。作用在斜截面上的应力可以用斜面应力公式或应力转换公式来计算，但两种算法的分解方向不同，计算结果也不同。前者的斜面应力是按坐标轴正向分解的，后者则是按随斜面法线方向选定的新坐标轴的正向分解的。

(3) 应力分量由应力矢量分解而得，它们与坐标轴的选择有关。若将微元三个正面上的应力矢量按微元的三个正交法线方向分解，可以得到三个正应力和六个剪应力，它们共同构成应力张量的九个分量。若将斜面上的应力矢量按坐标轴正向分解，得到的既不是正应力，也不是剪应力。在已知一个主应力方向的情况下，也可以用莫尔圆来求斜面上的正应力和剪应力。

(4) 主应力和最大剪应力是判断材料是否超过弹性范围(即弹性力学是否适用)的基本参量。虽然在各强度理论中只出现主应力或最大剪应力的大小，但必须注意，主应力和最大剪应力都是有方向性的矢量，否则在应力状态叠加时会犯原则性错误，参见例2.4。

2. 应力球量和应力偏量

应力张量可以分解成球量和偏量。**应力球量** $\boldsymbol{\sigma}_0$ 代表一种平均的等向应力状态(三向等拉或等压，有时简称为"静水压"状态)，是一个对角型张量

$$\boldsymbol{\sigma}_0=\begin{bmatrix}\sigma_0 & 0 & 0\\ 0 & \sigma_0 & 0\\ 0 & 0 & \sigma_0\end{bmatrix} \tag{2.43}$$

其中 $\sigma_0=(\sigma_x+\sigma_y+\sigma_z)/3$ 是平均正应力，它是不变量。对各向同性材料应力球量引起微元的**体积膨胀**(或收缩)。

应力张量和应力球量之差称为**应力偏量**

$$\boldsymbol{\sigma}'=\boldsymbol{\sigma}-\boldsymbol{\sigma}_0=\begin{bmatrix}\sigma_x-\sigma_0 & \tau_{xy} & \tau_{xz}\\ \tau_{yx} & \sigma_y-\sigma_0 & \tau_{yz}\\ \tau_{zx} & \tau_{zy} & \sigma_z-\sigma_0\end{bmatrix} \tag{2.44}$$

它表示实际应力状态对其平均等向应力状态的偏离，偏量将引起微元的**形状畸变**。

对金属等材料的实验(不包括超高压情况)表明，体积膨胀(收缩)基本上是纯弹性的，而塑性变形与形状畸变有关，所以应力偏量在塑性力学中起着重要作用。

3. 八面体应力

八面体是由与主轴 p_1, p_2, p_3 等倾的八个斜面所组成的微元体，如图 2-14。其每个面的法线与三个主轴的夹角都相等，代入 $\nu_1^2+\nu_2^2+\nu_3^2=1$ 解得

$$\nu_1=\pm\frac{1}{\sqrt{3}};\quad \nu_2=\pm\frac{1}{\sqrt{3}};\quad \nu_3=\pm\frac{1}{\sqrt{3}} \tag{2.45}$$

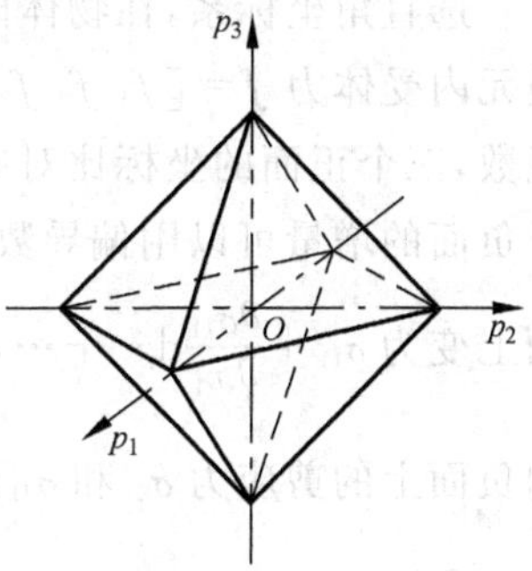

图 2-14 八面体

在主坐标系中应力张量退化为由主应力组成的对角型：$\sigma_{11}=\sigma_1, \sigma_{22}=\sigma_2, \sigma_{33}=\sigma_3$，其余分量为零。于是由式(2.12)得**八面体正应力** σ_0 为

$$\sigma_0=(\sigma_1+\sigma_2+\sigma_3)/3 \tag{2.46}$$

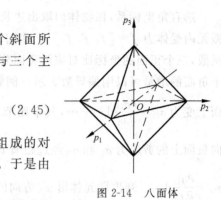

由式(2.8)、式(2.9)、式(2.15)和上式联立求得**八面体剪应力** τ_0 为

$$\tau_0=\frac{1}{3}\sqrt{(\sigma_1-\sigma_2)^2+(\sigma_2-\sigma_3)^2+(\sigma_3-\sigma_1)^2} \tag{2.47}$$

八面体正应力 σ_0 正是应力张量的平均正应力，对应于微元的弹性体积胀缩；八面体剪应力 τ_0 与塑性形状畸变相关，它与第四强度理论中的米泽斯(von Mises, R.)等效应力 $\bar{\sigma}$ 只差一个比例常数，$\sigma_0=(\sqrt{2}/3)\bar{\sigma}$。$\sigma_0$ 和 τ_0 都是不变量，它们也出现在主应力计算公式(2.39)中。

2.7 平衡微分方程

前面各节集中讨论了应力张量(一点应力状态)的性质。物体中各点的应力张量是变化的，其空间分布称为**应力场**。本节研究应力场随空间坐标的变化规律。

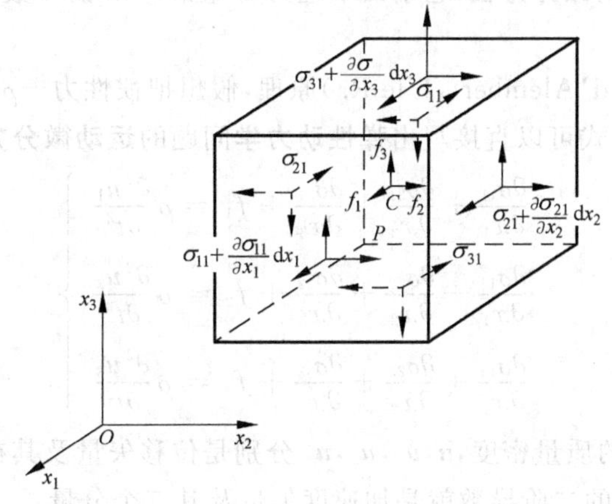

图 2-15 微元的平衡

选直角坐标系，在物体内取出边长为 $\mathrm{d}x_1,\mathrm{d}x_2,\mathrm{d}x_3$ 的正六面体微元，见图 2-15。微元内受体力 $\boldsymbol{f}=[f_1\ f_2\ f_3]^{\mathrm{T}}$。作用在三个负面上的应力分量为 σ_{ij}，它们是坐标的函数，三个正面的坐标比对应的负面分别增加了 $\mathrm{d}x_1,\mathrm{d}x_2,\mathrm{d}x_3$，正面上应力分量相对于负面的增量可以用偏导数表示。例如，x_1 向负面上的正应力 σ_{11} 经过距离 $\mathrm{d}x_1$ 到正面上变为 $\sigma_{11}+\frac{\partial\sigma_{11}}{\partial x_1}\mathrm{d}x_1+\cdots$，其中删节号表示可以忽略的高阶小量。同理，$x_2$ 和 x_3 向负面上的剪应力 σ_{21} 和 σ_{31} 经过距离 $\mathrm{d}x_2$ 和 $\mathrm{d}x_3$ 到相应正面上变为 $\sigma_{21}+\frac{\partial\sigma_{21}}{\partial x_2}\mathrm{d}x_2$ 和 $\sigma_{31}+\frac{\partial\sigma_{31}}{\partial x_3}\mathrm{d}x_3$。列出微元体沿 x_1 方向的力平衡方程

$$\begin{aligned}&\left(\sigma_{11}+\frac{\partial\sigma_{11}}{\partial x_1}\mathrm{d}x_1\right)\mathrm{d}x_2\mathrm{d}x_3-\sigma_{11}\mathrm{d}x_2\mathrm{d}x_3\\&+\left(\sigma_{21}+\frac{\partial\sigma_{21}}{\partial x_2}\mathrm{d}x_2\right)\mathrm{d}x_3\mathrm{d}x_1-\sigma_{21}\mathrm{d}x_3\mathrm{d}x_1\\&+\left(\sigma_{31}+\frac{\partial\sigma_{31}}{\partial x_3}\mathrm{d}x_3\right)\mathrm{d}x_1\mathrm{d}x_2-\sigma_{31}\mathrm{d}x_1\mathrm{d}x_2+f_1\mathrm{d}x_1\mathrm{d}x_2\mathrm{d}x_3=0\end{aligned}\tag{2.48}$$

并项后除以微元体积 $\mathrm{d}x_1\mathrm{d}x_2\mathrm{d}x_3$ 可得到如下第一个方程。同理考虑 x_2 和 x_3 方向上的微元体平衡可以导出第二和第三个方程：

$$\left.\begin{aligned}\frac{\partial\sigma_{11}}{\partial x_1}+\frac{\partial\sigma_{21}}{\partial x_2}+\frac{\partial\sigma_{31}}{\partial x_3}+f_1=0\\\frac{\partial\sigma_{12}}{\partial x_1}+\frac{\partial\sigma_{22}}{\partial x_2}+\frac{\partial\sigma_{32}}{\partial x_3}+f_2=0\\\frac{\partial\sigma_{13}}{\partial x_1}+\frac{\partial\sigma_{23}}{\partial x_2}+\frac{\partial\sigma_{33}}{\partial x_3}+f_3=0\end{aligned}\right\}\tag{2.49}$$

这就是微元体的**平衡微分方程**，它给出了应力分量的一阶偏导数和体力分量之间必须满足的平衡条件。

根据达朗贝尔(d'Alembert,J. le R.)原理，假想把惯性力 $-\rho(\partial^2\boldsymbol{u}/\partial t^2)$ 当作体力加到微元体上，由上式可以直接写出**弹性动力学**问题的**运动微分方程**：

$$\left.\begin{aligned}\frac{\partial\sigma_{11}}{\partial x_1}+\frac{\partial\sigma_{21}}{\partial x_2}+\frac{\partial\sigma_{31}}{\partial x_3}+f_1=\rho\frac{\partial^2u_1}{\partial t^2}\\\frac{\partial\sigma_{12}}{\partial x_1}+\frac{\partial\sigma_{22}}{\partial x_2}+\frac{\partial\sigma_{32}}{\partial x_3}+f_2=\rho\frac{\partial^2u_2}{\partial t^2}\\\frac{\partial\sigma_{13}}{\partial x_1}+\frac{\partial\sigma_{23}}{\partial x_2}+\frac{\partial\sigma_{33}}{\partial x_3}+f_3=\rho\frac{\partial^2u_3}{\partial t^2}\end{aligned}\right\}\tag{2.50}$$

上面的 ρ 是微元体的质量密度，$\boldsymbol{u},u_1,u_2,u_3$ 分别是位移矢量及其在 x_1,x_2,x_3 方向的分量，它们对时间 t 的二阶导数就是加速度矢量及其三个分量。

再来考虑微元体的力矩平衡。对通过微元形心 C 的 x_3 轴取矩，作用线通过形

心的体力和所有平行于 x_3 轴的应力分量对该轴的力矩均为零,力矩平衡方程为

$$(\sigma_{12}\mathrm{d}x_2\mathrm{d}x_3)\mathrm{d}x_1-(\sigma_{21}\mathrm{d}x_3\mathrm{d}x_1)\mathrm{d}x_2=0$$

同理可以写出对 x_1 和 x_2 轴的力矩平衡方程。用微元体积 $\mathrm{d}x_1\mathrm{d}x_2\mathrm{d}x_3$ 除这三个方程,得到

$$\sigma_{12}=\sigma_{21};\quad \sigma_{23}=\sigma_{32};\quad \sigma_{31}=\sigma_{13} \tag{2.51}$$

可见,**剪应力互等定律**实际上就是微元体的力矩平衡方程。式(2.51)表明,应力张量及应力矩阵是对称的,它们只有六个独立分量。

要问某个(或某组)方程能解什么问题,就看那方程中出现了什么量。出现在平衡微分方程(2.49)中的量有应力(张量的)分量和体力分量。所以若已知体力场,可以通过积分平衡微分方程来求应力场,但这时未知的独立应力分量有六个,而平衡方程只有三个,还需要补充其他方程以及适当的边界条件才能求解,详见第4章;反之,若已知物体中的应力场,将各应力分量求导后代入平衡微分方程就很容易求得与该应力场对应的体力场。

习 题

2-1 什么叫一点应力状态?如何表示一点的应力状态?

2-2 试叙述平衡微分方程和静力边界条件的物理意义。满足平衡微分方程和静力边界条件的应力是否是实际存在的应力?为什么?

2-3 如何理解"坐标转换后同一点的各应力分量都改变了,但它们作为一个整体所描绘的一点的应力状态是不变的"?

2-4 在物体中一点 P 的应力张量为

$$\begin{bmatrix}\sigma_{11}&\sigma_{12}&\sigma_{13}\\ \sigma_{21}&\sigma_{22}&\sigma_{23}\\ \sigma_{31}&\sigma_{32}&\sigma_{33}\end{bmatrix}=\begin{bmatrix}1&0&-4\\ 0&3&0\\ -4&0&5\end{bmatrix}$$

(1) 求过 P 点且外法线为 $\boldsymbol{\nu}=\frac{1}{2}\boldsymbol{e}_1-\frac{1}{2}\boldsymbol{e}_2+\frac{1}{\sqrt{2}}\boldsymbol{e}_3$ 的截面上的应力矢量 $\boldsymbol{\sigma}(\boldsymbol{\nu})$;

(2) 求应力矢量 $\boldsymbol{\sigma}_{(\nu)}$ 的大小;

(3) 求 $\boldsymbol{\sigma}_{(\nu)}$ 与 $\boldsymbol{\nu}$ 之间的夹角;

(4) 求 $\boldsymbol{\sigma}_{(\nu)}$ 的法向分量 σ_n;

(5) 求 $\boldsymbol{\sigma}_{(\nu)}$ 的切向分量 τ_n。

2-5 如图所示变宽度薄板,受轴向拉伸载荷 $\boldsymbol{P}$。已知 $\sigma_y=\tau_{yx}=\tau_{yz}=0$。试根据斜面应力公式确定薄板两侧外表面(法线为 $\boldsymbol{\nu}$)处横截面正应力 σ_z 和材料力学中常被忽略的 σ_x,τ_{zx} 之间的关系。

2-6 如图所示三角形截面水坝，材料密度为 ρ_1，承受密度为 ρ 的液体压力。已求得应力解为

$$\sigma_x = ax + by$$
$$\sigma_y = cx + dy - \rho g y$$
$$\tau_{xy} = -dx - ay$$

试根据直边与斜边上的边界条件确定常数 a,b,c,d。

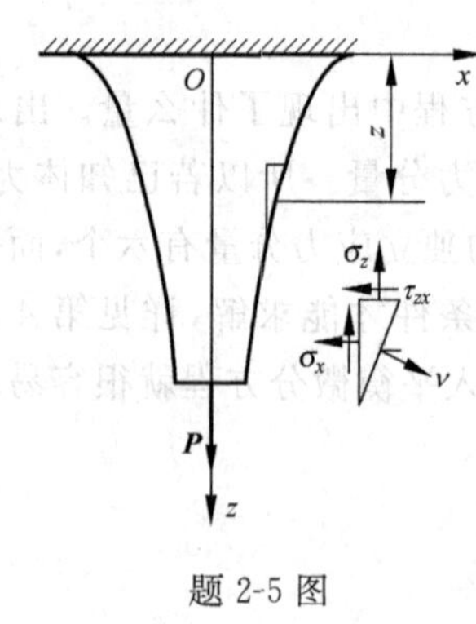

题 2-5 图

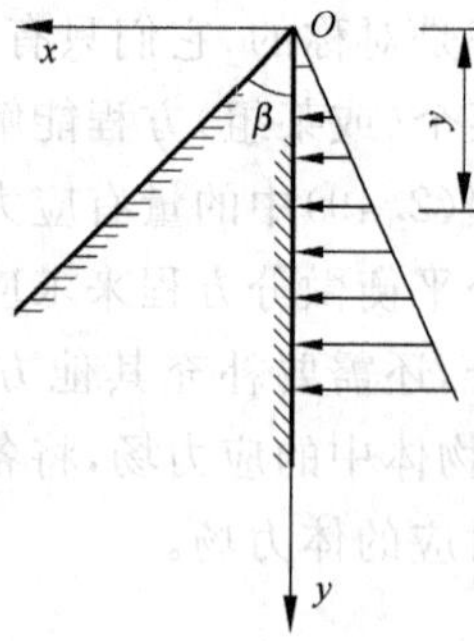

题 2-6 图

2-7 一点应力张量为

$$(\sigma_{ij}) = \begin{bmatrix} 0 & 1 & 2 \\ 1 & \sigma_{22} & 1 \\ 2 & 1 & 0 \end{bmatrix}$$

已知在经过该点的某一平面上应力矢量为零，求 σ_{22} 以及该平面的单位法向矢量。

2-8 已知老坐标系 x,y,z 中的应力张量分量 σ_{ij}，将该坐标系绕 z 轴转 θ 角而得到新坐标系 x',y',z'。求新坐标系中的应力张量分量 σ'_{ij}。

2-9 已知 6 个应力分量 σ_x、σ_y、σ_z、τ_{xy}、τ_{xz}、τ_{yz} 中，$\sigma_z = \tau_{yz} = \tau_{xz} = 0$，试求应力张量不变量，并导出主应力公式。

2-10 已知物体内一点的六个应力分量为

$$\sigma_x = 500 \times 10^5\,\mathrm{N/m^2}, \quad \sigma_y = 0, \quad \sigma_z = -300 \times 10^5\,\mathrm{N/m^2},$$
$$\tau_{xy} = 500 \times 10^5\,\mathrm{N/m^2}, \quad \tau_{xz} = 800 \times 10^5\,\mathrm{N/m^2}, \quad \tau_{yz} = -750 \times 10^5\,\mathrm{N/m^2}$$

试利用莫尔圆求法线方向余弦为 $l=\dfrac{1}{2}, m=\dfrac{1}{2}, n=\dfrac{1}{\sqrt{2}}$ 的截面上的总应力 σ_ν、正应力 σ_n 和剪应力 τ_n。

2-11 如图所示悬臂薄板，已知板内的应力分量为：$\sigma_x = ax$；$\sigma_y = a(2x+y-l-h)$；$\tau_{xy} = -ax$；其中 a 为常数，其余应力分量为零。求此薄板所受的边界载荷及体力。并在图上画出边界载荷。

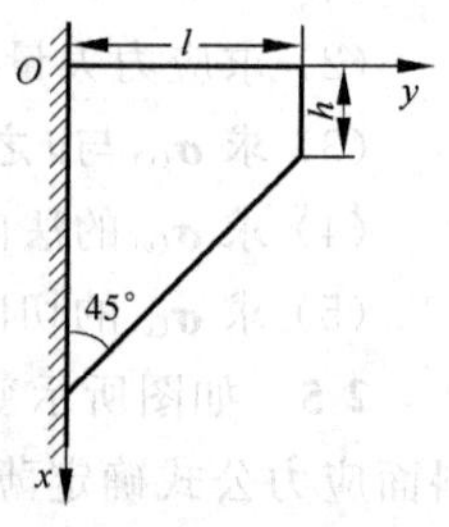

题 2-11 图

2-12 给定应力分布：

$$(\sigma_{ij}) = \begin{pmatrix} x_1 + x_2 & \sigma_{12}(x_1, x_2) & 0 \\ \sigma_{12}(x_1, x_2) & x_1 - 2x_2 & 0 \\ 0 & 0 & x_2 \end{pmatrix}$$

试确定 $\sigma_{12}(x_1, x_2)$，使得上述应力分布满足无体力的平衡方程，并使 $x_1 = 1$ 面上的应力矢量为 $\boldsymbol{\sigma} = (1 + x_2)\boldsymbol{e}_1 + (5 - x_2)\boldsymbol{e}_2$。

2-13　已知应力场

$$(\sigma_{ij}) = \begin{pmatrix} \sigma_{11}(x_1, x_2) & \sigma_{12}(x_1, x_2) & 0 \\ \sigma_{21}(x_1, x_2) & \sigma_{22}(x_1, x_2) & 0 \\ 0 & 0 & 0 \end{pmatrix}$$

(1) 写出各应力分量间需满足的平衡方程；

(2) 引入一标量函数 $\phi(x_1, x_2)$，使得 $\sigma_{11} = \dfrac{\partial^2 \phi}{\partial x_2^2}$；$\sigma_{22} = \dfrac{\partial^2 \phi}{\partial x_1^2}$；$\sigma_{12} = -\dfrac{\partial^2 \phi}{\partial x_1 \partial x_2}$，并证明这样表示的应力分量将自动满足无体力的平衡方程。

2-14　基础的悬臂伸出部分(如图所示)具有三角形形状，处于强度为 q 的均匀压力作用下，已求出应力分量为：

$$\sigma_x = A\left(-\arctan\frac{y}{x} - \frac{xy}{x^2 + y^2} + C\right)$$

$$\sigma_y = A\left(-\arctan\frac{y}{x} + \frac{xy}{x^2 + y^2} + B\right)$$

$$\sigma_z = \tau_{yz} = \tau_{xz} = 0,\quad \tau_{xy} = -A\frac{y^2}{x^2 + y^2}$$

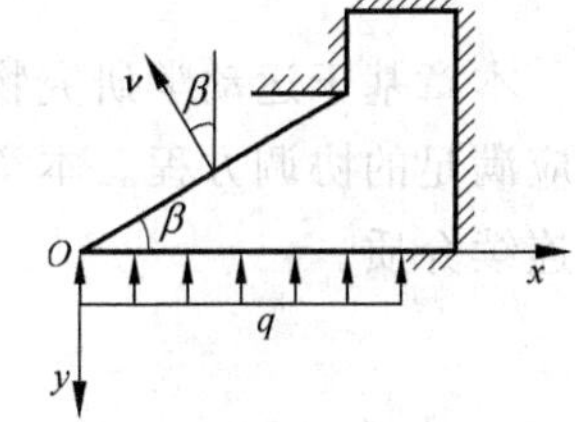

题 2-14 图

试根据静力边界条件定出常数 A, B 和 C。

第 3 章 应变与协调

本章基于运动学研究物体的变形。讲述位移场的分解，应变张量的概念，导出应变应满足的协调方程。本章不涉及物体的材料性质和平衡要求，所得结论适用于任何连续介质。

3.1 位移场的分解

在载荷作用下，物体内各质点将产生位移。位移后质点 P 到达新的位置 P'，见图 3-1。用 $\boldsymbol{x}$ 表示质点的矢径，运动和变形导致的矢径增量称为位移矢量 $\boldsymbol{u}$：

$$\boldsymbol{u} = \Delta\boldsymbol{x} = \boldsymbol{x}' - \boldsymbol{x} \tag{3.1}$$

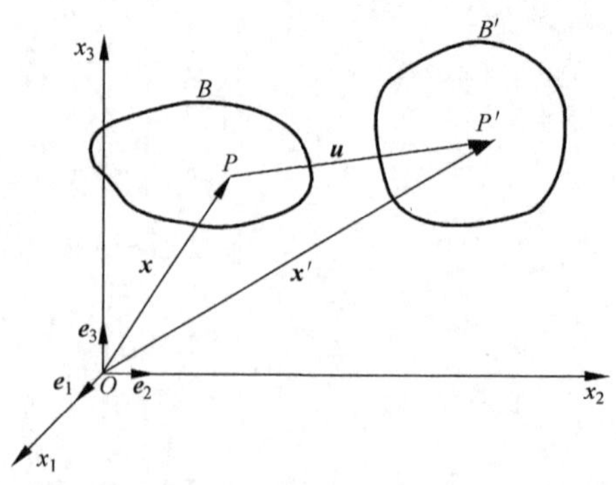

图 3-1　物体的位移

其分量为 $u_1=u$；$u_2=v$；$u_3=w$，用矩阵形式写成 $\{\boldsymbol{u}\}=[u \quad v \quad w]^{\mathrm{T}}$，每个位移分量都是空间坐标的函数。各点位移矢量的集合确定了物体的**位移场**，它是矢径（即空间坐标）的矢量函数。在弹性力学中，通常假定位移场足够光滑，存在三阶以上的连续偏导数。

除了产生刚体平移和转动外，物体还会发生形状变化，包括体积改变和形状畸变，简称**变形**。位移场是物体运动的完整描述，它包含了平移、转动和变形的全部信息。考察物体内某线元 PQ，变形前其端点位置是 $P(\boldsymbol{x})$ 和 $Q(\boldsymbol{x}+\mathrm{d}\boldsymbol{x})$，其中 $\{\mathrm{d}\boldsymbol{x}\}=[\mathrm{d}x \quad \mathrm{d}y \quad \mathrm{d}z]^{\mathrm{T}}$ 是矢径增量，即 Q 点与 P 点的坐标之差，如图 3-2。变形后 P、Q 分别运动到 P'、Q'。P 点位移为 $\boldsymbol{u}=\boldsymbol{u}(\boldsymbol{x})$，$Q$ 点的位移 $\boldsymbol{u}(\boldsymbol{x}+\mathrm{d}\boldsymbol{x})$ 相对 P 点有一个增量：

$$\boldsymbol{u}(\boldsymbol{x}+\mathrm{d}\boldsymbol{x})=\boldsymbol{u}(\boldsymbol{x})+\mathrm{d}\boldsymbol{u}=\begin{Bmatrix}u\\v\\w\end{Bmatrix}+\begin{Bmatrix}\mathrm{d}u\\\mathrm{d}v\\\mathrm{d}w\end{Bmatrix} \tag{3.2}$$

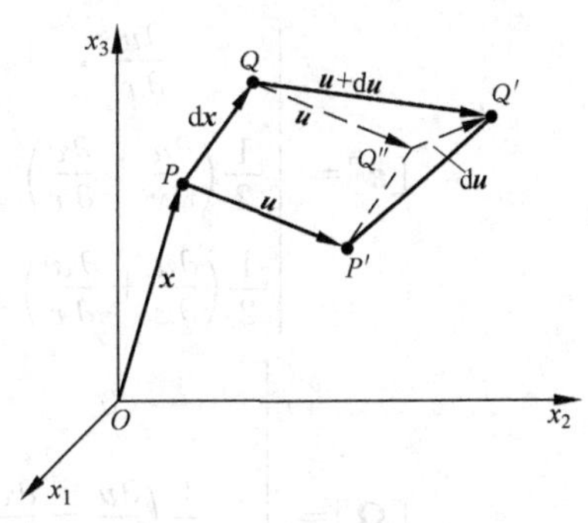

图 3-2 线元的位移

位移函数的增量可以用偏导数表示为

$$\left.\begin{aligned}\mathrm{d}u&=\frac{\partial u}{\partial x}\mathrm{d}x+\frac{\partial u}{\partial y}\mathrm{d}y+\frac{\partial u}{\partial z}\mathrm{d}z\\\mathrm{d}v&=\frac{\partial v}{\partial x}\mathrm{d}x+\frac{\partial v}{\partial y}\mathrm{d}y+\frac{\partial v}{\partial z}\mathrm{d}z\\\mathrm{d}w&=\frac{\partial w}{\partial x}\mathrm{d}x+\frac{\partial w}{\partial y}\mathrm{d}y+\frac{\partial w}{\partial z}\mathrm{d}z\end{aligned}\right\} \tag{3.3}$$

把以上三式按列形式联合，写成矩阵形式，代入式(3.2)得到

$$\boldsymbol{u}(\boldsymbol{x}+\mathrm{d}\boldsymbol{x})=\begin{Bmatrix}u\\v\\w\end{Bmatrix}+\begin{bmatrix}\dfrac{\partial u}{\partial x}&\dfrac{\partial u}{\partial y}&\dfrac{\partial u}{\partial z}\\\dfrac{\partial v}{\partial x}&\dfrac{\partial v}{\partial y}&\dfrac{\partial v}{\partial z}\\\dfrac{\partial w}{\partial x}&\dfrac{\partial w}{\partial y}&\dfrac{\partial w}{\partial z}\end{bmatrix}\begin{Bmatrix}\mathrm{d}x\\\mathrm{d}y\\\mathrm{d}z\end{Bmatrix}=\boldsymbol{u}_0+\nabla\boldsymbol{u}\cdot\mathrm{d}\boldsymbol{x} \tag{3.4}$$

其中，$\boldsymbol{u}_0$ 表示整个线元随 P 点的刚体平移，$\nabla\boldsymbol{u}$ 称为**位移梯度**，它是一个由九个位移偏导数组成的二阶张量，表示位移场在空间中的变化率。一般说，$\dfrac{\partial u}{\partial y}\neq\dfrac{\partial v}{\partial x}$；$\dfrac{\partial v}{\partial z}\neq\dfrac{\partial w}{\partial y}$；$\dfrac{\partial w}{\partial x}\neq\dfrac{\partial u}{\partial z}$，所以 $\nabla\boldsymbol{u}$ 不是对称张量，但它可以化为一个对称张量 $\boldsymbol{\varepsilon}$ 和一个反对称张量 $\boldsymbol{\Omega}$ 之和：

$$\nabla\boldsymbol{u}=\boldsymbol{\varepsilon}+\boldsymbol{\Omega} \tag{3.5}$$

若用矩阵形式表示

$$[\nabla \boldsymbol{u}] = \begin{bmatrix} \dfrac{\partial u}{\partial x} & \dfrac{\partial u}{\partial y} & \dfrac{\partial u}{\partial z} \\ \dfrac{\partial v}{\partial x} & \dfrac{\partial v}{\partial y} & \dfrac{\partial v}{\partial z} \\ \dfrac{\partial w}{\partial x} & \dfrac{\partial w}{\partial y} & \dfrac{\partial w}{\partial z} \end{bmatrix} \tag{3.6}$$

$$[\boldsymbol{\varepsilon}] = \begin{bmatrix} \dfrac{\partial u}{\partial x} & \dfrac{1}{2}\left(\dfrac{\partial u}{\partial y} + \dfrac{\partial v}{\partial x}\right) & \dfrac{1}{2}\left(\dfrac{\partial u}{\partial z} + \dfrac{\partial w}{\partial x}\right) \\ \dfrac{1}{2}\left(\dfrac{\partial u}{\partial y} + \dfrac{\partial v}{\partial x}\right) & \dfrac{\partial v}{\partial y} & \dfrac{1}{2}\left(\dfrac{\partial v}{\partial z} + \dfrac{\partial w}{\partial y}\right) \\ \dfrac{1}{2}\left(\dfrac{\partial u}{\partial z} + \dfrac{\partial w}{\partial x}\right) & \dfrac{1}{2}\left(\dfrac{\partial v}{\partial z} + \dfrac{\partial w}{\partial y}\right) & \dfrac{\partial w}{\partial z} \end{bmatrix} \tag{3.7}$$

$$[\boldsymbol{\Omega}] = \begin{bmatrix} 0 & \dfrac{1}{2}\left(\dfrac{\partial u}{\partial y} - \dfrac{\partial v}{\partial x}\right) & \dfrac{1}{2}\left(\dfrac{\partial u}{\partial z} - \dfrac{\partial w}{\partial x}\right) \\ -\dfrac{1}{2}\left(\dfrac{\partial u}{\partial y} - \dfrac{\partial v}{\partial x}\right) & 0 & \dfrac{1}{2}\left(\dfrac{\partial v}{\partial z} - \dfrac{\partial w}{\partial y}\right) \\ -\dfrac{1}{2}\left(\dfrac{\partial u}{\partial z} - \dfrac{\partial w}{\partial x}\right) & -\dfrac{1}{2}\left(\dfrac{\partial v}{\partial z} - \dfrac{\partial w}{\partial y}\right) & 0 \end{bmatrix} \tag{3.8}$$

将式(3.6)～式(3.8)代入,不难验证分解式(3.5)的正确性。

对称张量 $\boldsymbol{\varepsilon}$ 与物体中的局部变形有关,称为**应变张量**,将在 3.2 节中详细讨论。反对称张量 $\boldsymbol{\Omega}$ 则与物体中微元的刚体转动有关,称为**转动张量**,由于它的对角分量为零,非对角分量又反对称,所以和矢量相似,它只有三个独立分量,可以证明它与转动矢量 $\boldsymbol{\omega}$(其时间导数就是角速度)间存在等价转换关系。由于在小变形情况下刚体转动不会直接引起应力,这里不再对转动问题作更深入的讨论,有兴趣的读者可以查阅参考文献[1]。

将式(3.5)代入式(3.4)得到

$$\boldsymbol{u}(\boldsymbol{x} + \mathrm{d}\boldsymbol{x}) = \boldsymbol{u}_0 + \boldsymbol{\Omega} \cdot \mathrm{d}\boldsymbol{x} + \boldsymbol{\varepsilon} \cdot \mathrm{d}\boldsymbol{x} \tag{3.9}$$

于是,在小变形情况下**位移场按加法分解**成为刚体平移、刚体转动和变形三个部分。

3.2 应变张量

应变张量是完整描述物体中一点邻域内局部变形情况(简称一点应变状态)的物理量。式(3.7)表明应变张量

$$\boldsymbol{\varepsilon} = \begin{bmatrix} \varepsilon_{11} & \varepsilon_{12} & \varepsilon_{13} \\ \varepsilon_{21} & \varepsilon_{22} & \varepsilon_{23} \\ \varepsilon_{31} & \varepsilon_{32} & \varepsilon_{33} \end{bmatrix} = \begin{bmatrix} \varepsilon_x & \varepsilon_{xy} & \varepsilon_{xz} \\ \varepsilon_{yx} & \varepsilon_y & \varepsilon_{yz} \\ \varepsilon_{zx} & \varepsilon_{zy} & \varepsilon_z \end{bmatrix} \tag{3.10}$$

是一个二阶对称张量，只有六个独立分量，它们的表达式是

$$\left.\begin{aligned} \varepsilon_x &= \frac{\partial u}{\partial x}; \quad \varepsilon_{xy} = \varepsilon_{yx} = \frac{1}{2}\left(\frac{\partial u}{\partial y} + \frac{\partial v}{\partial x}\right) \\ \varepsilon_y &= \frac{\partial v}{\partial y}; \quad \varepsilon_{yz} = \varepsilon_{zy} = \frac{1}{2}\left(\frac{\partial v}{\partial z} + \frac{\partial w}{\partial y}\right) \\ \varepsilon_z &= \frac{\partial w}{\partial z}; \quad \varepsilon_{zx} = \varepsilon_{xz} = \frac{1}{2}\left(\frac{\partial w}{\partial x} + \frac{\partial u}{\partial z}\right) \end{aligned}\right\} \tag{3.11}$$

上式给出了小变形情况下应变分量和位移分量间的关系，称为**应变-位移公式**或**几何方程**。根据它可以由位移分量求导得到应变分量，或由应变分量积分得到位移分量(关于可积条件的讨论见 3.3 节)。

应变张量的三个对角分量 ε_x，ε_y，ε_z 称为**正应变**，分别等于坐标轴方向三个线元的单位伸长率，以伸长为正，缩短为负。以 x 轴方向的线元 PA 为例，其原长为 $\mathrm{d}x$，变形后到达位置 $P'A'$，见图 3-3。设 P 点的坐标为 x，沿 x 方向的位移为 $u(x)$，A 点的坐标为 $x+\mathrm{d}x$，故 x 方向位移为 $u(x+\mathrm{d}x)=u(x)+\frac{\partial u}{\partial x}\mathrm{d}x$，其中$\frac{\partial u}{\partial x}\mathrm{d}x$ 是因坐标增量 $\mathrm{d}x$ 引起的 A 点对 P 点的位移增量。线元两端沿线元方向的位移之差导致线元伸长。对小变形情况夹角 α 很小，垂直于线元方向的位移之差对线元伸长的影响可以略而不计，所以变形后线元PA的单位伸长率为

$$\varepsilon_x = \frac{\left(u + \frac{\partial u}{\partial x}\mathrm{d}x\right) - u}{\mathrm{d}x} = \frac{\partial u}{\partial x}$$

这就是式(3.11)的第一式。可以看到，弹性力学与材料力学关于正应变的定义是一致的。由于微元很小，可以假设微元中的应变是均匀的，所以 ε_x 也就是微元 $PACB$

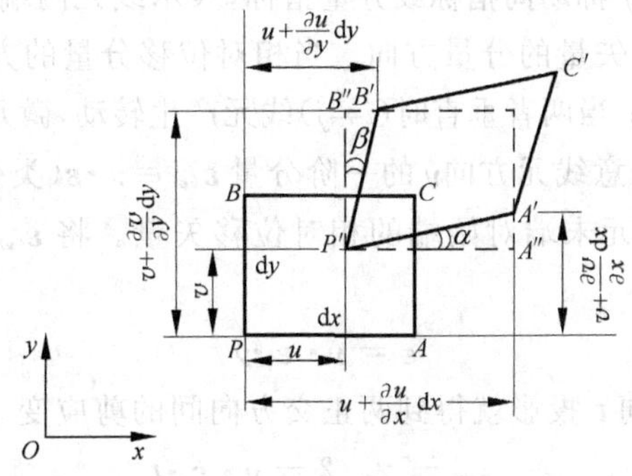

图 3-3 正应变与剪应变

在 x 方向的正应变。考察 y 和 z 方向的线元伸长，读者也能类似地导出式(3.11)中 ε_y 和 ε_z 的公式。

应变张量的三个非对角分量 ε_{xy}，ε_{yz}，ε_{zx} 称为**剪应变**，分别等于变形前沿该分量下标所示两坐标方向的、相互正交的线元(它们是微元的两条邻边)在变形后的夹角减小量之半。以 ε_{xy} 为例，考察图 3-3 中沿 x，y 轴方向的两个线元。变形后线元 $P'A'$ 和 $P'B'$ 分别因其两端在垂直于线元方向上的位移差而偏转了 α 角和 β 角。当角度很小时，可以用正切来表示其大小，所以

$$\alpha=\frac{\left(v+\dfrac{\partial v}{\partial x}\mathrm{d}x\right)-v}{\mathrm{d}x}=\frac{\partial v}{\partial x};\quad \beta=\frac{\left(u+\dfrac{\partial u}{\partial y}\mathrm{d}y\right)-u}{\mathrm{d}y}=\frac{\partial u}{\partial y}$$

在材料力学中直观地把两正交线元间的直角变化量定义为微元的**工程剪应变** γ_{xy}：

$$\gamma_{xy}=\alpha+\beta=\frac{\partial v}{\partial x}+\frac{\partial u}{\partial y} \tag{3.12}$$

弹性力学更注意物理概念的一致性。图 3-4 表明，工程剪应变 γ_{xy} 是由作用在微元上的两对剪应力 τ_{xy} 和 τ_{yx} 共同引起的，如果只加一对剪应力 τ_{xy} 或 τ_{yx}，面元只会转动而无变形，所以与剪应力 τ_{xy} 或 τ_{yx} 对应的剪应变应该只是 γ_{xy} 的一半，即 $\varepsilon_{xy}=\varepsilon_{yx}=\dfrac{\gamma_{xy}}{2}=\dfrac{1}{2}\left(\dfrac{\partial v}{\partial x}+\dfrac{\partial u}{\partial y}\right)$，这就是式(3.11)中的第四式。读者可以类似地证明第五、第六式。

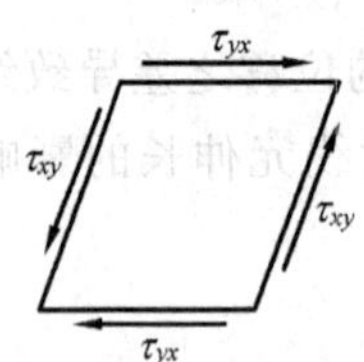

图 3-4　剪应变与剪应力

应变张量与应力张量都是二阶对称张量，它们具有完全类似的性质，但在物理意义上一个是几何量、一个是力学量。下面通过对比它们的异同来讲述应变张量的性质。

(1) 应变张量也有两个**方向性**，其分量 ε_{ij} 的第一指标 i 称**线元指标**，表示所考察线元的方向，第二指标 j 称**动向指标**或分量指标，表示线元两端的相对运动方向，即线元末端对始端相对位移矢量的分量方向。当相对位移分量的方向与线元方向一致时 $(i=j)$ 线元产生正应变；当两者垂直时 $(i\neq j)$ 线元产生转动，微元出现剪应变。

(2) 应变张量对任意线元方向 $\boldsymbol{\nu}$ 的一阶分量 $\boldsymbol{\varepsilon}_{(\nu)}=\boldsymbol{\nu}\cdot\boldsymbol{\varepsilon}$(类似于斜面应力公式)就是沿 $\boldsymbol{\nu}$ 方向单位长度线元末端对始端的相对位移矢量。将 $\boldsymbol{\varepsilon}_{(\nu)}$ 向线元方向再投影就得到该线元的正应变

$$\varepsilon=\boldsymbol{\nu}\cdot\boldsymbol{\varepsilon}\cdot\boldsymbol{\nu} \tag{3.13}$$

若将 $\boldsymbol{\varepsilon}_{(\nu)}$ 向 $\boldsymbol{\nu}$ 的正交方向 $\boldsymbol{t}$ 投影就得到两正交方向间的剪应变

$$\varepsilon_{\nu t}=\gamma_{\nu t}/2=\boldsymbol{\nu}\cdot\boldsymbol{\varepsilon}\cdot\boldsymbol{t} \tag{3.14}$$

与“全应力”对应的“全应变”的意义是线元两端相对位移矢量的大小。

(3) 应变张量分量的**坐标转换公式**是

$$[\varepsilon'] = [\beta][\varepsilon][\beta]^{\mathrm{T}} \tag{3.15}$$

其中$[\beta]$是坐标转换矩阵，见式(2.21)。若已知给定坐标系中的九个应变分量，由上式可以求出任意方向的正应变和剪应变，因而应变张量完全表征了一点的应变状态。

应变张量的坐标转换关系也可以用**应变莫尔圆**来图示。关于应变莫尔圆的定义和规则与应力莫尔圆的相同，只要将应力分量改为相应的应变分量。

(4) 应变张量至少也有三个相互垂直的主方向。在主方向上只有正应变，即**主应变**，而没有剪应变。主应变按代数值排序得$\varepsilon_1,\varepsilon_2,\varepsilon_3$，其中$\varepsilon_1$和$\varepsilon_3$分别是所有正应变中的最大值和最小值。在沿应变主方向的**主坐标**系中，应变张量退化为用三个主应变表示的对角型。第2章2.5节中有关应力张量性质的论述与相应的计算公式可以推广到应变张量，只要把其中的“应力”及应力符号改为“应变”及相应的应变符号。

对**各向同性材料**应力张量与应变张量的主方向是一致的，对各向异性材料则两者主方向不同。

(5) 应变张量也有第一、第二、第三不变量，记为$\Theta_1,\Theta_2,\Theta_3$，其定义与式(2.38)中的$I_1,I_2,I_3$相似，只要把右端的应力分量改为相应的应变分量。考察微元在主坐标系中的单位体积变化，即体积应变ϑ，见图3-5：

$$\begin{aligned}\vartheta &= \frac{\mathrm{d}V' - \mathrm{d}V}{\mathrm{d}V} = \frac{(1+\varepsilon_1)\mathrm{d}x_1(1+\varepsilon_2)\mathrm{d}x_2(1+\varepsilon_3)\mathrm{d}x_3 - \mathrm{d}x_1\mathrm{d}x_2\mathrm{d}x_3}{\mathrm{d}x_1\mathrm{d}x_2\mathrm{d}x_3} \\ &= \varepsilon_1 + \varepsilon_2 + \varepsilon_3 = \Theta_1\end{aligned} \tag{3.16}$$

可见，第一应变不变量Θ_1就等于微元体的**体积应变**ϑ。

(6) **最大剪应变**发生在主平面ε_1-ε_3内对主方向旋转45°的微元上，其值(按工程剪应变)为最大与最小主应变之差：

$$\gamma_{\max} = 2\varepsilon_{13} = \varepsilon_1 - \varepsilon_3 \tag{3.17}$$

观看图3-6中两个相互嵌套的微元，变形前外微元与主方向一致，而内微元旋转45°，变形后外微元出现最大、最小正应变，而内微元则产生最大剪应变。

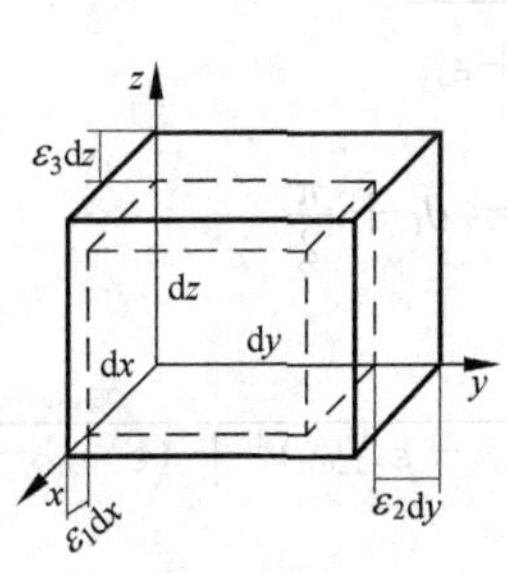

图3-5 体积应变

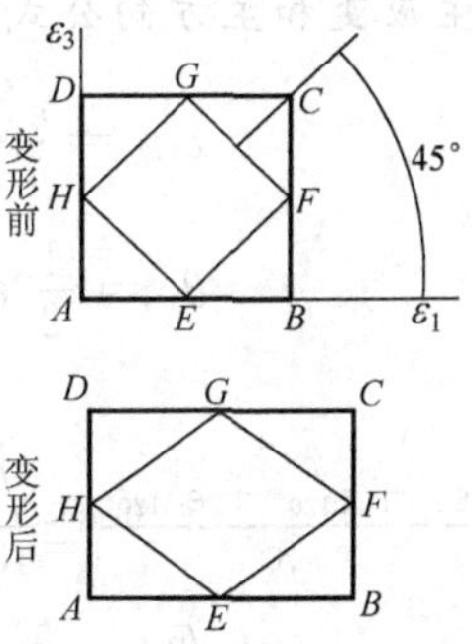

图3-6 最大剪应变

(7) 应变张量也可以分解成球量与偏量之和。应变球量表示微元的体积胀缩，而应变偏量描述微元的形状畸变。

(8) 与式(2.46)和式(2.47)对应，也存在八面体正应变和八面体剪应变：

$$\left.\begin{aligned}\varepsilon_0 &= (\varepsilon_1+\varepsilon_2+\varepsilon_3)/3\\ \gamma_0 &= 2\varepsilon_{\tau 0} = \frac{2}{3}\sqrt{(\varepsilon_1-\varepsilon_2)^2+(\varepsilon_2-\varepsilon_3)^2+(\varepsilon_3-\varepsilon_1)^2}\end{aligned}\right\}\tag{3.18}$$

其中，ε_0 是与主轴等倾的线元(即八面体法线方向)的正应变；γ_0 是等倾面(即八面体表面)的法线与等倾面上任意线元间之剪应变的最大值。

例 3.1　工程中常把电阻应变片贴在工程结构的表面来测量结构受力后的应变，并进一步计算应力。图 3-7 是由三个电阻片组成的正三角形电阻应变花。若试验中在某测点上测得：$\varepsilon_{0^\circ}=400\mu$；$\varepsilon_{120^\circ}=200\mu$；$\varepsilon_{-120^\circ}=600\mu$，其中 $1\mu=10^{-6}$ 是无量纲的应变单位。试导出该点主应变大小及方向的计算公式，并进行计算。

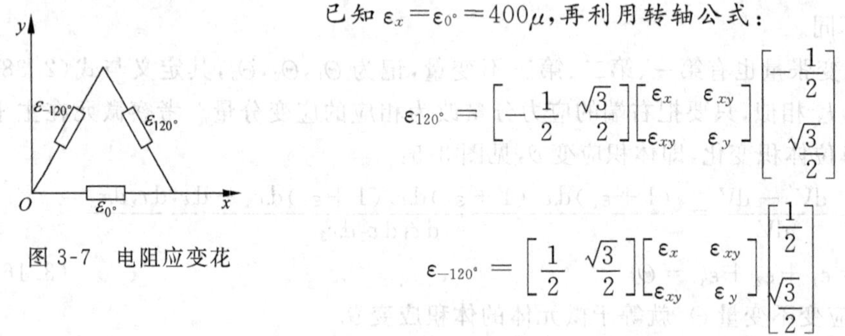

图 3-7　电阻应变花

已知 $\varepsilon_x=\varepsilon_{0^\circ}=400\mu$，再利用转轴公式：

$$\varepsilon_{120^\circ}=\begin{bmatrix}-\dfrac{1}{2} & \dfrac{\sqrt{3}}{2}\end{bmatrix}\begin{bmatrix}\varepsilon_x & \varepsilon_{xy}\\ \varepsilon_{xy} & \varepsilon_y\end{bmatrix}\begin{bmatrix}-\dfrac{1}{2}\\ \dfrac{\sqrt{3}}{2}\end{bmatrix}$$

$$\varepsilon_{-120^\circ}=\begin{bmatrix}\dfrac{1}{2} & \dfrac{\sqrt{3}}{2}\end{bmatrix}\begin{bmatrix}\varepsilon_x & \varepsilon_{xy}\\ \varepsilon_{xy} & \varepsilon_y\end{bmatrix}\begin{bmatrix}\dfrac{1}{2}\\ \dfrac{\sqrt{3}}{2}\end{bmatrix}$$

联立解得

$$\varepsilon_y=\frac{1}{3}[-\varepsilon_{0^\circ}+2(\varepsilon_{120^\circ}+\varepsilon_{-120^\circ})]$$

$$\varepsilon_{xy}=\frac{\sqrt{3}}{3}(\varepsilon_{-120^\circ}-\varepsilon_{120^\circ})$$

代入二维主应变和主方向公式(参见式(2.41)和式(2.42)，将应力改为应变)：

$$\varepsilon_{1,2}=\frac{\varepsilon_x+\varepsilon_y}{2}\pm\sqrt{\left(\frac{\varepsilon_x-\varepsilon_y}{2}\right)^2+\varepsilon_{xy}^2}$$

$$\theta_1=\frac{1}{2}\arctan\left(\frac{2\varepsilon_{xy}}{\varepsilon_x-\varepsilon_y}\right);\quad \theta_2=\theta_1+\frac{\pi}{2}$$

求得

$$\varepsilon_{1,2}=\frac{\varepsilon_{0^\circ}+\varepsilon_{120^\circ}+\varepsilon_{-120^\circ}}{3}\pm\frac{\sqrt{2}}{3}\sqrt{(\varepsilon_{0^\circ}-\varepsilon_{120^\circ})^2+(\varepsilon_{120^\circ}-\varepsilon_{-120^\circ})^2+(\varepsilon_{-120^\circ}-\varepsilon_{0^\circ})^2}$$

$$\theta_{1,2}=\frac{1}{2}\arctan\left(\frac{\sqrt{3}(\varepsilon_{-120^\circ}-\varepsilon_{120^\circ})}{2\varepsilon_{0^\circ}-\varepsilon_{120^\circ}-\varepsilon_{-120^\circ}}\right)$$

代入具体数据后有

$$\varepsilon_{1,2} = 400\left(1 \pm \frac{\sqrt{3}}{3}\right)\mu; \quad \theta_{1,2} = 45°, 135°$$

3.3 应变协调方程

作为二阶对称张量，应变张量应该有六个独立分量。然而仔细分析几何方程(3.11)发现，六个应变分量并不能完全独立，因为：(1)该方程通过微分运算由三个独立的位移分量派生出六个应变分量，微分运算不可能增加独立变量的数目，所以还应该存在对六个应变分量的三个约束条件；(2)反过来，若先给定应变分量 ε_{ij}，通过对方程(3.11)积分来求三个未知的位移分量 u_i。由于方程数多于未知量数，若任意给定 ε_{ij} 就可能出现矛盾方程，所以仅当 ε_{ij} 满足某些**可积条件**时方程(3.11)才能有解。再从几何的角度来看，变形前连续的物体变形后应该仍然保持连续，若任意给定六个应变分量，则物体可能出现开裂或重叠现象(参见图 3-8)，这样的应变场是不协调的。可积条件就是保证变形协调的条件，称为**应变协调方程**。

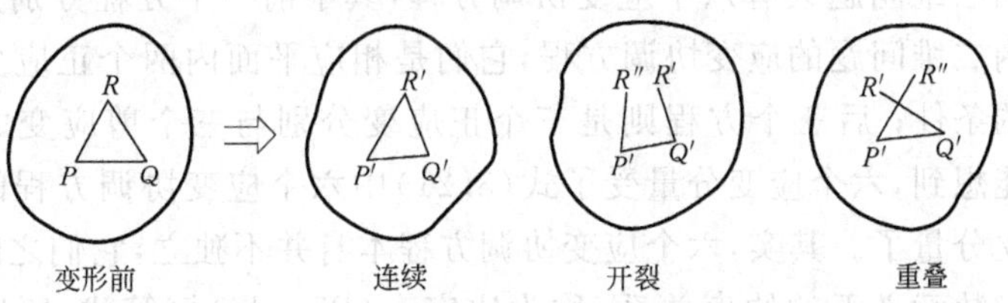

图 3-8 变形连续与应变协调

根据连续性假设，位移分量u,v,w应是坐标的光滑连续函数，连续函数对坐标的高阶偏导数应与求导顺序无关，这就是推导应变协调方程的出发点。

现在来导出x-y平面内二维问题的应变协调方程。采用工程剪应变定义，对于二维问题 $w=0$；$\varepsilon_z=\gamma_{yz}=\gamma_{zx}=0$，方程(3.11)退化为

$$\varepsilon_x = \frac{\partial u}{\partial x}; \quad \varepsilon_y = \frac{\partial v}{\partial y}; \quad \gamma_{xy} = \gamma_{yx} = \frac{\partial u}{\partial y} + \frac{\partial v}{\partial x} \tag{3.19}$$

可见二维问题共有三个应变分量，但只有两个独立的位移分量，所以应该存在一个应变协调条件。分析式(3.19)，ε_x 和 ε_y 表达式中分别含位移分量 u 和 v，没有直接关系，但它们之和可以与 γ_{xy} 式建立关系。为此将式(3.19)中的 ε_x 和 ε_y 式分别对 y 和 x 求两阶导数，将 γ_{xy} 式对 x 和 y 各求一阶导数，再利用求导顺序无关性质，可以直接导出如下恒等式：

$$\frac{\partial^2 \varepsilon_x}{\partial y^2} + \frac{\partial^2 \varepsilon_y}{\partial x^2} - \frac{\partial^2 \gamma_{xy}}{\partial x \partial y} = 0 \tag{3.20}$$

这就是二维问题的应变协调方程。

根据上述基本思想同样可以处理三维问题，但过程比较复杂，这里将直接给出三维问题的**应变协调方程**：

$$
\left.\begin{aligned}
&\frac{\partial^2 \varepsilon_x}{\partial y^2}+\frac{\partial^2 \varepsilon_y}{\partial x^2}-\frac{\partial^2 \gamma_{xy}}{\partial x \partial y}=0 \\
&\frac{\partial^2 \varepsilon_y}{\partial z^2}+\frac{\partial^2 \varepsilon_z}{\partial y^2}-\frac{\partial^2 \gamma_{yz}}{\partial y \partial z}=0 \\
&\frac{\partial^2 \varepsilon_z}{\partial x^2}+\frac{\partial^2 \varepsilon_x}{\partial z^2}-\frac{\partial^2 \gamma_{zx}}{\partial z \partial x}=0 \\
&\frac{\partial^2 \varepsilon_x}{\partial y \partial z}=\frac{1}{2} \frac{\partial}{\partial x}\left(-\frac{\partial \gamma_{yz}}{\partial x}+\frac{\partial \gamma_{zx}}{\partial y}+\frac{\partial \gamma_{xy}}{\partial z}\right) \\
&\frac{\partial^2 \varepsilon_y}{\partial z \partial x}=\frac{1}{2} \frac{\partial}{\partial y}\left(-\frac{\partial \gamma_{zx}}{\partial y}+\frac{\partial \gamma_{xy}}{\partial z}+\frac{\partial \gamma_{yz}}{\partial x}\right) \\
&\frac{\partial^2 \varepsilon_z}{\partial x \partial y}=\frac{1}{2} \frac{\partial}{\partial z}\left(-\frac{\partial \gamma_{xy}}{\partial z}+\frac{\partial \gamma_{yz}}{\partial x}+\frac{\partial \gamma_{zx}}{\partial y}\right)
\end{aligned}\right\} \tag{3.21}
$$

这组方程首先由圣维南(Saint-Venant)导出，也称为圣维南恒等式。

可以看到三维问题共有六个应变协调方程，其中前三个方程分别是在 x-y、y-z 和 z-x 平面内二维问题的应变协调方程，它们是相应平面内两个正应变和一个剪应变之间的协调条件；后三个方程则是三个正应变分别与三个剪应变之间的协调条件。读者可能想到，六个应变分量受了式(3.21)中六个应变协调方程的约束后似乎再也没有独立分量了。其实，六个应变协调方程本身并不独立，它们之间还存在着三个在更高阶导数意义下的约束关系，称为比安奇(Bianchi)恒等式，所以完全独立的应变协调方程只有三个，参见文献[1]。

综上所述，物体的变形可以用位移矢量场(三个位移分量)来描述，也可用应变张量场(六个应变分量)来描述。当给定位移场时，只要位移函数连续且存在三阶以上连续偏导数，协调方程(3.21)就能自动满足。当给定应变场时，六个应变分量必须首先满足协调方程(3.21)，只有对协调的应变场才能积分几何方程(3.11)，得到单值连续的位移场①。

给定协调的应变场后，通过几何方程(3.11)求位移场是求解一组一阶偏微分方程组的数学问题，参考文献[1]中给出了一般性求解思路。本书将在第2篇中结合专门问题来讨论位移场求解问题。

---

① 对单连通域，满足应变协调方程是保证位移单值连续的充分必要条件；对多连通域，只是必要而非充分条件，详细论述参见参考文献[1]。一个平面或空间的几何域，若域内的任意闭曲线能通过始终保持在域内的连续变形而收缩成一个点，则为**单连通域**，否则为**多连通域**。实心域都是单连通域，二维空心域都是多连通域，三维空心域有可能是单连通域，例如含未穿透表面的内孔洞的空心球体是单连通域。

习　题

3-1　如何描述一点邻近的变形情况？

3-2　在推导几何方程过程中作了哪些近似？为什么能作这样的近似？

3-3　已知老坐标系 x,y,z 中的应变张量分量 ε_{ij}，将该坐标系绕 x 轴转 θ 角而得到新坐标系 $x',\ y',\ z'$。求新坐标系中的应变张量分量 ε'_{ij}。

3-4　如图所示四面体 $OABC$，$OA=OB=OC$，D 是 AB 的中点。设小应变张量为

$$(\varepsilon_{ij}) = \begin{pmatrix} 0.01 & -0.005 & 0 \\ -0.005 & 0.02 & 0.01 \\ 0 & 0.01 & -0.03 \end{pmatrix}$$

求 D 点处单位矢量 $\boldsymbol{\nu}$ 与 $\boldsymbol{t}$ 方向的正应变，以及 $\boldsymbol{\nu}$ 和 $\boldsymbol{t}$ 之间的剪应变。

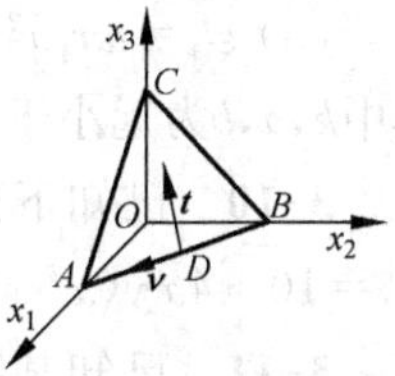

题 3-4 图

3-5　已知 6 个应变分量 $\varepsilon_x,\varepsilon_y,\varepsilon_z,\gamma_{xy},\gamma_{yz},\gamma_{zx}$ 中，$\varepsilon_z=\gamma_{yz}=\gamma_{xz}=0$，试求应变张量不变量并导出主应变公式。

3-6　已知一点的应变分量为

$$\varepsilon_x = 500\mu,\quad \varepsilon_y = 400\mu,\quad \varepsilon_z = 200\mu;$$

$$\gamma_{xy} = 600\mu,\quad \gamma_{yz} = -200\mu,\quad \gamma_{zx} = 0。$$

试求：(1) 沿 $2\boldsymbol{i}+2\boldsymbol{j}+\boldsymbol{k}$ 方向的线应变；

(2) 主应变及其方向。

3-7　电阻应变片是用于测量与自由表面相平行的相对伸长的机电量转换装置，通常将其布置成电阻应变花的形式贴于自由表面上，如图所示。已知：

(1) 应变花测得相对伸长为

$$\varepsilon_{30^\circ} = 0.003,\quad \varepsilon_{90^\circ} = 0.003,\quad \varepsilon_{150^\circ} = 0.006$$

(2) 应变花测得相对伸长为

$$\varepsilon_{30^\circ} = -0.3,\quad \varepsilon_{90^\circ} = 0.3,\quad \varepsilon_{150^\circ} = 1.00$$

试求在两种情况下的应变分量 $\varepsilon_{11},\varepsilon_{22},\gamma_{12}$。

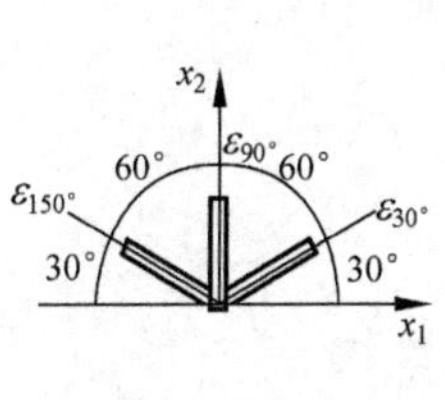

题 3-7 图

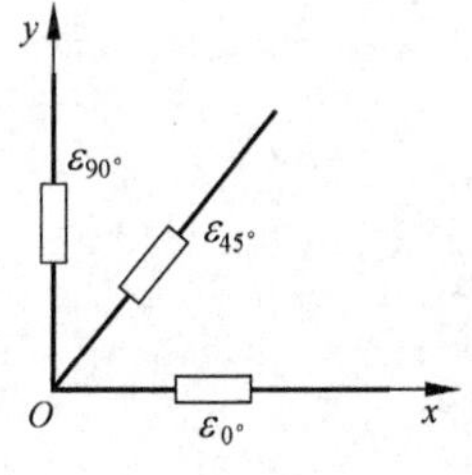

题 3-8 图

3-8　直角电阻应变花如图所示。已知：$\varepsilon_{0^\circ}=200\mu$；$\varepsilon_{45^\circ}=900\mu$；$\varepsilon_{90^\circ}=1000\mu$。

(1) 试导出由 $\varepsilon_{0^\circ},\varepsilon_{45^\circ},\varepsilon_{90^\circ}$ 计算该点 $\varepsilon_x,\varepsilon_y,\varepsilon_{xy}$ 的公式；

(2) 试导出由 $\varepsilon_{0^\circ},\varepsilon_{45^\circ},\varepsilon_{90^\circ}$ 计算该点主应变大小及方向的公式；

(3) 用上述数据代入导出的公式进行计算。

3-9　试分析如下应变状态是否存在：

(1) $\varepsilon_{11}=k(x_1^2+x_2^2)x_3,\varepsilon_{22}=kx_2^2x_3,\varepsilon_{33}=0,$

$\gamma_{12}=2kx_1x_2x_3,\gamma_{23}=\gamma_{31}=0$；

(2) $\varepsilon_{11}=k(x_1^2+x_2^2),\varepsilon_{22}=kx_2^2,\varepsilon_{33}=0,\gamma_{12}=2kx_1x_2,\gamma_{23}=\gamma_{31}=0$；

(3) $\varepsilon_{11}=ax_1x_2^2,\varepsilon_{22}=ax_1^2x_2,\varepsilon_{33}=ax_1x_2,\gamma_{12}=0,\gamma_{23}=ax_3^2+bx_2,\gamma_{31}=ax_1^2+bx_2^2$。

其中k,a,b为远小于1的常数。

3-10　已知下列应变分量，$\varepsilon_x=5+x^2+y^2+x^4+y^4,\varepsilon_y=6+3x^2+3y^2+x^4+y^4,\gamma_{xy}=10+4xy(x^2+y^2+2),\varepsilon_z=\gamma_{xz}=\gamma_{yz}=0$。试校核上列应变场是否可能？

3-11　已知某物体变形后的位移分量为

$$u=u_0+C_{11}x+C_{12}y+C_{13}z$$
$$v=v_0+C_{21}x+C_{22}y+C_{23}z$$
$$w=w_0+C_{31}x+C_{32}y+C_{33}z$$

试求应变分量和转动分量，并说明此物体变形的特点。

3-12　要使应变分量

$$\varepsilon_x=A_0+A_1(x^2+y^2)+(x^4+y^4);\quad \varepsilon_y=B_0+B_1(x^2+y^2)+(x^4+y^4);$$
$$\gamma_{xy}=C_0+C_1xy(x^2+y^2+C_2);\quad \varepsilon_z=\gamma_{xz}=\gamma_{yz}=0$$

成为一种可能的应变状态，使确定 $A_0,A_1,B_0,B_1,C_0,C_1,C_2$ 之间的关系。

第4章 弹性力学基本方程和一般原理

本章首先讲述弹性材料的本构关系——广义胡克定律。接着综合弹性力学的基本方程，讲述它们的基本解法，包括位移解法、应力解法和应力函数解法。然后讨论对工程应用十分重要的边界/界面条件。最后介绍弹性力学的三个一般原理，包括叠加原理、解的惟一性原理和圣维南原理。

4.1 广义胡克定理

胡克(Hooke,R.)在单向拉伸情况下用实验证明了弹性材料的应力和应变之间存在线性关系，或者说，在小变形情况下弹性体的变形与所受的力成正比，称为**胡克定理**。一般说，材料的应力与应变关系可以是非线性的、与加载过程及速率相关的甚至与变形本身的特性(如变形梯度)相关的，这关系取决于材料的物理性质，即物质的本构特性，统称为**本构关系**或**本构方程**。胡克定理是本构关系中最简单的一个特例。

1. 各向同性弹性体

对于各向同性弹性体可以将材料力学中单向拉伸和纯剪切情况下的胡克定理推广到三向受力的一般情况。分别计算由三对正应力和三对剪应力所引起的应变，然后根据各向同性假设和叠加原理将它们相加，就得到三维复杂应力状态下的**应变-应力关系**，又称**逆弹性关系**：

$$
\left.\begin{aligned}
\varepsilon_x &= \frac{1}{E}[\sigma_x - \nu(\sigma_y + \sigma_z)] = \frac{1+\nu}{E}\sigma_x - \frac{\nu}{E}\Theta; \quad \gamma_{xy} = \frac{1}{G}\tau_{xy} \\
\varepsilon_y &= \frac{1}{E}[\sigma_y - \nu(\sigma_z + \sigma_x)] = \frac{1+\nu}{E}\sigma_y - \frac{\nu}{E}\Theta; \quad \gamma_{yz} = \frac{1}{G}\tau_{yz} \\
\varepsilon_z &= \frac{1}{E}[\sigma_z - \nu(\sigma_x + \sigma_y)] = \frac{1+\nu}{E}\sigma_z - \frac{\nu}{E}\Theta; \quad \gamma_{zx} = \frac{1}{G}\tau_{zx}
\end{aligned}\right\} \tag{4.1}
$$

其中 E,ν 和 G 分别为**杨氏**(Young,T.)**模量**,**泊松**(Poisson,S. D.)**比**和**剪切模量**。它们之间存在关系(见第 9 章习题 9-1):

$$
G = \frac{E}{2(1+\nu)} \tag{4.2}
$$

注意,习惯上把剪切模量 G 定义为剪应力与工程剪应变 γ_{ij} 之间的弹性常数,剪应力与剪应变 ε_{ij} 之间的剪切模量应为 $2G$。

把式(4.1)前三式叠加,得

$$
\vartheta = \frac{1-2\nu}{E}\Theta \tag{4.3}
$$

其中

$$
\vartheta = \varepsilon_x + \varepsilon_y + \varepsilon_z = \frac{\partial u}{\partial x} + \frac{\partial v}{\partial y} + \frac{\partial w}{\partial z} \quad 和 \quad \Theta = \sigma_x + \sigma_y + \sigma_z \tag{4.4}
$$

分别是应变张量和应力张量的第一不变量,式(4.3)表示三向正应力之和与体积应变间存在线性关系。利用式(4.3)由式(4.1)解得**应力-应变关系**,又称**弹性关系**:

$$
\left.\begin{aligned}
\sigma_x &= 2G\varepsilon_x + \lambda\vartheta; \quad \tau_{xy} = G\gamma_{xy} \\
\sigma_y &= 2G\varepsilon_y + \lambda\vartheta; \quad \tau_{yz} = G\gamma_{yz} \\
\sigma_z &= 2G\varepsilon_z + \lambda\vartheta; \quad \tau_{zx} = G\gamma_{zx}
\end{aligned}\right\} \tag{4.5}
$$

其中

$$
\lambda = \frac{\nu E}{(1+\nu)(1-2\nu)} \tag{4.6}
$$

它和 G(不少文献将 G 记为 μ)一起称为**拉梅**(Lame,G.)**常数**。式(4.5)和式(4.1)总称为**各向同性材料的广义胡克定理**。

用平均正应力 $\sigma_0 = \Theta/3$ 将式(4.3)表示成

$$
\sigma_0 = K\vartheta \tag{4.7}
$$

其中

$$
K = \frac{E}{3(1-2\nu)} \tag{4.8}
$$

称为**体积模量**。上面共出现了 E,ν,G,λ 和 K 五个弹性常数,它们从不同的角度表示了材料的弹性性质,其中只有两个是独立常数,它们之间存在相互转换关系,见表 4.1。

对于给定的工程材料,可以用单向拉伸试验来测定 E 和 ν,用薄壁管扭转试验来

测定 G,用静水压试验来测定 K。试验表明,在这三种加载情况下物体的变形总是和加载方向一致的(即外力总在变形上作正功),所以必有

$$E>0;\quad G>0;\quad K>0 \tag{4.9}$$

根据式(4.2)和式(4.8),为满足上述要求必须

$$1+\nu>0;\quad 1-2\nu>0 \tag{4.10}$$

因此泊松比 ν 的理论取值范围应为

$$-1<\nu<1/2 \tag{4.11}$$

作为理想化的极限情况,若 $\nu=1/2$,则由式(4.8)、式(4.9)得体积模量 $K=\infty$,称为**不可压缩**材料。相应的剪切模量(见式(4.2))$G=E/3$。在塑性力学中经常采用不可压缩假设。在地球物理中研究应力波的传播规律时经常假设 $\nu=1/4$,此时 $\lambda=G$,弹性力学基本方程将大为简化。对实际工程材料测得的泊松比都是正的,在 $0<\nu<1/2$ 的范围内。

表 4.1 弹性常数互换表

	基本常数		
	E,ν	λ,G	K,G
E	—	$\dfrac{G(3\lambda+2G)}{\lambda+G}$	$\dfrac{9KG}{3K+G}$
ν	—	$\dfrac{\lambda}{2(\lambda+G)}$	$\dfrac{3K-2G}{6K+2G}$
λ	$\dfrac{\nu E}{(1+\nu)(1-2\nu)}$	—	$K-\dfrac{2}{3}G$
G	$\dfrac{E}{2(1+\nu)}$	—	—
K	$\dfrac{E}{3(1-2\nu)}$	$\lambda+\dfrac{2}{3}G$	—

2. 各向异性弹性体

对于各向同性材料,逆弹性关系式(4.1)表明,正应力只引起正应变,剪应力只起剪应变,它们是互不耦合的。对于**各向异性**材料的一般情况,任何一个应力分量都可能引起任何一个应变分量的变化。**广义胡克定律**的一般形式是

$$\left.\begin{aligned}
\sigma_x &= c_{11}\varepsilon_x + c_{12}\varepsilon_y + c_{13}\varepsilon_z + c_{14}\gamma_{xy} + c_{15}\gamma_{yz} + c_{16}\gamma_{zx}\\
\sigma_y &= c_{21}\varepsilon_x + c_{22}\varepsilon_y + c_{23}\varepsilon_z + c_{24}\gamma_{xy} + c_{25}\gamma_{yz} + c_{26}\gamma_{zx}\\
\sigma_z &= c_{31}\varepsilon_x + c_{32}\varepsilon_y + c_{33}\varepsilon_z + c_{34}\gamma_{xy} + c_{35}\gamma_{yz} + c_{36}\gamma_{zx}\\
\tau_{xy} &= c_{41}\varepsilon_x + c_{42}\varepsilon_y + c_{43}\varepsilon_z + c_{44}\gamma_{xy} + c_{45}\gamma_{yz} + c_{46}\gamma_{zx}\\
\tau_{yz} &= c_{51}\varepsilon_x + c_{52}\varepsilon_y + c_{53}\varepsilon_z + c_{54}\gamma_{xy} + c_{55}\gamma_{yz} + c_{56}\gamma_{zx}\\
\tau_{zx} &= c_{61}\varepsilon_x + c_{62}\varepsilon_y + c_{63}\varepsilon_z + c_{64}\gamma_{xy} + c_{65}\gamma_{yz} + c_{66}\gamma_{zx}
\end{aligned}\right\} \tag{4.12}$$

其中系数 $c_{ij}(i,j=1,\cdots,6)$共有 36 个，称为**弹性常数**。可以从应变能的角度证明其对称性(见参考文献[1])，即 $c_{ij}=c_{ji}$，所以对最一般的各向异性弹性材料，独立的弹性常数共有 21 个。下面介绍几种工程中常见的特殊情况。

(1) 具有一个**弹性对称面**的材料，例如单斜晶体结构的正长石和云母。若把坐标轴 x,y 取在弹性对称面内，则当坐标系由 x,y,z 改为 $x,y,-z$ 时，这类材料的弹性关系保持不变。注意到 z 坐标反向后剪应力 τ_{yz},τ_{zx} 和工程剪应变 γ_{yz},γ_{zx} 的正向都反号，而其他分量保持不变(参见 4.3 节关于对称性的讨论)，为了保证弹性关系不变，反号应力(或应变)分量和不变应变(或应力)分量间的弹性常数必须为零，因为只有零的正值和负值才会相等。于是，独立的弹性常数减少到如下 13 个：

$$\begin{bmatrix} c_{11} & c_{12} & c_{13} & c_{14} & 0 & 0 \\ & c_{22} & c_{23} & c_{24} & 0 & 0 \\ & & c_{33} & c_{34} & 0 & 0 \\ & \text{对称} & & c_{44} & 0 & 0 \\ & & & & c_{55} & c_{56} \\ & & & & & c_{66} \end{bmatrix} \tag{4.13}$$

(2) **正交各向异性**材料，这是应用最广的一类各向异性材料，例如纤维增强复合材料、木材、钢筋混凝土等。这类材料具有三个相互正交的弹性对称面，将上述弹性对称面的变号规则对 x,y,z 应用三次，可证明独立弹性常数减少到 9 个：

$$\begin{bmatrix} c_{11} & c_{12} & c_{13} & 0 & 0 & 0 \\ & c_{22} & c_{23} & 0 & 0 & 0 \\ & & c_{33} & 0 & 0 & 0 \\ & \text{对称} & & c_{44} & 0 & 0 \\ & & & & c_{55} & 0 \\ & & & & & c_{66} \end{bmatrix} \tag{4.14}$$

(3) **横观各向同性**材料，例如层状结构的地壳。这类材料在某个横向平面内是各向同性的，但在垂直于平面方向上的材料性质则不同。这时独立的弹性常数剩下 5 个，胡克定律写成

$$\left.\begin{aligned} \varepsilon_x &= \frac{1}{E}(\sigma_x-\nu\sigma_y)-\frac{\nu'}{E'}\sigma_z; \quad \gamma_{xy}=\frac{2(1+\nu)}{E}\tau_{xy} \\ \varepsilon_y &= \frac{1}{E}(\sigma_y-\nu\sigma_x)-\frac{\nu'}{E'}\sigma_z; \quad \gamma_{yz}=\frac{1}{G'}\tau_{yz} \\ \varepsilon_z &= \frac{1}{E'}\sigma_z-\frac{\nu'}{E'}(\sigma_x+\sigma_y); \quad \gamma_{zx}=\frac{1}{G'}\tau_{zx} \end{aligned}\right\} \tag{4.15}$$

(4) **各向同性**材料，例如各种金属、塑料等。这时式(4.15)中的 $E'=E$；$\nu'=\nu$；$G'=E/2(1+\nu)$，独立的弹性常数只剩下 E,ν 两个，已在前面第一段中作过详细讨论。

4.2 弹性力学的基本方程及求解思路

弹性力学的任务是：求解在给定载荷与约束下弹性体内的应力场、应变场和位移场。前面已分别从微元平衡、微元变形和材料本构关系出发导出了线性弹性力学的全部方程。它们是

平衡方程，见式(2.49)，改用直角坐标中的常用符号：

$$\left.\begin{aligned}&\frac{\partial\sigma_x}{\partial x}+\frac{\partial\tau_{yx}}{\partial y}+\frac{\partial\tau_{zx}}{\partial z}+f_x=0\\&\frac{\partial\tau_{xy}}{\partial x}+\frac{\partial\sigma_y}{\partial y}+\frac{\partial\tau_{zy}}{\partial z}+f_y=0\\&\frac{\partial\tau_{xz}}{\partial x}+\frac{\partial\tau_{yz}}{\partial y}+\frac{\partial\sigma_z}{\partial z}+f_z=0\end{aligned}\right\}\tag{4.16}$$

几何方程，见式(3.11)：

$$\left.\begin{aligned}&\varepsilon_x=\frac{\partial u}{\partial x};\quad \varepsilon_{xy}=\varepsilon_{yx}=\frac{1}{2}\left(\frac{\partial u}{\partial y}+\frac{\partial v}{\partial x}\right)\\&\varepsilon_y=\frac{\partial v}{\partial y};\quad \varepsilon_{yz}=\varepsilon_{zy}=\frac{1}{2}\left(\frac{\partial v}{\partial z}+\frac{\partial w}{\partial y}\right)\\&\varepsilon_z=\frac{\partial w}{\partial z};\quad \varepsilon_{zx}=\varepsilon_{xz}=\frac{1}{2}\left(\frac{\partial w}{\partial x}+\frac{\partial u}{\partial z}\right)\end{aligned}\right\}\tag{4.17}$$

应变协调方程，见式(3.21)：

$$\left.\begin{aligned}&\frac{\partial^2\varepsilon_x}{\partial y^2}+\frac{\partial^2\varepsilon_y}{\partial x^2}-\frac{\partial^2\gamma_{xy}}{\partial x\partial y}=0\\&\frac{\partial^2\varepsilon_y}{\partial z^2}+\frac{\partial^2\varepsilon_z}{\partial y^2}-\frac{\partial^2\gamma_{yz}}{\partial y\partial z}=0\\&\frac{\partial^2\varepsilon_z}{\partial x^2}+\frac{\partial^2\varepsilon_x}{\partial z^2}-\frac{\partial^2\gamma_{zx}}{\partial z\partial x}=0\\&\frac{\partial^2\varepsilon_x}{\partial y\partial z}=\frac{1}{2}\frac{\partial}{\partial x}\left(-\frac{\partial\gamma_{yz}}{\partial x}+\frac{\partial\gamma_{zx}}{\partial y}+\frac{\partial\gamma_{xy}}{\partial z}\right)\\&\frac{\partial^2\varepsilon_y}{\partial z\partial x}=\frac{1}{2}\frac{\partial}{\partial y}\left(-\frac{\partial\gamma_{zx}}{\partial y}+\frac{\partial\gamma_{xy}}{\partial z}+\frac{\partial\gamma_{yz}}{\partial x}\right)\\&\frac{\partial^2\varepsilon_z}{\partial x\partial y}=\frac{1}{2}\frac{\partial}{\partial z}\left(-\frac{\partial\gamma_{xy}}{\partial z}+\frac{\partial\gamma_{yz}}{\partial x}+\frac{\partial\gamma_{zx}}{\partial y}\right)\end{aligned}\right\}\tag{4.18}$$

本构方程，对本书重点讨论的各向同性线性弹性材料有：

(1) 应变-应力公式，见式(4.1)：

$$\left.\begin{aligned}\varepsilon_x &= \frac{1}{E}[\sigma_x - \nu(\sigma_y + \sigma_z)]; \quad \gamma_{xy} = \frac{1}{G}\tau_{xy} \\ \varepsilon_y &= \frac{1}{E}[\sigma_y - \nu(\sigma_z + \sigma_x)]; \quad \gamma_{yz} = \frac{1}{G}\tau_{yz} \\ \varepsilon_z &= \frac{1}{E}[\sigma_z - \nu(\sigma_x + \sigma_y)]; \quad \gamma_{zx} = \frac{1}{G}\tau_{zx}\end{aligned}\right\} \tag{4.19}$$

(2) 应力-应变公式，见式(4.5)：

$$\left.\begin{aligned}\sigma_x &= 2G\varepsilon_x + \lambda\vartheta; \quad \tau_{xy} = G\gamma_{xy} \\ \sigma_y &= 2G\varepsilon_y + \lambda\vartheta; \quad \tau_{yz} = G\gamma_{yz} \\ \sigma_z &= 2G\varepsilon_z + \lambda\vartheta; \quad \tau_{zx} = G\gamma_{zx} \\ \vartheta &= \varepsilon_x + \varepsilon_y + \varepsilon_z\end{aligned}\right\} \tag{4.20}$$

其中，式(4.16)、式(4.17)和式(4.18)都是微分方程组，而式(4.19)和式(4.20)仅为代数方程组。

如何利用上述方程来求解弹性力学问题取决于选择何种求解思路。弹性力学最常用的三种求解思路是位移解法，应力解法和应力函数解法。

1. 位移解法

位移解法选择三个平衡方程(4.16)、六个几何方程(4.17)和六个应力-应变公式(4.20)，共15个方程，来求解三个位移分量 u_i、六个应变分量 ε_{ij} 和六个应力分量 σ_{ij}，共15个未知量。具体步骤是：以三个位移分量 u_i 为基本未知量，通过几何方程将应变表示为位移的函数，代入应力-应变公式将应力表示为位移的函数，再代入平衡方程得到用位移分量表示的平衡方程，它们是

$$\left.\begin{aligned}G\nabla^2 u + (\lambda + G)\frac{\partial\vartheta}{\partial x} + f_x = 0 \\ G\nabla^2 v + (\lambda + G)\frac{\partial\vartheta}{\partial y} + f_y = 0 \\ G\nabla^2 w + (\lambda + G)\frac{\partial\vartheta}{\partial z} + f_z = 0\end{aligned}\right\} \tag{4.21}$$

其中，$\vartheta = \frac{\partial u}{\partial x} + \frac{\partial v}{\partial y} + \frac{\partial w}{\partial z}$ 是应变第一不变量，二阶微分算子 $\nabla^2 = \frac{\partial^2}{\partial x^2} + \frac{\partial^2}{\partial y^2} + \frac{\partial^2}{\partial z^2}$ 称为**调和算子或拉普拉斯算子**(Laplace)。方程(4.21)是**位移法定解方程**，又称**拉梅-纳维**(Lame，G.-Navier，C. L. M. H.)**方程**，简称 **L-N 方程**，它是三个一组的二阶椭圆型偏微分方程组，加上相应边界条件后可以解出三个位移分量。然后，代回几何方程和应力-应变公式可以求得应变和应力分量。

应该指出，位移解法选连续的位移分量为基本未知量，应变协调方程(4.18)将自动满足；同时，用了应力-应变公式后，与其等价的应变-应力公式(4.19)也将自动满足。

有限元法中的"位移有限元法"就对应于弹性力学中的位移解法。

2. *应力解法*

应力解法选择三个平衡方程(4.16)、六个应变-应力公式(4.19)和六个应变协调方程(4.18),共15个方程,来求解六个应力分量σ_{ij}和六个应变分量ε_{ij},共12个未知量。第3章中曾指出:当以应变作求解起点时,应变分量必须满足协调方程。现在以应力为求解起点,而应力与应变的分量数目相等,且能通过代数方程相互转换,所以应力解法也必须满足协调方程。在六个应变协调方程中只有三个是独立的,所以应力解法中的独立方程数和未知量数相等,可以求解。

应力解法的具体步骤是:以六个应力分量σ_{ij}为基本未知量,通过应变-应力公式将应变表示为应力的函数,再代入应变协调方程得到用应力分量表示的协调方程,它们是

$$\left.\begin{aligned}
&\nabla^2\sigma_x+\frac{1}{1+\nu}\frac{\partial^2\Theta}{\partial x^2}=-2\frac{\partial f_x}{\partial x}-\frac{\nu}{1-\nu}\left(\frac{\partial f_x}{\partial x}+\frac{\partial f_y}{\partial y}+\frac{\partial f_z}{\partial z}\right)\\
&\nabla^2\sigma_y+\frac{1}{1+\nu}\frac{\partial^2\Theta}{\partial y^2}=-2\frac{\partial f_y}{\partial y}-\frac{\nu}{1-\nu}\left(\frac{\partial f_x}{\partial x}+\frac{\partial f_y}{\partial y}+\frac{\partial f_z}{\partial z}\right)\\
&\nabla^2\sigma_z+\frac{1}{1+\nu}\frac{\partial^2\Theta}{\partial z^2}=-2\frac{\partial f_z}{\partial z}-\frac{\nu}{1-\nu}\left(\frac{\partial f_x}{\partial x}+\frac{\partial f_y}{\partial y}+\frac{\partial f_z}{\partial z}\right)\\
&\nabla^2\tau_{yz}+\frac{1}{1+\nu}\frac{\partial^2\Theta}{\partial y\partial z}=-\left(\frac{\partial f_y}{\partial z}+\frac{\partial f_z}{\partial y}\right)\\
&\nabla^2\tau_{zx}+\frac{1}{1+\nu}\frac{\partial^2\Theta}{\partial z\partial x}=-\left(\frac{\partial f_z}{\partial x}+\frac{\partial f_x}{\partial z}\right)\\
&\nabla^2\tau_{xy}+\frac{1}{1+\nu}\frac{\partial^2\Theta}{\partial x\partial y}=-\left(\frac{\partial f_x}{\partial y}+\frac{\partial f_y}{\partial x}\right)
\end{aligned}\right\}\tag{4.22}$$

其中,Θ是应力第一不变量,各方程的右端都是与给定体力载荷有关的已知项,对无体力情况退化为右端为零的齐次方程。方程(4.22)称为**应力协调方程**或**贝尔特拉米-米歇尔**(Beltrami,E.-Michell,J.H.)**方程**,简称**B-M方程**。它是六个一组的二阶椭圆型偏微分方程组,其中只有三个是独立的,所以必须和三个平衡方程一起,并加上相应边界条件后才能解出六个应力分量。求得应力后代入应变-应力公式求应变分量,最后通过几何方程积分出位移分量。

有限元法中的"应力有限元法"就对应于弹性力学中的应力解法。

3. *应力函数解法*

在位移解法中引进了三个能自动满足协调方程的位移函数,将问题归结为求解三个用位移表示的平衡方程,而应变分量则由位移偏导数的组合来表示。与此对偶的,人们找到了另一类函数,称为**应力函数**,它们能自动满足平衡方程,而应力分量可用它们的偏导数组合来表示(称为应力公式),最终将弹性力学问题归结为求解用应

力函数表示的协调方程,这种新的求解思路称为**应力函数解法**。

在三维弹性力学问题中典型的应力函数有麦克斯韦(Maxwell,J.C.)应力函数和莫雷拉(Morera,G.)应力函数。它们分别在二维平面问题和柱形杆扭转问题中退化为著名的艾里(Airy,G.B.)应力函数和普朗特(Prandtl,L.)应力函数。本书将在第5章和第7章详细介绍后两种应力函数及其应用。

图4-1用框图形式对比了位移解法(左下路线)和应力函数解法(右上路线)的求解思路。图中用圈表示物理量,框表示关系式,双框表示最后导出的定解方程,实箭头表示推导过程,虚箭头表示自动满足。可以看到在应力和应变,应力函数和位移,以及相应方程之间具有对应关系。

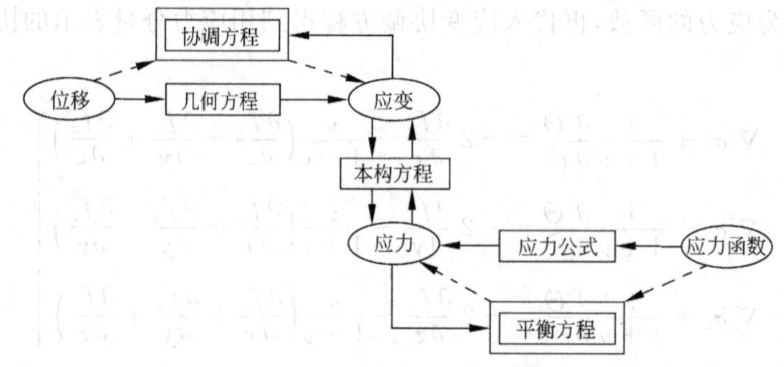

图4-1　位移法与应力函数法

应力函数解法既保留了应力解法中能直接求解应力分量的优点,又吸收了位移解法中能自动满足部分方程使基本未知量和定解方程数目减少的优点,所以是弹性力学解析解法中常用的求解思路。

由于应力函数不像位移或应力那样具有直接的物理意义,目前在有限元法中应用较少。

综上所述,位移解法以位移为基本未知量,求解用位移表示的平衡方程,得到位移后再由几何方程和应力-应变公式求得应变和应力。应力解法以应力为基本未知量,求解用应力表示的协调方程及平衡方程,得到应力后(若需要)再由应变-应力公式和几何方程计算应变和积分位移。应力函数解法以应力函数为基本未知量,求解用应力函数表示的协调方程(这时平衡方程自动满足),得到应力函数后由应力公式计算应力,(若需要)再由应变-应力公式和几何方程计算应变和积分位移。对于边界上给定位移边界条件的弹性力学问题常用位移解法,因为在应力解法和应力函数解法中,位移边界条件将以复杂的积分形式出现,不易求解。对于边界上给定力边界条件[①]的弹性力学问题则常用应力函数解法,因为它能自动满足平衡方程,比应力解法

① 对于静定的约束条件,可以用约束反力代替位移约束,将位移边界条件转化为力边界条件。

容易求解。力边界条件在位移解法中表现为位移的一阶偏导数形式，这类边值问题（数学上称为 Neumann 问题）可以求解，但其解析解一般比直接给定位移边界条件（数学上称为 Dirichlet 问题）难找些。读者可能想到还存在一种以应变为基本未知量的应变解法，由于应力与应变间的胡克定律是代数方程，应变解法的求解难度不会比应力解法有实质性的改善，而边界条件用应力表示则方便得多，所以很少采用应变解法。

具体求解上面导出的各类定解方程或它的简化方程，还有各种数学方法和技巧。弹性力学中常用的解析解法有：反逆法与半逆法、三角级数法、复变函数法、特殊函数法等。这些方法常因具体问题而异，在各种弹性力学教材和专著中有不少精辟的论述[8~10]。作为工程弹性力学课程，对解析解法的教学要求有所放松，本书将在第 2 篇中结合专门问题对解析解法作简要的介绍。

4.3 边界条件与界面条件

4.2 节以微分方程的形式给出了弹性力学问题在域内（即弹性体内）所必须满足的各类基本方程。满足基本方程的解有无穷多个，要想求得惟一解还必须给出定解条件，即相应的边界条件和界面条件。从力学上看，同一物体可以有无穷多种加载和约束方式，要想确定物体内的变形和应力状态，必须通过边界条件来具体指定加载/约束方式。所以，给定适当的边界/界面条件是确保找到惟一解答的必备前提。

弹性力学基本方程的正确性已经过百余年的验证，有限元法又给出了这些基本方程的通用求解手段，所以从工程应用角度来看，学会如何将实际工程结构正确地简化为弹性力学分析模型，并正确地给定分析模型的边界/界面条件是十分重要的。如果边界/界面条件给得不合理，弹性力学基本方程就可能没有解（当给定条件相互矛盾时）或者有许多解（当给定条件不足以定解时）；如果边界/界面条件虽然给得合理，但错误地描述了加载/约束特征，即使问题可以求解，有限元程序输出的漂亮结果也将是无效的。

1. 边界条件

弹性体的表面称为**边界**，通常有三种基本边界情况：

(1) **力边界 S_σ**，该边界处给定单位面积上作用的表面力 $\boldsymbol{X}=(\bar{X},\bar{Y},\bar{Z})$。

相应的**力边界条件**可以由斜面应力公式(2.8)导出：将四面体微元由域内移向边界，当微元的斜面成为物体的表面时，$\boldsymbol{\sigma}_{(\nu)}=\bar{\boldsymbol{X}}$，因而得到

$$\left.\begin{aligned} l\sigma_x + m\tau_{yx} + n\tau_{zx} &= \bar{X} \\ l\tau_{xy} + m\sigma_y + n\tau_{zy} &= \bar{Y} \\ l\tau_{xz} + m\tau_{yz} + n\sigma_z &= \bar{Z} \end{aligned}\right\} \tag{4.23}$$

上式的作用是将外载荷转换成应力传入物体内部。

自由表面是力边界中表面力为零($\overline{\boldsymbol{X}}=0$)的特殊情况。**集中力**在弹性力学中应化为作用在一个小面积上的、与其静力等效的均布表面力。集中力矩则化为与其静力等效的非均布(一般为线性分布)表面力。

(2) **位移边界 S_u**,该边界处给定位移约束 $\overline{\boldsymbol{u}}=(\bar{u},\bar{v},\bar{w})$。

相应的**位移边界条件**为:域内位移场的边界值应等于给定的位移约束值

$$u=\bar{u};\quad v=\bar{v};\quad w=\bar{w} \tag{4.24}$$

有时也可以指定边界位移的导数值(例如,转角为零的条件)或应变值。

(3) **混合边界 S_C**,部分给定力边界条件、部分给定位移边界条件的情况。

在物体表面一点处三个正交方向(通常取表面法线方向和表面切平面内的两个正交方向)上的边界条件是相互独立的。若在这三个方向的边界条件中有的给定位移分量、有的给定表面力分量;或者在表面的一部分给定位移边界,而另一部分给定力边界,都称为**混合边界条件**。

例如,图4-2中的水坝,受水压的 OA 面和自由表面 $ABCD$ 为力边界,埋入岩土中的 OE 面和 ED 面为位移边界,因而是混合边界问题。图4-3中可移动基础的下边界在铅垂方向要求位移为零,而在水平方向给定剪应力为零,因而各点处给定了混合边界条件。

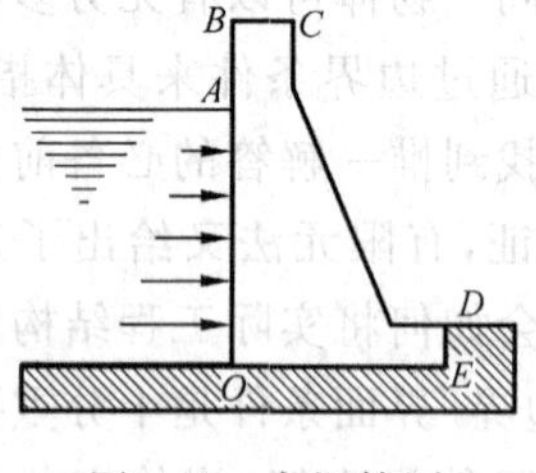

图4-2 水坝简图

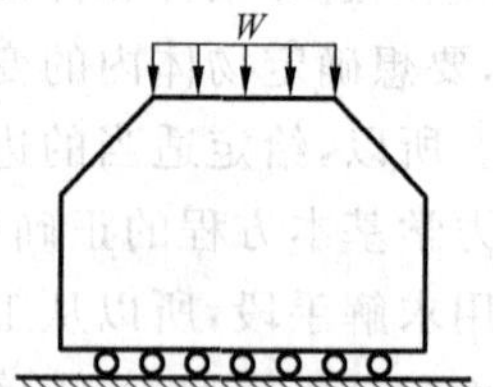

图4-3 可移动的基础

除上述基本边界情况外,还有一种**弹性边界**,例如受弹簧或弹性基础支撑的边界。这时表面力 $\boldsymbol{X}$ 和边界位移 $\boldsymbol{u}$ 的值均未给定,但给定了两者间的弹性系数 k:

$$\boldsymbol{u}=k\boldsymbol{X} \tag{4.25}$$

如果您所用的有限元程序没有设置弹性边界条件的功能,可以用增加一个弹性单元区,并在该区外给定位移约束的方法来实现。弹簧用杆单元代替,弹性基础用实体单元代替。

对于弹性动力学问题,还应给定**初始条件**,即 $t=0$ 时刻的位移分量 $(u_i)_0$ 和速度分量 $(\mathrm{d}u_i/\mathrm{d}t)_0$。

在给定边界条件时必须遵循如下原则。

(1) 在物体表面的每一点,各点处相互正交的三个分量方向上都必须给定边界条件。如有遗漏，则解是不确定的。

(2) 力边界条件和位移边界条件不能重叠，当给定表面某点处某方向的力(或位移)边界条件后，不能再同时指定位移(或力)边界条件。否则会出现矛盾条件，导致问题无解；如果两者不矛盾，则必有一个条件是多余的。

(3) 在静力问题中，给定的位移约束应足以防止物体产生刚体运动，否则解是不确定的。在有限元法中将导致结构刚度矩阵奇异，因而无法求解。

(4) 在力边界条件中只能给定表面上的应力分量值，不能限定物体内部的应力分量值。例如，图 4-4 中微元的 y 向正面位于自由表面上，其他五个面都在物体内部。力边界条件只能给定对应于表面外力的三个分量值：$\sigma_y=0$；$\tau_{yx}=0$；$\tau_{yz}=0$，而该边界点处应力张量的另外三个分量 σ_x，σ_z 和 τ_{zx} 是未知的内力，既不知道也不允许给定它们的值，这是初学者常犯的错误。每个微元有六个面，如果加上斜面，通过每个考察点有无穷多个截面。在处理弹性力学问题时，随时要注意你所关注的应力分量或应力矢量到底作用在哪个截面上，否则你的"应力张量"概念就没有学好，就会犯许多原则性的错误。

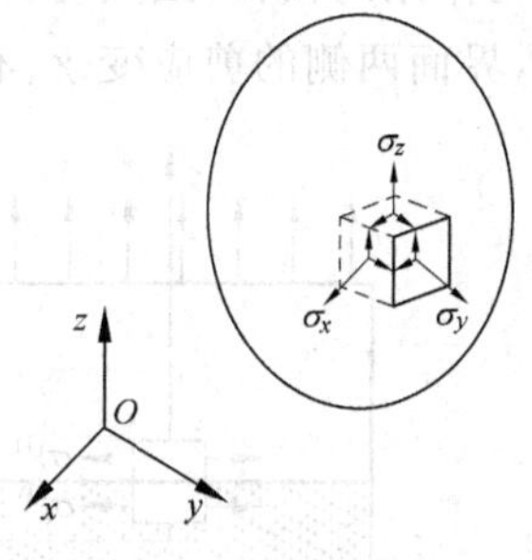

图 4-4 力边界条件

2. 界面条件

如果弹性体由两种以上的材料组成，例如要研究纤维增强复合材料、钢筋混凝土材料或多晶体金属材料的细观性质，则不同材料间的交界面称为**界面**。有时物体由同样材料的两部分组成，两者的连结面也称为界面。界面上位移和应力的传递特性由**界面条件**给出。有些界面条件是连续条件，它并不给定位移或应力分量的具体大小，只是要求界面两侧的位移和应力分量对应相等。在同一点、同一方向上有位移连续和应力连续的两个连续性要求，所以连续条件的数目是相应边界条件数的两倍。

通常有粘结和滑移两种基本界面情况。

(1) 在**粘结界面**上位移分量和应力分量全都连续，界面条件为

$$\left.\begin{aligned} u_n^{(1)} &= u_n^{(2)}; \quad \sigma_n^{(1)} = \sigma_n^{(2)} \\ u_x^{(1)} &= u_x^{(2)}; \quad \tau_{nx}^{(1)} = \tau_{nx}^{(2)} \\ u_y^{(1)} &= u_y^{(2)}; \quad \tau_{ny}^{(1)} = \tau_{ny}^{(2)} \end{aligned}\right\} \tag{4.26}$$

其中，上角标(1)、(2)分别表示界面的两侧，下角标 n,x,y 分别表示界面的法线方向和界面之切平面内的两个正交方向。

当粘结面的一侧为固定刚体时，界面条件退化为对另一侧弹性体的固定边界条件：

$$u_n=0; \quad u_x=0; \quad u_y=0 \tag{4.27}$$

(2) 在**滑移界面**上，滑移方向上的应力分量为零，而位移分量不再连续。例如，

若界面法向连续，而切面内可以滑移，则界面条件为

$$\left.\begin{aligned} u_n^{(1)} &= u_n^{(2)}; \quad \sigma_n^{(1)} = \sigma_n^{(2)} \\ \tau_{nx}^{(1)} &= 0; \quad \tau_{nx}^{(2)} = 0 \\ \tau_{ny}^{(1)} &= 0; \quad \tau_{ny}^{(2)} = 0 \end{aligned}\right\} \tag{4.28}$$

应该指出，界面条件也只能限制界面上的物理量，而不能限制物体内部的物理量。例如，图4-5中的胶粘接头，中间加点区是胶质，上下是金属，承受 y 向的拉伸。虽然在胶与金属的界面上应力和位移分量都连续，由于胶与金属的泊松比不同，界面微元左右侧的内部物理量 σ_x 有间断(即不连续)。图4-6是由两种材料组成的、受纯剪切作用的板材，虽然在界面上剪应力和位移都连续，由于上下材料的剪切模量不同，界面两侧的剪应变 γ_{xy} 有间断。

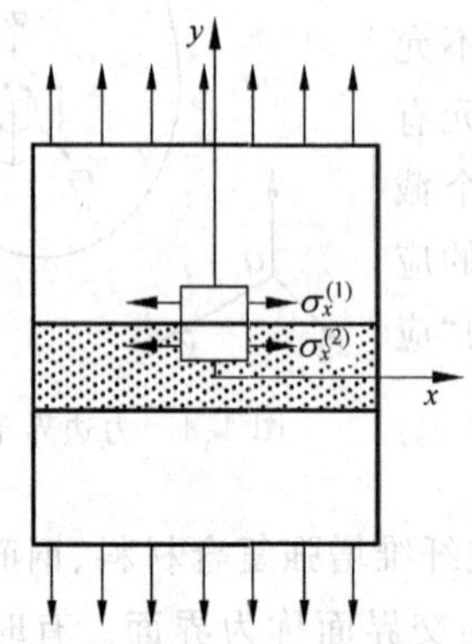

图4-5 内部正应力不连续

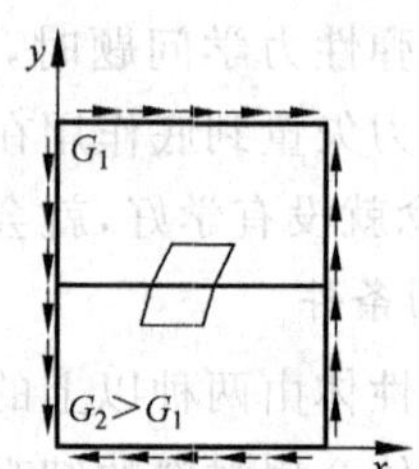

图4-6 内部剪应变不连续

3. 对称与反对称条件

对于材料均匀、几何形状对称的物体，如果施加的载荷与约束也对称(或反对称)于几何对称面，则变形后物体的位移场和应力场也将对称(或反对称)于该对称面。例如，图4-7中的 y 轴是深梁变形的对称(反对称)面。为了减少求解的难度和计算

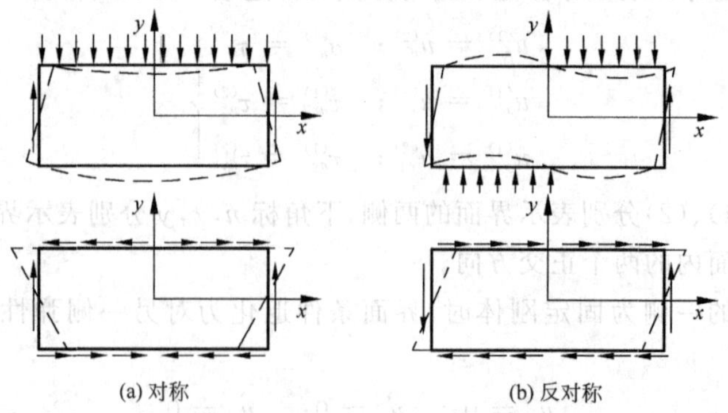

图4-7 深梁的对称与反对称

量，通常只取对称（反对称）面一侧的物体进行分析，而在对称（反对称）面上给定对称（反对称）条件。图 4-8 中的平板开孔问题有 x，y 两个对称面，可以只取四分之一来分析。

图 4-9 中的多孔圆盘可以以 1，2 两个对称面只取十分之一进行分析，因而有限元分析的计算量大为减少。下面来导出对称条件。

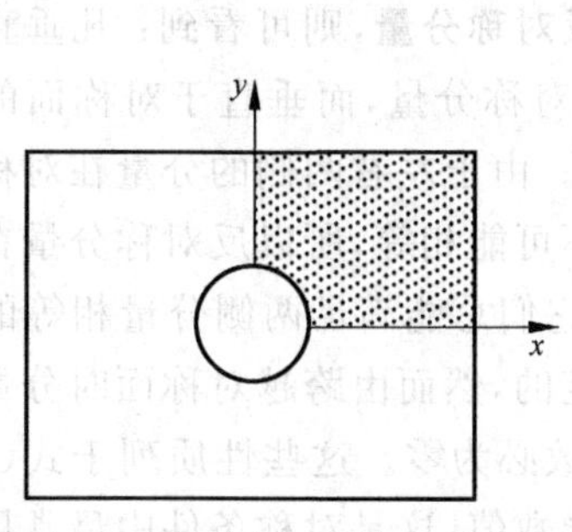

图 4-8 平板开孔

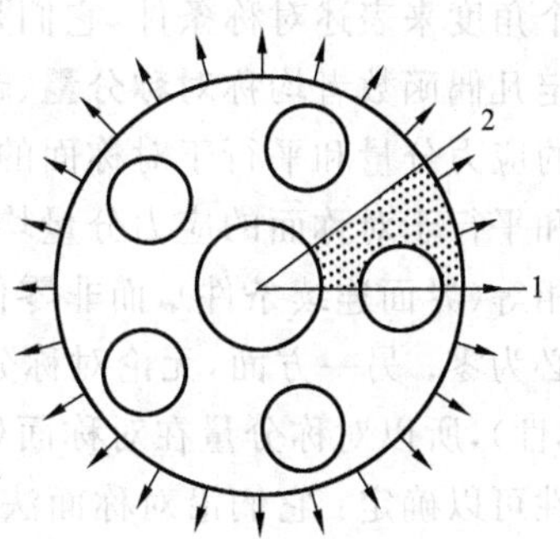

图 4-9 多孔圆盘

为了清晰，图 4-10 只画了微元在 x-y 平面上的投影图；同时为了能画出对称面上作用的应力分量，把原来在对称面 AD 处相连的两个微元分别向左右移开了一段距离。根据对称性，首先按**镜面对称**（而不是平移）的关系，将图中对称面 AD 右侧的微元及与其相关的应力和位移矢量映射到左侧。可以看到，凡是与对称面（图中的 y 轴）垂直的矢量映射后一律反向，而与对称面平行的矢量映射后保持方向不变。然后在给定的同一个坐标系 x-y-z 中按统一的弹性力学正负号规定建立左右两侧各应力分量和位移分量间的正负关系，即可得到如下应力对称条件

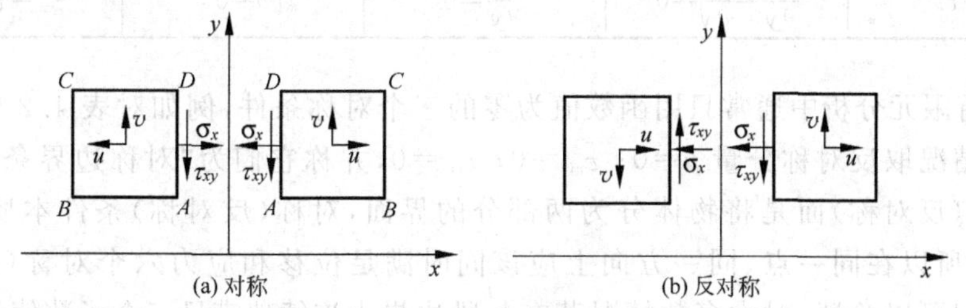

图 4-10 对称与反对称

$$\left.\begin{aligned}&\sigma_x(-x)=\sigma_x(x); && \sigma_x \text{ 为 } x \text{ 的偶函数}; && \partial\sigma_x/\partial x\big|_{\text{sym}}=0\\&\tau_{xy}(-x)=-\tau_{xy}(x); && \tau_{xy} \text{ 为 } x \text{ 的奇函数}; && \tau_{xy}\big|_{\text{sym}}=0\\&\tau_{xz}(-x)=-\tau_{xz}(x); && \tau_{xz} \text{ 为 } x \text{ 的奇函数}; && \tau_{xz}\big|_{\text{sym}}=0\end{aligned}\right\}\tag{4.29}$$

和位移对称条件：

$$\left.\begin{aligned} &u(-x)=-u(x); \quad u\text{ 为 }x\text{ 的奇函数}; \quad u|_{\text{sym}}=0 \\ &v(-x)=v(x); \quad v\text{ 为 }x\text{ 的偶函数}; \quad \partial v/\partial x|_{\text{sym}}=0 \\ &w(-x)=w(x); \quad w\text{ 为 }x\text{ 的偶函数}; \quad \partial w/\partial x|_{\text{sym}}=0 \end{aligned}\right\} \tag{4.30}$$

其中,左、中、右三列分别从两侧分量的正负关系、函数的奇偶性和分量及其偏导数的值三个角度来表述对称条件,它们是相互等价的;符号$(\ )|_{\text{sym}}$表示在对称面处的值。若约定凡偶函数者均称**对称分量**、奇函数者均称**反对称分量**,则可看到:凡垂直于对称面的应力分量和平行于对称面的位移分量均为对称分量,而垂直于对称面的位移分量和平行于对称面的应力分量均为反对称分量。由于左右两侧的分量在对称面处应该相等(界面连续条件),而非零值加正负号后不可能相等,所以反对称分量在对称面处必为零;另一方面,无论对称分量大小如何,它们总能满足两侧分量相等的要求(对称性),所以对称分量在对称面处的值是不确定的,然而由跨越对称面时分量不变的特性可以确定:它们沿对称面法线方向的偏导数必为零。这些性质列于式(4.29)和式(4.30)的右列中,由于能直接给定分量或偏导数值,这是对称条件中最常用的形式。一般情况下诸分量的对称性条件列于表4.2。

表4.2　位移分量和应力分量的对称性

对称面	对称分量		反对称分量	
	位移	应力	位移	应力
x-y	$\frac{\partial u}{\partial z}=\frac{\partial v}{\partial z}=0$	$\frac{\partial \sigma_z}{\partial z}=0$	$w=0$	$\tau_{zx}=\tau_{zy}=0$
y-z	$\frac{\partial v}{\partial x}=\frac{\partial w}{\partial x}=0$	$\frac{\partial \sigma_x}{\partial x}=0$	$u=0$	$\tau_{xy}=\tau_{xz}=0$
z-x	$\frac{\partial w}{\partial y}=\frac{\partial u}{\partial y}=0$	$\frac{\partial \sigma_y}{\partial y}=0$	$v=0$	$\tau_{yz}=\tau_{yx}=0$

在有限元分析中通常只用函数值为零的三个对称条件,例如对表4.2中的y-z对称面情况取反对称分量$u=0$;$\tau_{xy}=0$;$\tau_{xz}=0$,并称它们为"对称边界条件"。其实,对称(反对称)面是将物体分为两部分的界面,对称(反对称)条件本质上是界面条件,所以在同一点、同一方向上应该同时满足位移和应力六个对称(反对称)条件。但可以验证,对大多数情况若在一段边界上连续地满足三个函数值为零的对称条件,则另三个偏导数为零的条件能自动满足。例如,当沿图4-11中y-z对称面**处处**给定$u=0$后,自然有$\frac{\partial u}{\partial y}=0$,再给定$\tau_{xy}=\frac{G}{2}\left(\frac{\partial u}{\partial y}+\frac{\partial v}{\partial x}\right)=0$后,将$\frac{\partial u}{\partial y}=0$代入,则$\frac{\partial v}{\partial x}=0$自动满足。另一方面,当给定$\tau_{xy}=0$后,因剪应力互等有$\tau_{yx}=0$,再由与对称面相邻的微元在$x$方

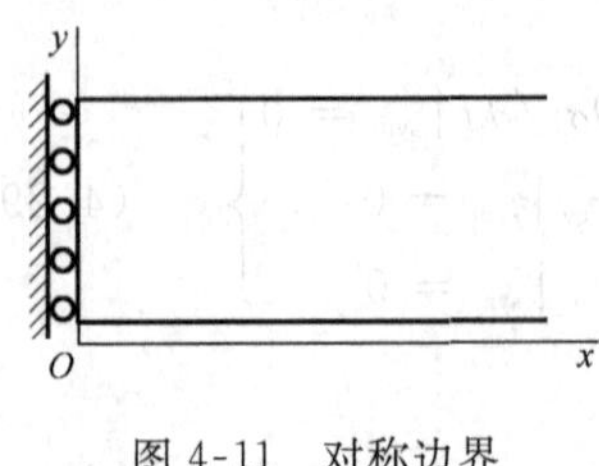

图4-11　对称边界

向的平衡条件(无体力情况),可以直接验证$\partial\sigma_x/\partial x=0$。

对于反对称载荷与约束下的反对称变形情况,如图 4-10(b)所示,对称面左侧的诸矢量均与对称情况反向,所以得到表 4.3 的结果。

表 4.3 位移分量和应力分量的反对称性

反对称面	反对称分量		对称分量	
	位移	应力	位移	应力
x-y	$u=v=0$	$\sigma_z=0$	$\frac{\partial w}{\partial z}=0$	$\frac{\partial \tau_{zx}}{\partial z}=\frac{\partial \tau_{zy}}{\partial z}=0$
y-z	$v=w=0$	$\sigma_x=0$	$\frac{\partial u}{\partial x}=0$	$\frac{\partial \tau_{xy}}{\partial x}=\frac{\partial \tau_{xz}}{\partial x}=0$
z-x	$w=u=0$	$\sigma_y=0$	$\frac{\partial v}{\partial y}=0$	$\frac{\partial \tau_{yz}}{\partial y}=\frac{\partial \tau_{yx}}{\partial y}=0$

当采用梁、板、壳单元时,横截面上的应力分量将沿壁厚积分得到内力素(又称合应力,一般情况下有薄膜拉力 N_x 和 N_y、薄膜剪力 N_{xy} 和 N_{yx}、横剪力 Q_x 和 Q_y、弯矩 M_x 和 M_y 及扭矩 M_{xy} 和 M_{yx} 等,参见第 8 章)。内力素的对称性取决于构成它的应力分量的对称性。例如,图 4-12 中梁的轴力 N 和弯矩 M 是由对称应力分量 σ_x 积分而来的,所以是对称分量,它们在对称面上的值并不为零;而由反对称应力分量 τ_{yx} 积分而来的横剪力 Q 则是反对称分量,它在对称面上等于零。至于位移分量(例如梁的挠度 w)的对称性则和上述三维情况同样判断。

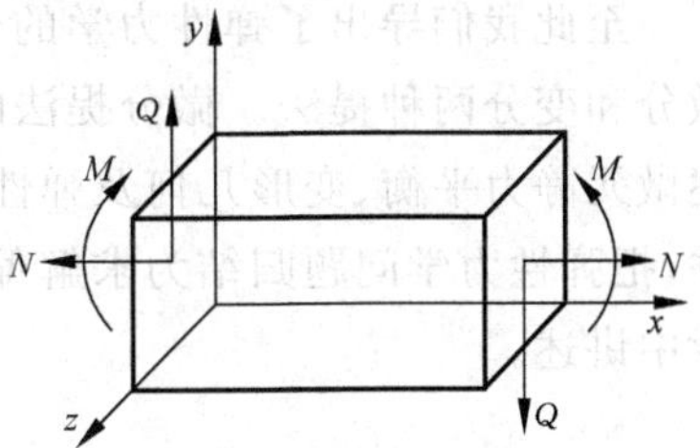

图 4-12 梁的位移和内力

4. 接触条件

工程中有许多接触问题,例如,滚珠与轴承圈的接触,火车轮与铁轨的接触,用螺栓锁紧的法兰与填片的接触等。

接触条件包括两个方面:

(1) **不可嵌入条件**:两个物体 A 和 B 的表面可以相互接触、滑移或脱离,但不能相互嵌入,即

$$\left.\begin{aligned}&\gamma_N = u_N^A - u_N^B \leqslant 0\\&\gamma_T = u_T^A - u_T^B\begin{cases}=0, & \text{无滑移}\\ \neq 0, & \text{有滑移}\end{cases}\end{aligned}\right\} \tag{4.31}$$

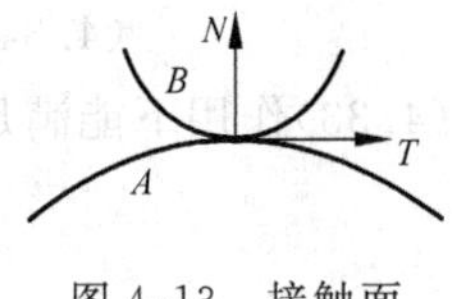

图 4-13 接触面

其中,u_N^A 和 u_N^B 分别为 A、B 两物体沿接触面法向 N 的位移,以 A 物体外法线方向为正,参见图 4-13。γ_N 称**嵌入量**,它不能大于零,$-\gamma_N$ 即为**间隙**。u_T^A 和 u_T^B 是两物体沿接触面切向 T 的位移,γ_T 为两物体的**相对滑移量**。

(2) **面力条件**

$$\left.\begin{array}{ll}\sigma_N^A=\sigma_N^B\leqslant 0 & \\ \tau_T^A=\tau_T^B=0, & \text{无摩擦} \\ \left|\tau_T^A\right|=\left|\tau_T^B\right|\leqslant f\left|\sigma_N^A\right|, & \text{有摩擦}\end{array}\right\} \tag{4.32}$$

其中，σ_N^A 和 σ_N^B 是两物体的法向接触应力，它们只能是压应力，若是拉应力则表示此接触应该脱离。τ_T^A 和 τ_T^B 是两物体沿接触面切向的应力，无摩擦时为零，有摩擦时若绝对值小于库仑摩擦力则无滑移，若等于库仑摩擦力则产生滑移。f 是库仑摩擦系数。

接触面是一种特殊的界面。式(4.31)和式(4.32)式表明，接触条件是含不等式的条件，而且接触面的大小还与载荷大小及物体的弹性性质有关，所以接触问题是一类具有非线性界面条件的复杂问题。前面提到过材料非线性问题、几何非线性问题，接触问题则是一类**边界(界面)条件非线性问题**，即使对弹性、小变形情况，接触问题的载荷与位移关系也是非线性的。

至此我们导出了弹性力学的全部基本方程和边界/界面条件。弹性力学问题有微分和变分两种提法。微分提法的基本思想是从研究弹性体内的微元入手，导出描述微元静力平衡、变形几何及弹性性质的一组基本方程，再加上相应的边界/界面条件，把弹性力学问题归结为求解偏微分方程组的边值问题。关于变分提法将在第9章中讲述。

4.4 弹性力学的一般原理

本节介绍几个重要的弹性力学一般原理，与能量有关的原理将在第9章中介绍。

1. 叠加原理

叠加原理：物体受两组载荷共同作用时的应力场或位移场就等于每组载荷单独作用时的应力场或位移场之和，且与加载顺序无关。

证明 设第一组载荷为体力 f_i'和面力 $\overline{X}_i'$，第二组为 f_i''和 $\overline{X}_i''$。它们引起的应力、位移场分别为 σ_{ij}'，u_i'和 σ_{ij}''，u_i''。其联合载荷

$$f_i=f_i'+f_i''; \quad \overline{X}_i=\overline{X}_i'+\overline{X}_i'' \tag{4.33}$$

引起的应力和位移场为

$$\sigma_{ij}=\sigma_{ij}'+\sigma_{ij}''; \quad u_i=u_i'+u_i'' \tag{4.34}$$

现在来证明式(4.34)中靠叠加得到的应力和位移场是联合载荷(4.33)作用下能满足全部弹性力学基本方程的解。

首先证明 x 方向的平衡方程

$$\frac{\partial(\sigma_x'+\sigma_x'')}{\partial x}+\frac{\partial(\tau_{yx}'+\tau_{yx}'')}{\partial y}+\frac{\partial(\tau_{zx}'+\tau_{zx}'')}{\partial z}+(f_x'+f_x'')=0 \tag{4.35}$$

成立。由于上式是**线性**微分方程，可以把它对两组载荷情况分解，改写成

$$\left(\frac{\partial\sigma_x'}{\partial x}+\frac{\partial\tau_{yx}'}{\partial y}+\frac{\partial\tau_{zx}'}{\partial z}+f_x'\right)+\left(\frac{\partial\sigma_x''}{\partial x}+\frac{\partial\tau_{yx}''}{\partial y}+\frac{\partial\tau_{zx}''}{\partial z}+f_x''\right)=0 \tag{4.36}$$

根据前提假设，σ_{ij}'和σ_{ij}''分别是载荷f_i'和f_i''单独作用时的解，它们分别满足平衡方程，即上式左端两个括号分别为零，所以方程(4.36)成立，因而方程(4.35)也成立。同理可以证明满足y和z方向的平衡方程，因而叠加后的应力场能够满足联合载荷下的平衡方程。

对线弹性小变形情况，弹性力学基本方程和边界/界面条件全都是线性微分方程或线性代数方程，可以仿照上述思路逐个方程地证明叠加后的应力、位移场能够满足联合载荷下的全部弹性力学基本方程和边界/界面条件。而且由于加法的可交换性，改变加载顺序对结论没有影响。证毕。

叠加原理是线弹性理论中普遍适用的一般原理。巧妙地应用叠加原理可以把各种复杂载荷情况的解简化为简单载荷情况解的组合，是处理各类工程问题的有效手段。当用叠加原理处理位移边界条件时应要求总位移$u_i=u_i'+u_i''$满足给定的位移边界条件，而u_i'和u_i''单独并不一定满足位移边界条件。

全部基本方程和边界/界面条件的线性性质是证明叠加原理的前提条件，所以叠加原理仅适用于线弹性小变形情况。其中任何一个方程或条件出现非线性特征，叠加原理就失效。

非线性问题一般可以归纳为三类：

(1) **几何非线性**问题，又称大变形问题。这时几何方程将出现非线性项，平衡方程也应建立在变形后的几何状态上，因而也出现非线性特征。大变形问题包括小应变、大转动问题和大应变、大转动问题两类。前者如梁、板、壳等薄壁结构的大挠度问题，薄壁构件的弹性后屈曲问题，这时应变-位移的几何关系仍是线性的，但由于大转动的影响，平衡关系和载荷-位移(挠度)关系是非线性的；后者如橡胶部件的超弹性大变形问题，锻压等塑性成形过程的大变形问题，这时应变-位移的几何关系也成为非线性的。

(2) **材料非线性**问题。这时本构方程是非线性的，胡克定理不再成立。例如非线性弹性材料，弹塑性材料，考虑裂纹影响的岩土和混凝土材料等。

(3) **边界条件非线性**问题。这时边界/界面条件具有非线性特征。例如接触问题，载荷随变形而改变的非保守力系情况(如气动弹性引起的颤振问题)，非线性支承边界问题(如磁浮轴承)，流固耦合等多种边界耦合问题。

2. 解的惟一性原理

基尔霍夫(Kirchhoff,G.)**惟一性原理**：线性弹性力学问题的解是惟一的。

采用反证法来证明惟一性原理的基本思想是：先假设存在两种不同的解，它们的位移场和应力场都满足基本微分方程和给定边界/界面条件。然后证明，对线性弹性问题这两个解之差必等于零，因而只能有惟一解。详细证明过程从略。

证明惟一性原理的三个前提是：叠加原理成立，应变能正定性和应力张量对称性。如果这些前提之一遭到破坏，惟一性原理就可能不再成立，有时将出现解不惟一的不稳定现象，往往在工程中导致危险。例如，材料屈服后的塑性流动现象，薄壁弹性结构中的屈曲失稳现象，结构在流体作用下的自激振动现象（飞机颤振、桥梁与高层建筑的风振、热交换器管束的流致振动）等，关于这些问题的研究已超出了本书的范围。

另外，应用时要注意正确地给出物理问题的数学描述，包括建立正确的简化模型和给出适定的边界/界面条件，否则也可能导致解不惟一的情况。

惟一性原理的意义在于它明确地告诉我们：无论用什么方法求得的解，只要能满足全部基本方程和边界/界面条件，就一定是问题惟一的真解。这是线性弹性力学中各种试凑解法的理论基础（不管你凭借经验作什么假设，只要能找到解就是真解），也是能将各种不同解法（包括理论的、实验的和计算的）的结果相互校对的理论依据。

3. 圣维南原理

弹性理论要求在物体的每个边界点、每个分量方向上都给定边界条件。实际工程问题却往往只知道总的载荷值，只能给出静力等效的、近似的力边界条件，而给不出详细的载荷分布规律。另一方面，要精确地逐点满足给定的边界条件也往往给求解带来困难，因而希望能找到一种便于求解的、合理的边界条件简化方案。1855 年圣维南（Gaint-Venant，B. de）在梁理论的研究中提出：

由作用在物体局部表面上的自平衡力系（即合力与合力矩为零的力系）所引起的应力和应变，在远离作用区（距离远大于该局部作用区的线性尺寸）的地方将衰减到可以忽略不计的程度。这就是著名的**圣维南原理**，又称**局部影响原理**。

圣维南原理的另一种较实用的提法是：若把作用在物体局部表面上的外力用另一组与它静力等效（即合力和合力矩与它相等）的力系来代替，则这种等效处理对物体内部应力应变状态的影响将随远离该局部作用区而迅速衰减。这称为**静力等效原理**。由于外力和其静力等效力系之差是一个自平衡力系，所以上述两种提法是完全等价的。

图 4-14 局部夹持

关于圣维南原理的严格数学证明至今仍在研究。但是，它不仅在线弹性小变形情况下得到了大量实验观察和工程经验的证实，而且在大变形和非弹性情况下也能举出许多实例。例如图 4-14 中用钳子夹持橡皮杆的端部，即使变形很大，其影响也仅限于杆端部分。类似地，用老虎钳夹铅丝时，即使进入塑性，甚至被剪断，铅丝的其余部分同样不受影响。

古地尔(Goodier,J. N.)通过对应变能的量级分析指出：当三维实心体受局部自平衡力系作用时，影响区的尺寸和载荷作用区的尺寸同量级。

诸多经验表明，影响区尺寸一般为载荷作用区尺寸的两倍左右。这里“载荷作用区”是指自平衡力系的作用区，或者实际载荷与静力等效载荷之差的作用区。例如，若把图 4-15(a)左图中的均布载荷用静力等效的集中力来代替，载荷作用区应为均载情况的 L，而非集中力的 $L'=0$。图 4-15(b)中单向拉伸试件夹持方式的影响区尺寸从 A—A 截面起向下计算，与试件的横向尺寸 L 同量级，而与夹持段的长度 L' 无关。这是因为对试件的测量段来说，夹持方式的影响体现在 A—A 截面上沿试件横向的非均匀拉应力分布，其作用尺寸是 L，测量段内均匀分布的拉应力作用尺寸也是 L，因而两种载荷之差的作用尺寸也应按 L 估算。图 4-15(c)的载荷作用区尺寸应是一个波的波长 L，而不是整个载荷作用区的尺寸，因为载荷在一个波长范围内已经构成了自平衡力系。本例说明：当把作用在实心体表面上的边界载荷沿边界面展成三角级数时，高阶谐波项的影响区将仅限于边界面附近，即高频分量具有“集肤效应”。

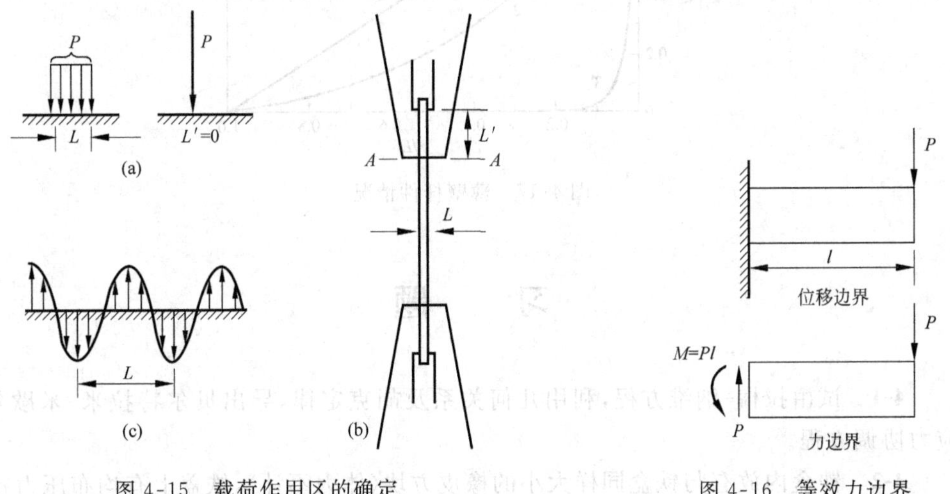

图 4-15 载荷作用区的确定　　　　图 4-16 等效力边界

利用圣维南原理还可把位移边界转化为等效的力边界。图 4-16 中悬臂梁固支端的应力分布并不清楚，但根据总体平衡条件可以算出约束反力的合力 P 与合力矩 $M=Pl$。将未知应力分布转换成等效的、沿厚度线性分布的应力边界后，其影响区的尺寸将与梁截面的最小尺寸同量级。

圣维南原理主要应用于实心部件。对于薄壁杆件、薄壳等薄壁结构，当载荷影响区内结构的最小几何尺寸小于载荷作用区的线性尺寸时，圣维南原理不再适用。图 4-17 是霍夫(Hoff,N. J.)受扭杆件的算例，右边固支端处杆的端面翘曲被限制，引起了垂直于端面的、自平衡的正应力，原来各截面上仅有剪应力的自由扭转应力状态在端部受到了干扰。该图表明，此干扰的影响范围与杆截面的形状有关。图中的横轴是沿杆长的无量纲坐标 x/L，表示各截面的位置。纵轴是各截面上最大正应力 $f_{\max}(x)$ 与端面处的最大正应力 $f_{\max}(0)$ 之比，表示受端部约束的影响程度。曲线表明，干扰在实心矩形截面杆(曲线3)中迅速衰减，影响深度与杆截面尺寸同量级；但对于槽形薄壁杆(曲线1和曲线2)干扰影响遍及整个杆长，圣维南原理不再适用。

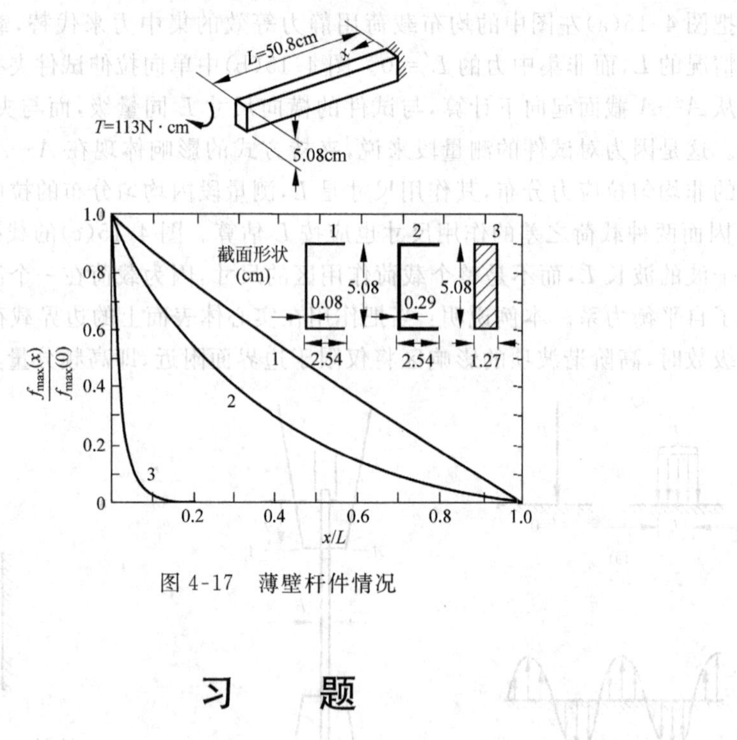

图 4-17　薄壁杆件情况

习　　题

4-1　试由拉梅-纳维方程，利用几何关系及胡克定律，导出贝尔特拉米-米歇尔应力协调方程。

4-2　铁盒内放有与铁盒同样大小的橡皮方块(体力不计)，铁盖上有均布压力 q，如图所示。若将铁盒、铁盖视为刚体，且橡皮与铁盒、铁盖之间无摩擦，求橡皮块内的应力、最大剪应力和体积应变。

4-3　已知钢材的 $E=200\text{GPa}$，$G=80\text{GPa}$。如在此材料中：

(1) 给出某点的应变状态为

$$\begin{bmatrix} 0.002 & 0.001 & 0 \\ 0.001 & 0.003 & 0.004 \\ 0 & 0.004 & 0 \end{bmatrix}$$

试确定应力张量的对应分量；

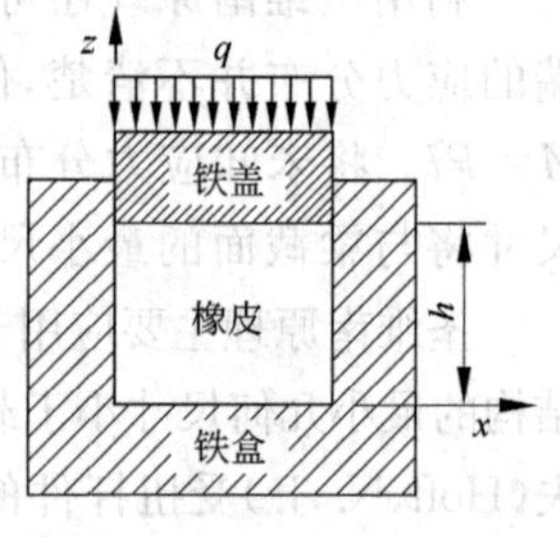

题 4-2 图

（2）给出某点的应力张量为：$\begin{pmatrix} 20 & -4 & 5 \\ -4 & 0 & 10 \\ 5 & 10 & 15 \end{pmatrix}$ MPa。

试确定应变张量的对应分量。

4-4　弹性体内某点的主应变 $\varepsilon_1,\varepsilon_2,\varepsilon_3$ 之间的比例为 3∶4∶5，最大主应力 $\sigma_1=140\text{MPa}$。试求出主应力的比例与 σ_2 与 σ_3 的值。取弹性模量 $E=200\text{GPa}$，泊松比 $\nu=0.3$。

4-5　如图所示，一矩形板，一对边均匀受拉，另一对边均匀受压，求应力和位移。

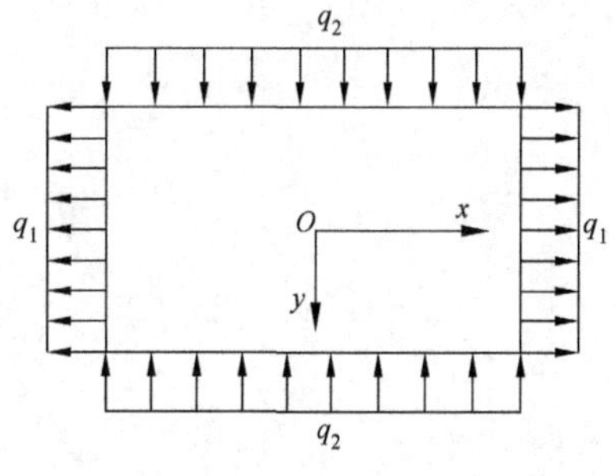

题 4-5 图

4-6　求半无限体在自重和表面均布压力作用下的应力和位移的分布情况，设单位面积的压力为 q，物体的密度为 ρ。

（提示：设在半无限体内距表面的距离 h 处，$w=0$）

4-7　当体力为零时，应力分量为

$$\sigma_x = A[y^2+\nu(x^2-y^2)],\quad \tau_{yz}=0$$
$$\sigma_y = A[x^2+\nu(y^2-x^2)],\quad \tau_{xz}=0$$
$$\sigma_z = A\nu(x^2+y^2),\quad \tau_{xyz}=-2A\nu xy$$

式中，$A\neq 0$。试检查它们是否可能发生。

4-8　如图所示的矩形截面长杆偏心受压，压力为 P，偏心距为 e，求应力分量。设杆的横截面面积为 A，底面放在光滑的刚性平面上。

4-9　如图所示，长方形板 $ABCD$，厚度为 h，两对边分别受均布弯矩和的作用。验证应力分量：$\sigma_x=\dfrac{12M_1 z}{h^3}$，$\sigma_y=\dfrac{12M_2 z}{h^3}$，$\sigma_z=\tau_{xy}=\tau_{xz}=\tau_{zy}=0$ 是否是该问题的弹性力学空间问题的解答。

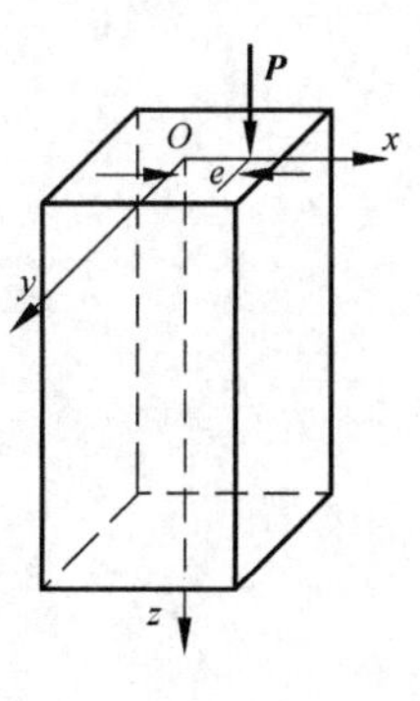

题 4-8 图

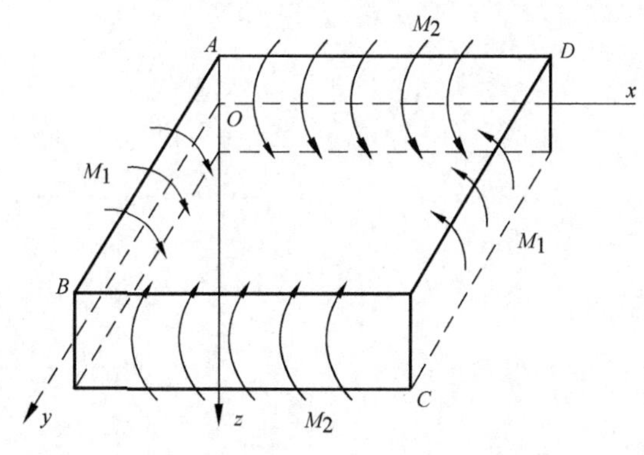

题 4-9 图

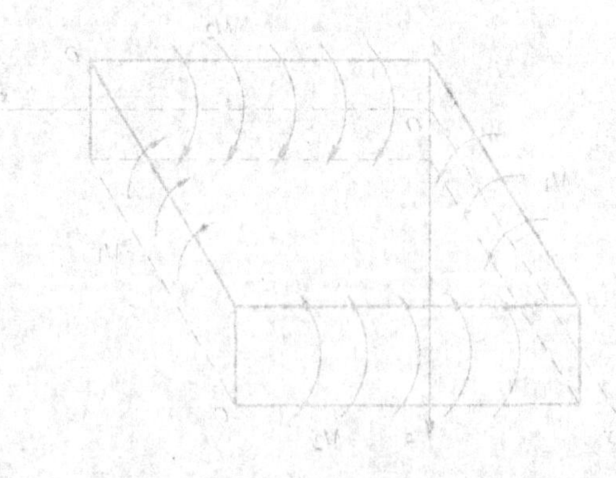

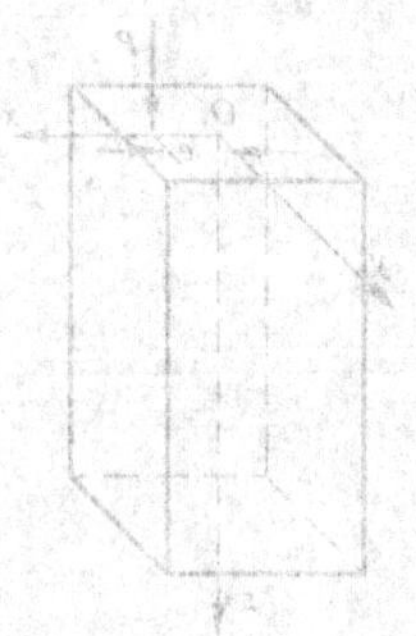

第 2 篇

专门问题

第 5 章 平面问题

5.1 平面问题分类及基本方程

平面问题是二维问题，是弹性力学中既简单又应用广泛的一类问题。许多工程结构，例如水坝、隧道、厚壁圆筒、承受面内载荷的薄板等，都可以简化为平面问题。它们的特点是：

(1) 物体的几何特征是柱形体，横截面形状沿形心轴 z 保持不变。大多是轴向尺寸比截面尺寸大得多的柱形杆或小得多的薄板(参见图 5-1 和图 5-2)。

(2) 承受面内载荷。全部载荷及约束都沿横截面(设为 x-y 平面)作用，在面内构成自平衡力系，且沿轴向保持不变。

平面问题分平面应变和平面应力两大类，它们的基本假设是

$$
\begin{array}{ll}
\text{平面应变} & \text{平面应力} \\
\varepsilon_x = \varepsilon_x(x,y) & \sigma_x = \sigma_x(x,y) \\
\varepsilon_y = \varepsilon_y(x,y) & \sigma_x = \sigma_x(x,y) \\
\gamma_{xy} = \gamma_{xy}(x,y) & \tau_{xy} = \tau_{xy}(x,y) \\
\varepsilon_z = \gamma_{zx} = \gamma_{zy} = 0 & \sigma_z = \tau_{zx} = \tau_{zy} = 0
\end{array}
\tag{5.1}
$$

即**平面应变**状态只出现三个平面内的应变分量 ε_x，ε_y，γ_{xy}，而有四个应力分量 σ_x，σ_y，τ_{xy} 和 σ_z；**平面应力**状态只出现三个平面内的应力分量 σ_x，σ_y，τ_{xy}，而有四个应变分量 ε_x，ε_y，γ_{xy} 和 ε_z。第四分量 σ_z 或 ε_z 是由泊松横向效应引起的，它们也都只是坐标 x，y

的函数，与 z 无关。

由上述基本假设，第 4 章中的三维弹性力学一般方程简化为

平衡方程：

$$\left.\begin{aligned}\frac{\partial\sigma_x}{\partial x}+\frac{\partial\tau_{xy}}{\partial y}+f_x=0\\ \frac{\partial\tau_{xy}}{\partial x}+\frac{\partial\sigma_y}{\partial y}+f_y=0\end{aligned}\right\}\tag{5.2}$$

几何方程：

$$\left.\begin{aligned}\varepsilon_x&=\frac{\partial u}{\partial x}\\ \varepsilon_y&=\frac{\partial v}{\partial y}\\ \gamma_{xy}&=\frac{\partial u}{\partial y}+\frac{\partial v}{\partial x}\end{aligned}\right\}\tag{5.3}$$

本构方程

平面应力：

$$\left.\begin{aligned}&\varepsilon_x=\frac{1}{E}(\sigma_x-\nu\sigma_y); \qquad \sigma_x=\frac{E}{1-\nu^2}(\varepsilon_x+\nu\varepsilon_y)\\ &\varepsilon_y=\frac{1}{E}(\sigma_y-\nu\sigma_x); \qquad \sigma_y=\frac{E}{1-\nu^2}(\varepsilon_y+\nu\varepsilon_x)\\ &\gamma_{xy}=\frac{1}{G}\tau_{xy}; \qquad \tau_{xy}=G\gamma_{xy}\\ &\varepsilon_z=-\frac{\nu}{E}(\sigma_x+\sigma_y)=-\frac{\nu}{1-\nu}(\varepsilon_x+\varepsilon_y)\end{aligned}\right\}\tag{5.4}$$

平面应变：

$$\left.\begin{aligned}&\varepsilon_x=\frac{1-\nu^2}{E}\left(\sigma_x-\frac{\nu}{1-\nu}\sigma_y\right); \qquad \sigma_x=\frac{2G(1-\nu)}{1-2\nu}\left(\varepsilon_x+\frac{\nu}{1-\nu}\varepsilon_y\right)\\ &\varepsilon_y=\frac{1-\nu^2}{E}\left(\sigma_y-\frac{\nu}{1-\nu}\sigma_x\right); \qquad \sigma_y=\frac{2G(1-\nu)}{1-2\nu}\left(\varepsilon_y+\frac{\nu}{1-\nu}\varepsilon_x\right)\\ &\gamma_{xy}=\frac{1}{G}\tau_{xy}; \qquad \tau_{xy}=G\gamma_{xy}; \qquad \sigma_z=\nu(\sigma_x+\sigma_y)=\lambda(\varepsilon_x+\varepsilon_y)\end{aligned}\right\}\tag{5.5}$$

协调方程：

$$\frac{\partial^2\varepsilon_x}{\partial y^2}+\frac{\partial^2\varepsilon_y}{\partial x^2}-\frac{\partial^2\gamma_{xy}}{\partial x\partial y}=0\tag{5.6}$$

边界条件：

$$\begin{cases}l\sigma_x+m\tau_{xy}=\overline{X},\\ l\tau_{xy}+m\sigma_y=\overline{Y},\end{cases}\quad \text{在力边界 } \Gamma_\sigma \text{ 上}\tag{5.7}$$

$$\begin{cases} u = \bar{u}, \\ v = \bar{v}, \end{cases} \quad \text{在位移边界 } \Gamma_u \text{ 上} \tag{5.8}$$

其中，$\Gamma_\sigma + \Gamma_u = \Gamma$ 是平面图形（即柱形体横截面）的边界曲线，$l = \cos(\nu, x)$，$m = \cos(\nu, y)$是边界外法线 $\boldsymbol{\nu}$ 的方向余弦。

综合上述方程可以看到：

(1) 平面问题共有 8 个未知量：位移分量 u, v，应变分量 $\varepsilon_x, \varepsilon_y, \gamma_{xy}$，应力分量 σ_x，σ_y, τ_{xy}，它们都仅是面内坐标 x, y 的函数。式(5.4)和式(5.5)表明 ε_z 和 σ_z 可以由面内分量确定，因而不是独立量。

(2) 两类平面问题存在弹性常数替换关系。若用

$$E' = \frac{E}{1-\nu^2}; \quad \nu' = \frac{\nu}{1-\nu} \tag{5.9}$$

分别替代式(5.4)中的 E 和 ν，则平面应力问题的本构方程转换为平面应变问题的式(5.5)。反之，若进行替换：

$$E'' = \frac{E(1+2\nu)}{(1+\nu)^2}; \quad \nu'' = \frac{\nu}{1+\nu} \tag{5.10}$$

则平面应变问题的本构方程转换为平面应力问题。由于平衡方程和几何方程都与材料弹性性质无关，所以弹性常数替换关系统一了两类平面问题的求解过程，本书将重点讲述平面应力问题的解，读者不难通过替换关系得到平面应变问题的解。但应注意，替换关系式(5.9)和式(5.10)仅适用于面内应力、应变分量的转换，不能用于 ε_z 或 σ_z 的转换，也不适用于给定位移边界条件的情况。

有限元程序要求用户根据实际工程问题的特点来确定进行平面应变分析还是平面应力分析，所以学会如何判断平面问题的类型是正确建立平面有限元模型的基础。

平面应变的基本条件是 $\varepsilon_z = 0$。为实现此条件柱形体两端或侧面必须存在限制其轴向变形的刚性约束。图 5-1 中两端嵌在山体里的水坝以及夹在光滑刚性墙中受面内载荷的薄板都是两端受约束的平面应变实例，水坝还有底面约束。隧道、滚柱和厚板中的裂纹则是受侧面约束的平面应变实例。隧道浇灌在山体中，巨大的山体是其侧面约束。滚柱和厚板都未受任何外加约束，但滚柱中的应力集中区和厚板中的裂纹尖端应力场（图中阴影区）在 z 轴方向都受到了来自周围大范围低应力区的侧面约束。若假想把应力集中区和低应力区分开，后者在 z 轴方向的变形比前者小得多，因而可以近似地假设低应力区的 $\varepsilon_z = 0$，于是通过变形协调要求对前者施加了很强的侧面约束，导致前者处于平面应变状态。隧道、滚柱和裂纹尖端区的两端没有端面约束，所以两端都有一段从平面应力状态到平面应变状态的过渡区，然后才进入平面应变状态。根据圣维南原理，过渡区的深度约为横截面尺寸的二倍左右。这里"横截面"是指高应力区的截面尺寸，裂纹尖端场的尺寸要比厚板的厚度小得多，所以断裂力学中把厚板裂纹尖端场的分析归结为平面应变问题。

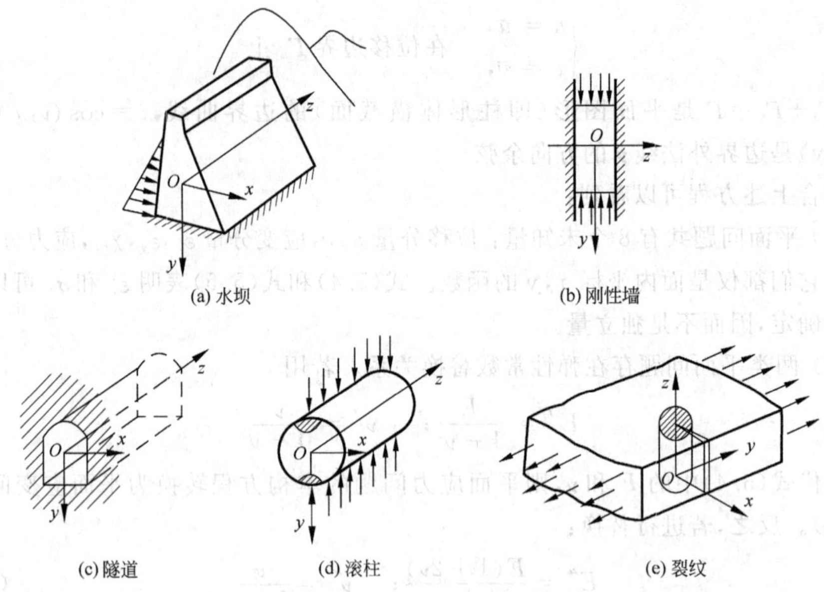

图 5-1　平面应变实例

对于受端部约束的平面应变问题，其端面上的约束力由式(5.5)给出：$\sigma_z=\nu(\sigma_x+\sigma_y)$。

平面应力的基本条件是 $\sigma_z=0$。工程中有大量受面内载荷的薄板型构件(图 5-2(a))，它们都可以按平面应力问题来处理，因为 σ_z 在板的上、下表面都是零，在板内连续变化且变化区间(板厚)很小，所以板内的 σ_z 不可能太大，与面内载荷引起的面内应力分量 $\sigma_x,\sigma_y,\tau_{xy}$ 相比可以略而不计。同理，在物体自由表面附近薄层内的应力状态也属于平面应力状态，所以电测试验中由电阻应变片的测定值计算应力时采用平面应力公式。对于轴向尺寸大于横截面尺寸的柱形杆件，若两端自由、且无侧向约束，则也可能存在 $\sigma_z=0$ 的**平面应力**状态，但必须满足"变形前的横截面变形后仍能**自然地**保持平面"的条件。考察图 5-3 中的滚柱，用平行于 x-y 平面的横截面把它切成许多薄片，由于两端无载荷，薄片两侧的截面相当于自由表面。当施加上、

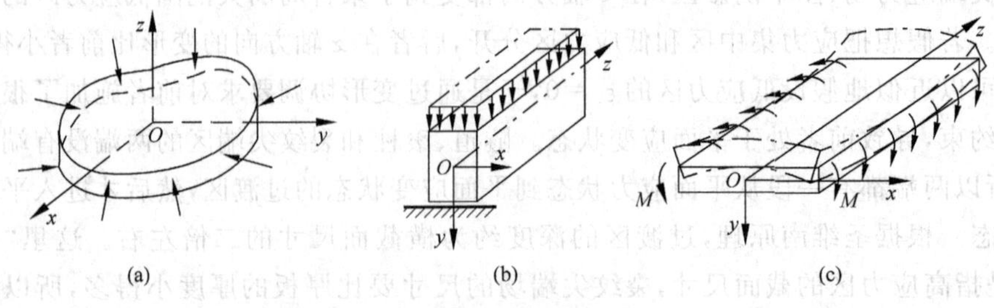

图 5-2　平面应力实例

下集中力后，集中力附近有很高的压应力，因而由泊松效应在 z 方向导致明显鼓起，截面发生翘曲，于是若把变形后的薄片再拼接起来，中间就会出现间隙而无法满足变形连续要求，如图 5-3(b)所示。为了消除间隙，必须在截面上加上如图 5-3(c)所示分布的自平衡轴向应力 σ_z，把鼓起部分压下去，把凹陷部分拉起来，强迫(而不是自然地)变形后的截面保持平面。由此可见，虽然滚柱四周不受任何约束，但内部并不存在平面应力状态，而如前所述，因存在低应力区对高应力区的内部约束更接近于平面应变状态。但是，图 5-2(b)和(c)中光滑刚性地基上受均匀压力的矩形杆和受侧边均布弯矩的矩形板则不同，它们平行于 x-y 平面的横截面在变形后都能自然地保持平面，变形后的薄片就能直接拼接起来满足变形连续要求，因而物体内存在平面应力状态。

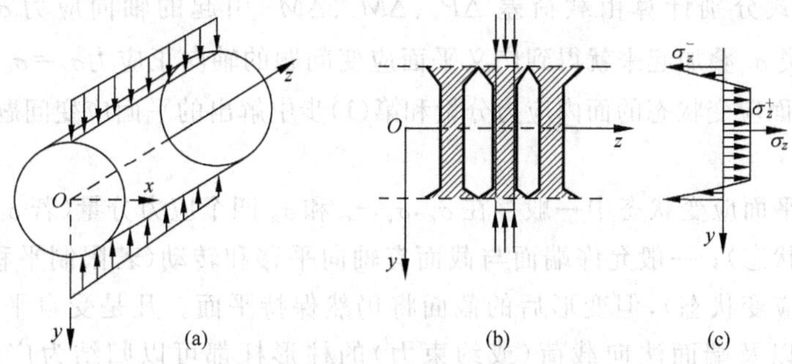

图 5-3 非平面应力情况

另一个检验是否存在平面应力状态的实用判据是“面内正应力之和为线性函数”，即对两端自由的柱形体可以先按平面应力问题求解，然后验证 $\sigma_x+\sigma_y$ 是否是坐标 x,y 的线性函数(包括常数情况)，若是，就肯定属于平面应力状态。这判据和上述“变形后横截面自然保持平面”的判据是等价的。详细讨论如下。

理论上可以从协调方程来导出上述变形后截面保持平面和正应力之和为线性函数的条件。当将三维协调方程简化为二维情况时发现，对平面应力状态除了方程(5.6)外还应满足如下三个协调方程：

$$\frac{\partial^2\varepsilon_z}{\partial x^2}=0;\quad \frac{\partial^2\varepsilon_z}{\partial y^2}=0;\quad \frac{\partial^2\varepsilon_z}{\partial x\partial y}=0$$

其解为

$$\varepsilon_z=Ax+By+C\quad (A,B,C\text{ 为常数})\tag{5.11}$$

积分后得轴向位移

$$w=\int\varepsilon_z\mathrm{d}z=(Ax+By+C)z+w_0$$

因而在平面应力状态下变形后的截面应该仍然保持平面。由式(5.11)和式(5.4)第四式还可导出

$$\sigma_x+\sigma_y=-E\varepsilon_z/\nu=ax+by+c\quad (a,b,c\text{ 为常数})\tag{5.12}$$

这就是"面内正应力之和为线性函数"的判断条件。

对于轴向既不满足 $\varepsilon_z=0$ 又不满足 $\sigma_z=0$ 的平面问题，一般属于广义平面应变状态。

广义平面应变状态是轴向拉伸、纯弯曲和平面应变三种状态的线性组合。其求解步骤是：①求解在给定自平衡面内载荷(与约束力)作用下的平面应变问题，然后求横截面上轴向正应力 σ_z 的合力和合力矩，得到相应的轴向力 $\widetilde{P}_z$ 和绕 x 轴与 y 轴的弯矩$\widetilde{M}_x$、$\widetilde{M}_y$。②算出作用在柱形体端部的实际载荷 P_z、M_x、M_y 与上述平面应变端部约束载荷 $\widetilde{P}_z$、$\widetilde{M}_x$、$\widetilde{M}_y$ 之差 $\Delta P_z=P_z-\widetilde{P}_z$、$\Delta M_x=M_x-\widetilde{M}_x$、$\Delta M_y=M_y-\widetilde{M}_y$。按材料力学公式分别计算由载荷差 ΔP_z、ΔM_x、ΔM_y 引起的轴向应力 σ_z^P、$\sigma_z^{M_x}$、$\sigma_z^{M_y}$。③将上述各类 σ_z 叠加起来就得到广义平面应变问题的轴向正应力$\widehat{\sigma}_z=\sigma_z+\sigma_z^P+\sigma_z^{M_x}+\sigma_z^{M_y}$。广义平面应变状态的面内应力分量和第(1)步中解出的平面应变问题的 σ_x，σ_y，τ_{xy} 相同。

在广义平面应变状态中一般存在 σ_x，σ_y，τ_{xy} 和 σ_z 四个应力分量(若 $\sigma_z=0$，则退化为平面应力状态)；一般允许端面与截面有轴向平移和转动(若限制平移和转动，则退化为平面应变状态)，但变形后的截面将仍然保持平面。凡是受自平衡面内载荷(或约束力)以及端面法向载荷(或约束力)的柱形杆都可以归结为广义平面应变问题。

5.2 平面问题基本解法

1. 位移解法

将式(5.3)代入式(5.4)右三式，再代入式(5.2)得到用位移表示的平衡方程：

$$
\left.\begin{aligned}
&\frac{E}{1-\nu^2}\left(\frac{\partial^2 u}{\partial x^2}+\frac{1-\nu}{2}\frac{\partial^2 u}{\partial y^2}+\frac{1+\nu}{2}\frac{\partial^2 v}{\partial x\partial y}\right)+f_x=0\\
&\frac{E}{1-\nu^2}\left(\frac{\partial^2 v}{\partial y^2}+\frac{1-\nu}{2}\frac{\partial^2 v}{\partial x^2}+\frac{1+\nu}{2}\frac{\partial^2 u}{\partial x\partial y}\right)+f_y=0
\end{aligned}\right\}\tag{5.13}
$$

这是平面应力问题**位移解法的基本方程**。在位移解法中，力边界条件应该用位移分量来表示，将式(5.3)代入式(5.4)右三式，再代入力边界条件(5.7)得到

$$
\left.\begin{aligned}
&\frac{E}{1-\nu^2}\left[l\left(\frac{\partial u}{\partial x}+\nu\frac{\partial v}{\partial y}\right)+m\frac{1-\nu}{2}\left(\frac{\partial u}{\partial y}+\frac{\partial v}{\partial x}\right)\right]=\bar{X}\\
&\frac{E}{1-\nu^2}\left[m\left(\frac{\partial v}{\partial y}+\nu\frac{\partial u}{\partial x}\right)+l\frac{1-\nu}{2}\left(\frac{\partial v}{\partial x}+\frac{\partial u}{\partial y}\right)\right]=\bar{Y}
\end{aligned}\right\}\tag{5.14}
$$

可以看到，位移法要求解两个联立的二阶偏微分方程(5.13)。它便于求解位移边界条件问题，但也能求解力边界和混合边界问题。

2. 应力解法

将式(5.4)左上三式代入式(5.6)，并利用式(5.2)，可以导出用应力表示的协调方程

$$\nabla^2(\sigma_x+\sigma_y)=-(1+\nu)\left(\frac{\partial f_x}{\partial x}+\frac{\partial f_y}{\partial y}\right) \tag{5.15}$$

其中，$\nabla^2()=\frac{\partial^2()}{\partial x^2}+\frac{\partial^2()}{\partial y^2}$是**拉普拉斯算子**。式(5.15)与平衡方程(5.2)一起构成平面应力问题**应力解法的基本方程**。

应力解法宜用于求解力边界条件问题。对于局部的位移边界，可以利用圣维南原理把它转化为静力等效的力边界来处理。

对于无体力或常体力情况，式(5.15)简化为

$$\nabla^2(\sigma_x+\sigma_y)=0 \tag{5.16}$$

此方程以及平衡方程和力边界条件都与弹性常数无关。由此得出重要结论：对于全部是力边界的无(常)体力平面问题，只要几何形状和加载情况相同，无论用什么材料，无论哪类平面问题，物体内面内应力分量的大小和分布情况都相同。这为设计试验模型提供了很大的灵活性。但应注意，这种等同性不能用于轴向分量 ε_z、σ_z 和 w，对给定位移边界条件的问题也不成立。

3. 应力函数解法

如果体力有势，则可以用体力势 V 的负梯度来表示：

$$f_x=-\frac{\partial V}{\partial x};\quad f_y=-\frac{\partial V}{\partial y} \tag{5.17}$$

则平衡方程(5.2)写成

$$\left.\begin{aligned}&\frac{\partial}{\partial x}(\sigma_x-V)+\frac{\partial\tau_{xy}}{\partial y}=0\\&\frac{\partial\tau_{xy}}{\partial x}+\frac{\partial}{\partial y}(\sigma_y-V)=0\end{aligned}\right\} \tag{5.18}$$

根据连续函数与求导顺序无关的性质，引进两个连续函数 $A(x,y)$和$B(x,y)$使

$$\left.\begin{aligned}&\frac{\partial A}{\partial y}=\sigma_x-V;\quad \frac{\partial A}{\partial x}=-\tau_{xy}\\&\frac{\partial B}{\partial y}=-\tau_{xy};\quad \frac{\partial B}{\partial x}=\sigma_y-V\end{aligned}\right\} \tag{5.19}$$

代入式(5.18)，可以验证它们将自动满足平衡方程。注意到

$$\frac{\partial A}{\partial x}=\frac{\partial B}{\partial y}=-\tau_{xy} \tag{5.20}$$

又可以断定若引进连续函数 $\varphi(x,y)$，使满足

$$\frac{\partial\varphi}{\partial y}=A;\quad \frac{\partial\varphi}{\partial x}=B \tag{5.21}$$

则式(5.20)自动满足，所以能派生出两个函数 A 和 B 的连续函数 φ 将能同时满足两

个平衡方程(5.18)。函数 $\varphi(x,y)$ 就是平面问题的**艾里**(Airy,G. B.)**应力函数**。把式(5.21)代回式(5.19),得到平面问题中面内应力分量用应力函数表示的公式,简称**应力公式**:

$$\sigma_x = \frac{\partial^2 \varphi}{\partial y^2} + V;\quad \sigma_y = \frac{\partial^2 \varphi}{\partial x^2} + V;\quad \tau_{xy} = -\frac{\partial^2 \varphi}{\partial x \partial y} \tag{5.22}$$

对无体力情况 $V=0$,应力公式简化为

$$\sigma_x = \frac{\partial^2 \varphi}{\partial y^2};\quad \sigma_y = \frac{\partial^2 \varphi}{\partial x^2};\quad \tau_{xy} = -\frac{\partial^2 \varphi}{\partial x \partial y} \tag{5.23}$$

对常体力情况,由式(5.17)积分得 $V=-(xf_x+yf_y)$,应力公式写成

$$\sigma_x = \frac{\partial^2 \varphi}{\partial y^2} - xf_x;\quad \sigma_y = \frac{\partial^2 \varphi}{\partial x^2} - yf_y;\quad \tau_{xy} = -\frac{\partial^2 \varphi}{\partial x \partial y} \tag{5.24}$$

把式(5.22)和式(5.17)代入应力协调方程(5.15)得到平面应力问题**应力函数解法的基本方程**:

$$\nabla^2 \nabla^2 \varphi = -(1-\nu)\nabla^2 V \tag{5.25}$$

其中,$\nabla^2\nabla^2() = \frac{\partial^4()}{\partial x^4} + 2\frac{\partial^4()}{\partial x^2 \partial y^2} + \frac{\partial^4()}{\partial y^4}$ 称为**重调和算子**。对无(常)体力情况,上式右端项为零,因而简化为重调和方程:

$$\nabla^2 \nabla^2 \varphi = 0 \tag{5.26}$$

注意到应力函数解法的基本方程(5.25)是四阶偏微分方程,应力公式(5.22)是二阶偏导数公式,不难验证,若 φ_1 是给定问题的应力函数解,则 $\varphi=\varphi_1+ax+by+c$ 也是解,因为线性函数的二阶以上导数均为零,对应力不起任何作用。由此可见,两个仅差线性函数的应力函数是等价的。

若将力边界条件改写成用应力函数表示的形式,则由它可以进一步导出由边界载荷的主矩和主矢量来确定艾里应力函数及其一阶偏导数边界值的边界条件表达式(推导参见参考文献[1]):

在边界线 Γ 上任选一点 A 作为起始参考点(见图 5-4(a)),假设该点处 $\varphi=\frac{\partial \varphi}{\partial x}=\frac{\partial \varphi}{\partial y}=0$。约定边界弧长 s 以及由坐标 x 到 y 的转向均为逆时针方向。计算作用在边界 AB 弧上外载荷的主矢量及对 B 点的主矩:

$$\left.\begin{aligned} R_x &= \int_A^B \overline{X}\,\mathrm{d}s;\quad R_y = \int_A^B \overline{Y}\,\mathrm{d}s \\ M &= \int_A^B [-(x_B - x)\overline{Y} + (y_B - y)\overline{X}]\,\mathrm{d}s \end{aligned}\right\} \tag{5.27}$$

则边界点 B 处的应力函数 φ 及其一阶偏导数值为

$$\varphi\Big|_B = M;\quad \frac{\partial \varphi}{\partial x}\Big|_B = -R_y;\quad \frac{\partial \varphi}{\partial y}\Big|_B = R_x \tag{5.28}$$

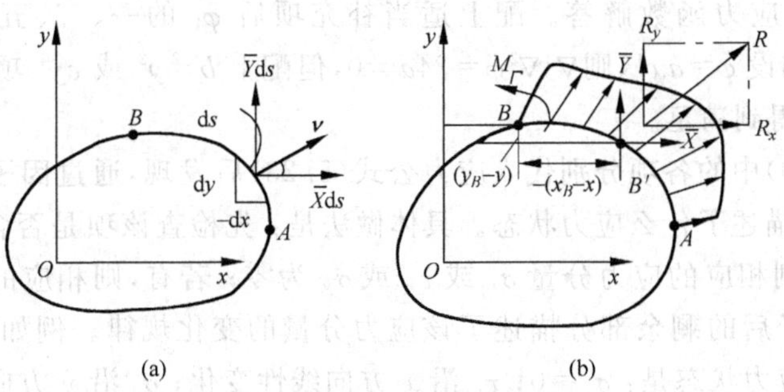

图 5-4 边界载荷的主矩与主矢量

其中主矢量 R_x 和 R_y 以沿坐标轴正向为正。

应用边界条件(5.28)时要注意:

(1) 参考点 A 一旦选定,解题过程中就不能任意更改。因为应力函数只能差一个线性项,一旦假设 A 点处 $\varphi=\frac{\partial\varphi}{\partial x}=\frac{\partial\varphi}{\partial y}=0$,线性项所含的三个可调常数 a,b,c 就被确定,不能再作更改。

(2) 主矩 M 的正向应与边界 s 的走向一致,否则(5.28)第一式右端要加负号。

(3) 由坐标 x 到 y 的转向应与边界 s 的走向一致,否则(5.28)第二、三式右端均要加负号。

可以看到,平面问题的应力函数解法只涉及一个未知量 φ,求解一个四阶偏微分方程,边界条件也比较简单,所以是平面问题最常用的解法。但它只能处理力边界问题,或能够化为力边界的混合边界问题,而且如果存在体力,则必须有势。

5.3 反逆法与半逆法

反逆法与半逆法是弹性力学常用的两类试凑解法。

反逆法首先寻找能满足基本微分方程的一个(或一组)解,然后反推这个(组)解的边界性质,以判断它能解决什么具体问题。

例如,四次多项式

$$\begin{aligned}\varphi &= a_0 + a_1x + b_1y && (\varphi_1)\\ &+ a_2x^2 + b_2xy + c_2y^2 && (\varphi_2)\\ &+ a_3x^3 + b_3x^2y + c_3xy^2 + d_3y^3 && (\varphi_3)\\ &+ a_4x^4 + b_4x^3y + c_4x^2y^2 + d_4xy^3 + e_4y^4 && (\varphi_4)\end{aligned} \tag{5.29}$$

中除 φ_4 的一、三、五项外每项都能独立满足重调和方程(5.26),因而是无(常)体力情况平面问题的应力函数解答。配上适当补充项后 φ_4 的一、三、五项也能满足方程(5.26)。例如设 $\varphi=ax^4$，则 $\nabla^2\nabla^2\varphi=24a\neq0$，但配上 bx^2y^2 或 cy^4 项后，可以调整 b 或 c 值使方程得到满足。

将解(5.29)中的各项分别代入应力公式(5.23)后发现，通过**因子分析**方法可以迅速判断它们描述了什么应力状态。具体做法是：先检查该项是否含因子 x^2 或 xy 或 y^2。若无，则相应的应力分量 σ_x 或 τ_{xy} 或 σ_y 为零；若有，则相应的应力分量不为零，提出此因子后的剩余部分描述了该应力分量的变化规律。例如，应力函数 $\varphi=b_3x^2y$ 描述的应力状态是：$\sigma_x=0$；τ_{xy} 沿 x 方向线性变化；σ_y 沿 y 方向线性变化。读者可以类似地判断其他项所描述的应力状态。

半逆法首先根据边界条件的特点或域内应力应变状态的定性估计(如线性、对称性等)，假设一个(组)能满足部分(或全部)边界条件或反映域内特性的解函数，其中包含若干待定成分。然后调整待定成分使满足域内方程和全部边界条件，从而找出边值问题的解。这是求解较简单的弹性力学问题时最常用的方法。

例 5.1 均载简支梁

分析图 5-5 所示的单位宽度均载简支梁。

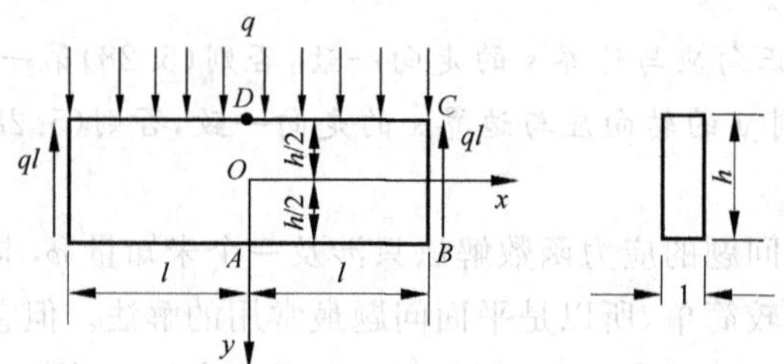

图 5-5 均载简支梁

(1) 根据应力分量变化规律选择应力函数

由载荷 q 沿 x 方向均布可以判定 σ_y 与 x 无关：

$$\sigma_y=\frac{\partial^2\varphi}{\partial x^2}=f_2(y)$$

积分后得

$$\varphi=\frac{x^2}{2}f_2(y)+xf_1(y)+f_0(y) \tag{a}$$

现在 φ 沿 x 方向的变化规律已经确定，待定函数 f_0，f_1 和 f_2 都只是坐标 y 的函数。

(2) 满足域内协调方程

把式(a)代入无体力协调方程(5.26)得

$$\frac{x^2}{2}\frac{\mathrm{d}^4f_2}{\mathrm{d}y^4}+x\frac{\mathrm{d}^4f_1}{\mathrm{d}y^4}+\frac{\mathrm{d}^4f_0}{\mathrm{d}y^4}+2\frac{\mathrm{d}^2f_2}{\mathrm{d}y^2}=0$$

上式对任何 x 值都应满足，所以各次 x 幂的系数都应为零，即

$$\frac{d^4 f_2}{dy^4}=0;\quad \frac{d^4 f_1}{dy^4}=0;\quad \frac{d^4 f_0}{dy^4}+2\frac{d^2 f_2}{dy^2}=0$$

依次解这些常微分方程得到

$$\begin{aligned} f_2(y)&=Ay^3+By^2+Cy+D\\ f_1(y)&=Ey^3+Fy^2+Gy+\underset{\dots}{R}\\ f_0(y)&=-\frac{A}{10}y^5-\frac{B}{6}y^4+Hy^3+Ky^2+\underset{\dots}{L}y+\underset{\dots}{N}\end{aligned} \tag{b}$$

代回式(a)就得到满足域内方程的应力函数 φ，其中线性项 $Rx+Ly+N$ 无效，可设为零。

代入应力公式(5.23)求得应力分量：

$$\begin{aligned}\sigma_x&=\frac{x^2}{2}(6Ay+2B)+\underline{x(6Ey+2F)}-2Ay^3-2By^2+6Hy+2K\\ \sigma_y&=Ay^3+By^2+Cy+D\\ \tau_{xy}&=-x(3Ay^2+2By+C)-\underline{(3Ey^2+2Fy+G)}\end{aligned} \tag{c}$$

其中待定常数由边界条件确定。

(3) 满足边界条件

本例对 y-z 平面是对称的，可以只考虑右半部分。根据对称条件，正应力 σ_x 和剪应力 τ_{xy} 分别是 x 的偶函数和奇函数，所以式(c)中应该令

$$E=F=G=0 \tag{d}$$

梁的上、下表面给定力边界条件：

$$\sigma_y\Big|_{y=h/2}=0;\quad \sigma_y\Big|_{y=-h/2}=-q;\quad \tau_{xy}\Big|_{y=\pm h/2}=0 \tag{e}$$

由于上、下边界很长，其影响遍及整个梁域，所以称为**主要边界**。凡主要边界上的边界条件都必须逐点地精确满足。把式(c)代入式(e)解得

$$A=-2q/h^3;\quad B=0;\quad C=3q/2h;\quad D=-q/2$$

代回式(c)得

$$\begin{aligned}\sigma_x&=-\frac{6q}{h^3}x^2y+\frac{4q}{h^3}y^3+6Hy+2K\\ \sigma_y&=-\frac{2q}{h^3}y^3+\frac{3q}{2h}y-\frac{q}{2}\\ \tau_{xy}&=\frac{6q}{h^3}xy^2-\frac{3q}{2h}x\end{aligned} \tag{f}$$

最后考虑右端 $x=l$ 处的边界条件。在既无轴力又无弯矩的简支条件下，该端面上的 σ_x 应处处为零。然而只要 $q\neq0$，式(f)第一式的第二项就给出一个按 y^3 分布的 σ_x，含待定系数 H 和 K 的只是线性和常数项，无法抵消 y^3 项，所以要点点满足右端

边界条件是不可能的。好在两端边长很短,是**次要边界**。在次要边界上只需满足合力与合力矩等效的圣维南**放松边界条件**:

$$\int_{-h/2}^{h/2}\sigma_x \mathrm{d}y=0;\quad \int_{-h/2}^{h/2}\sigma_x y\mathrm{d}y=0;\quad \int_{-h/2}^{h/2}\tau_{xy}\mathrm{d}y=-ql \tag{g}$$

将式(f)代入,第三式自动满足,由前两式解得

$$K=0;\quad H=\frac{ql^2}{h^3}-\frac{q}{10h} \tag{h}$$

代回式(f),整理后得

$$\begin{aligned}\sigma_x&=\frac{6q}{h^3}(l^2-x^2)y+q\frac{y}{h}\left(4\frac{y^2}{h^2}-\frac{3}{5}\right)\\ \sigma_y&=-\frac{q}{2}\left(1+\frac{y}{h}\right)\left(1-\frac{2y}{h}\right)^2\\ \tau_{xy}&=-\frac{6q}{h^3}x\left(\frac{h^2}{4}-y^2\right)\end{aligned} \tag{5.30}$$

这就是均载简支梁的弹性力学精确解,与如下材料力学解相比:

$$\sigma_x=\frac{M}{I}y;\quad \sigma_y=0;\quad \tau_{xy}=\frac{QS}{bI} \tag{i}$$

其中

$$M=\frac{q}{2}(l^2-x^2);\quad Q=-qx;\quad I=\frac{h^3}{12};\quad S=\frac{h^2}{8}-\frac{y^2}{2};\quad b=1 \tag{j}$$

多出了 σ_x 的第二项和 σ_y 的非零项。前者导致弯曲应力 σ_x 沿截面高度呈非线性分布,后者说明梁中存在较小的挤压应力 σ_y,见图5-6。两者与沿截面高度线性分布的弯曲应力(σ_x 的第一项)相比均属于 $(h/l)^2$ 的量级,对 $h/l\ll 1$ 的细长梁而言可以略而不计。当 $l=2h$ 时,修正项大小约为主要项的1/15。对于 h 和 l 尺寸相当的深梁,则应考虑弹性力学的非线性修正项,这时左右两端应按式(5.30)的分布施加剪应力,否则因全梁都处于圣维南过渡区内,边界干扰会影响解的正确性。式(5.30)表明 $\sigma_x+\sigma_y$ 不是线性函数,所以平面应力解只适用于宽度(z 轴方向尺寸)不大的梁,而不能像纯弯梁那样沿 z 轴方向加宽成图5-2(c)中侧边受均布弯矩的矩形板。

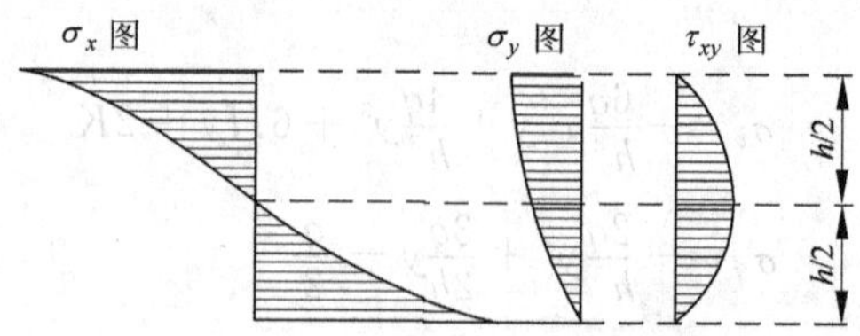

图5-6 深梁中应力沿高度的分布

上面采用力边界条件进行求解,下面介绍基于应力函数边界条件的解法。导出式(b)的过程同前。把式(a)代入 $\sigma_x=\partial^2\varphi/\partial y^2$,由 σ_x 应是 x 的偶函数的对称条件可

直接判断 $f_1(y)=0$,(a)、(b)两式简化为

$$\varphi=\frac{x^2}{2}f_2(y)+f_0(y)$$

$$f_2(y)=Ay^3+By^2+Cy+D \tag{k}$$

$$f_0(y)=-\frac{A}{10}y^5-\frac{B}{6}y^4+Hy^3+Ky^2+Ly+N$$

注意,这里 $f_0(y)$ 中的 $Ly+N$ 项不能删除,因为下面将假设参考点 A 处的 $\varphi=\frac{\partial\varphi}{\partial x}=\frac{\partial\varphi}{\partial y}=0$,因而线性项已经被选定了。

选图 5-5 中 A 为参考点,边界转向为逆时针,但坐标 x 到 y 的转向为顺时针,所以式(5.28)中的两个偏导数公式要改号。AB 边上无载荷,因此有

$$\varphi\Big|_{AB}=0;\quad \frac{\partial\varphi}{\partial x}\Big|_{AB}=0;\quad \frac{\partial\varphi}{\partial y}\Big|_{AB}=0 \tag{l}$$

计算 CD 边上应力函数的边界值时要包括 BC 边上载荷 ql 的影响,于是有

$$\varphi\Big|_{CD}=M=\frac{q}{2}(l^2-x^2);\quad \frac{\partial\varphi}{\partial x}\Big|_{CD}=R_y=-qx;\quad \frac{\partial\varphi}{\partial y}\Big|_{CD}=-R_x=0 \tag{m}$$

其中 M 逆时针为正,R_y 向下为正。

把(k)第一式代入式(l)和(m)得到

$$\begin{aligned}&f_2\Big|_{h/2}=0;\quad f_0\Big|_{h/2}=0;\quad \frac{\partial f_2}{\partial y}\Big|_{h/2}=0;\quad \frac{\partial f_0}{\partial y}\Big|_{h/2}=0\\&f_2\Big|_{-h/2}=-q;\quad f_0\Big|_{-h/2}=\frac{q}{2}l^2;\quad \frac{\partial f_2}{\partial y}\Big|_{-h/2}=0;\quad \frac{\partial f_0}{\partial y}\Big|_{-h/2}=0;\end{aligned} \tag{n}$$

把(k)第二、三式代入,由(n)的三、七;四、八;一、五;二、六式逐步解得

$$\begin{aligned}&B=0;\quad K=0;\quad D=-\frac{q}{2};\quad A=-\frac{2q}{h^3}\\&C=\frac{3q}{2h};\quad N=\frac{ql^2}{4};\quad L=-\frac{3ql^2}{4h}+\frac{qh}{80};\quad H=\frac{ql^2}{h^3}-\frac{q}{10h}\end{aligned} \tag{o}$$

可以看到,除多了常数 L,N 外(此线性项对应力解无影响),其他常数的值和用应力边界求得的结果完全一致。应力边界是 φ 的二阶导数条件,采用应力边界解题时联立求解的积分常数比采用应力函数边界为少,因而计算量也较小。

习　题

5-1　试比较两类平面问题的异同点。

5-2　由三维弹性力学方程简化出平面应变问题的基本方程。

5-3　为什么说平面问题中的方程$\nabla^2\nabla^2\varphi=0$（$\varphi$为Airy应力函数）表示协调条件？

5-4　设有矩形截面的竖柱（见图），密度为ρ，在其一个侧面上作用有均匀分布的剪应力q，求应力分量。

（提示：可假设$\sigma_x=0$，或假设$\tau_{xy}=f(x)$）

5-5　图中表示一水坝的横截面，设水的密度为γ，坝体的密度为ρ，试求应力分量。

（提示：可假设$\sigma_x=yf(x)$，对次要边界，可应用圣维南原理）

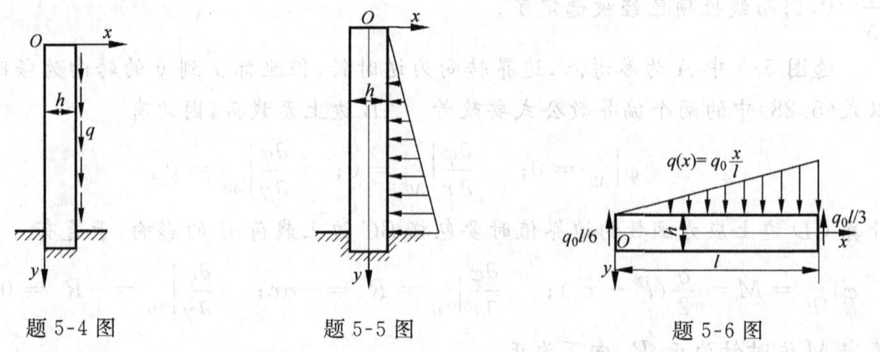

题5-4图　　　题5-5图　　　题5-6图

5-6　如图所示矩形截面的简支梁，受三角形分布的载荷作用，求应力分量。

（提示：试取应力函数为：$\varphi=Ax^3y^3+Bxy^5+Cx^3y+Dxy^3+Ex^3+Fxy$）

5-7　如图所示矩形截面梁，左端O点被支座固定，并在左端作用有力偶（力偶矩为M），求应力分量。

（提示：试取应力函数为：$\varphi=Ay^3+Bxy+Cxy^3$）

5-8　设如图所示的三角形悬臂梁只受重力的作用，而梁的密度为ρ，试用纯三次式的应力函数求解。

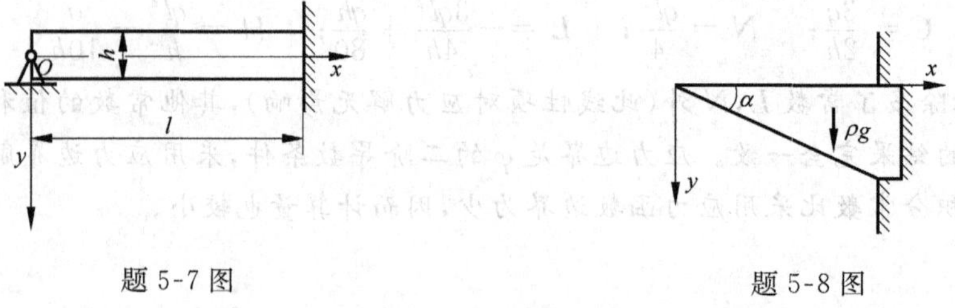

题5-7图　　　题5-8图

第 6 章 轴对称问题

6.1 轴对称问题的基本方程

将位于对称轴一侧的平面图形绕对称轴旋转一周形成**轴对称体**，又称回转体。工程中有大量轴对称部件，例如，高压容器、炮筒、旋转圆盘，以及各类旋转机械（如航空发动机、汽轮发电机、水轮机）的主轴等。若轴对称体承受的载荷和约束也是轴对称的，则其变形状态也将是轴对称的，称为**轴对称问题**。几何形状、载荷、约束都沿轴向保持不变的轴对称问题简化为**平面轴对称问题**，否则是**空间轴对称问题**。应该指出，当轴对称体承受非轴对称的载荷和约束时，应力与变形将是非轴对称的。例如，风载或地震载荷作用下的烟囱、核电站冷却水塔、石油化学工业中的塔器装置等。

轴对称体具有圆形或环形横截面，所以采用圆柱坐标较为方便。**圆柱坐标**由径向 r 和轴向 z 的两个直线坐标和环向 θ 的曲线坐标组成，在空间任意点处三个坐标都相互垂直，是正交曲线坐标系，见图 6-1。

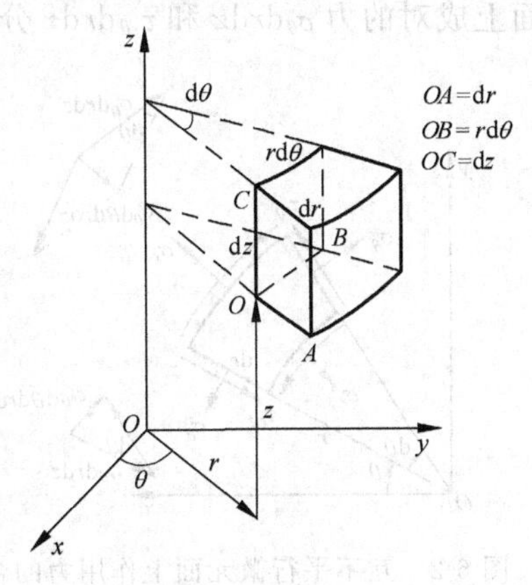

图 6-1　圆柱坐标系

曲线坐标的基本特点是：

(1) 可以选择长度以外的参数（例如角度 θ）

作为曲线坐标。曲线坐标与长度之间的转换系数称为**拉梅系数**。例如，弧长 $ds=rd\theta$，则 r 就是对应于坐标 θ 的拉梅系数，它并不一定是常数。

(2) 微元的两个相对面可能大小不同。例如，图 6-1 中扇形微元的内弧面面积为 $dS=rd\theta dz$，外弧面为 $dS'=(r+dr)d\theta dz$，大了 $\Delta S=drd\theta dz$。

(3) 微元的两个相对面可能不平行。例如，图 6-1 中扇形微元的两个 $drdz$ 侧面相互不平行，夹角为 $d\theta$。

以上特点导致曲线坐标中的基本方程和直角坐标有明显的区别，下面通过对比来建立**圆柱坐标系**中的**弹性力学基本方程**。

圆柱坐标中的**平衡方程**是：

$$\left.\begin{aligned}&\frac{\partial\sigma_r}{\partial r}+\frac{1}{r}\frac{\partial\tau_{r\theta}}{\partial\theta}+\frac{\partial\tau_{rz}}{\partial z}+\frac{\sigma_r-\sigma_\theta}{r}+f_r=0\\&\frac{\partial\tau_{\theta r}}{\partial r}+\frac{1}{r}\frac{\partial\sigma_\theta}{\partial\theta}+\frac{\partial\tau_{\theta z}}{\partial z}+2\frac{\tau_{r\theta}}{r}+f_\theta=0\\&\frac{\partial\tau_{zr}}{\partial r}+\frac{1}{r}\frac{\partial\tau_{z\theta}}{\partial\theta}+\frac{\partial\sigma_z}{\partial z}+\frac{\tau_{rz}}{r}+f_z=0\end{aligned}\right\}\tag{6.1}$$

与直角坐标平衡方程(4.16)相比，除指标 x,y,z 改为r,θ,z，偏导数$\partial x,\partial y,\partial z$ 改为$\partial r,r\partial\theta,\partial z$ 外，每个方程都多出了第四项，它们都是因为 θ 方向是曲线坐标而引起的。首先，平衡方程是力(即应力乘微元面积)的平衡关系，作用在外弧面上的力相对于内弧面的增量包括：(1)弧面上各应力分量 $\sigma_r,\tau_{r\theta},\tau_{rz}$ 因坐标增加 dr 而导致的增量 $\frac{\partial()}{\partial r}dr$ 与弧面面积 $rd\theta dz$ 的乘积，即$\frac{\partial()}{\partial r}dr\cdot rd\theta dz$；(2)因外弧面面积比内弧面大 ΔS 而导致的力的增量$()\Delta S=()drd\theta dz$。在()中分别填入应力分量 $\sigma_r,\tau_{r\theta},\tau_{rz}$ 并除以 $rdrd\theta dz$ 后，前者就是式(6.1)中三个方程的第一项，后者就进入式(6.1)中三个方程的第四项。其次，由于微元的两个侧面 $drdz$ 互不平行(夹角为 $d\theta$)，作用在正、负侧面上成对的力 $\sigma_\theta drdz$ 和 $\tau_{r\theta}drdz$ 分别会形成与其自身相垂直的合力，即沿$-r$方向的 $\sigma_\theta d\theta drdz$ 和沿 θ 方向的 $\tau_{r\theta}d\theta drdz$，参见图 6-2 中右上角的力 $\sigma_\theta drdz$ 合成图和右下角的力 $\tau_{r\theta}drdz$ 合成图。除以 $rdrd\theta dz$ 后，分别成为式(6.1)中前两个方程第四项的剩余部分。注意，作用在正、负 $drdz$ 侧面上的成对力 $\tau_{rz}drdz$ 是相互平行的，不会形成相垂直的合力，所以式(6.1)中第三方程的第四项没有第二部分。

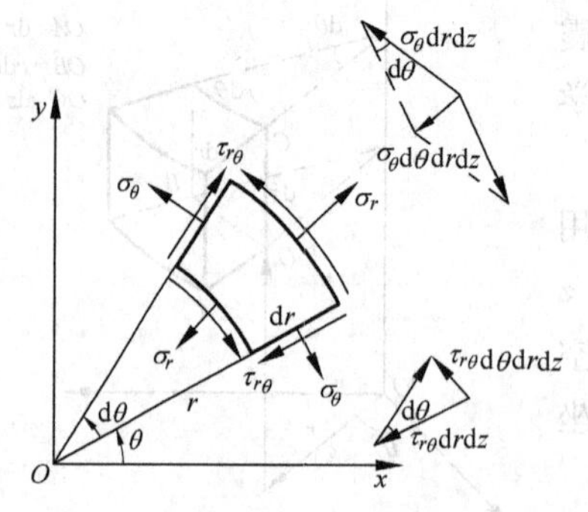

图 6-2 互不平行微元面上作用力的合成

圆柱坐标中的**几何方程**是：

$$\left.\begin{aligned}\varepsilon_r &= \frac{\partial u_r}{\partial r}; &\gamma_{r\theta} &= \frac{1}{r}\frac{\partial u_r}{\partial \theta}+\frac{\partial u_\theta}{\partial r}-\frac{u_\theta}{r}\\ \varepsilon_\theta &= \frac{1}{r}\frac{\partial u_\theta}{\partial \theta}+\frac{u_r}{r}; &\gamma_{\theta z} &= \frac{\partial u_\theta}{\partial z}+\frac{1}{r}\frac{\partial u_z}{\partial \theta}\\ \varepsilon_z &= \frac{\partial u_z}{\partial z}; &\gamma_{zr} &= \frac{\partial u_z}{\partial r}+\frac{\partial u_r}{\partial z}\end{aligned}\right\} \tag{6.2}$$

其中 u_r, u_θ, u_z 分别是沿径向、环向和轴向的位移分量。和直角坐标几何方程(4.17)相比，主要区别是 ε_θ 和 $\gamma_{r\theta}$ 两式中多出了最后项，而且与其他应变项不同，它们是直接由位移分量而不是由位移偏导数引起的。为导出这两项首先要注意：曲线坐标中的位移分量都是沿着坐标线走的，见图 6-3。扇形微元环向线元上各点的径向位移 u_r 是呈发散状向外走的，所以 u_r 会直接导致线元伸长，即产生环向应变 ε_θ。例如，图 6-3(a)中的微元 $ABCD$ 经过径向位移到达 $A'B'C'D'$，其内弧 AD 变形后成 $A'D'$，伸长量是 $A'A''=u_r\mathrm{d}\theta$，除以原长 $r\mathrm{d}\theta$ 后就是式(6.2)中 ε_θ式的最后项。再看图 6-3(b)，扇形微元侧边 AB 的两端在环向经过相同的位移 u_θ 后，变成与其平行的 $A'B'$，它与正交坐标线 OA'形成夹角 u_θ/r，所以环向位移 u_θ 会直接导致微元的剪应变$\gamma_{r\theta}=u_\theta/r$，再注意到变形后的$\angle D'A'B'$大于 90°，所以式(6.2)中 $\gamma_{r\theta}$式的最后项前面为负号。

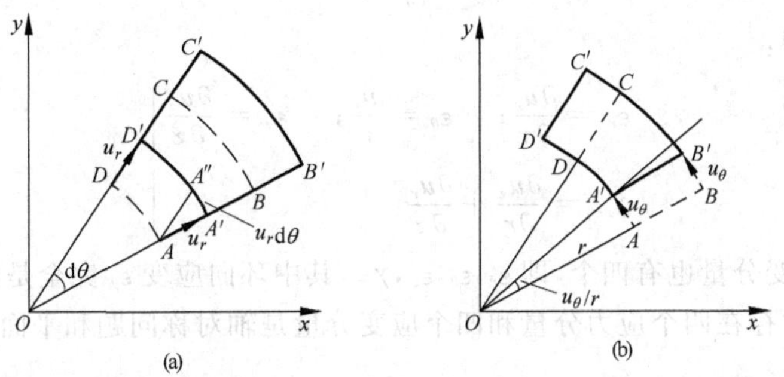

图 6-3 圆柱坐标中的位移与应变

圆柱坐标系和直角坐标系都是正交坐标系，所以除改换指标外**本构方程**没有本质变化：

应变-应力公式：

$$\left.\begin{aligned}\varepsilon_r &= \frac{1}{E}[\sigma_r-\nu(\sigma_\theta+\sigma_z)]; &\gamma_{r\theta} &= \frac{1}{G}\tau_{r\theta}\\ \varepsilon_\theta &= \frac{1}{E}[\sigma_\theta-\nu(\sigma_z+\sigma_r)]; &\gamma_{\theta z} &= \frac{1}{G}\tau_{\theta z}\\ \varepsilon_z &= \frac{1}{E}[\sigma_z-\nu(\sigma_r+\sigma_\theta)]; &\gamma_{zr} &= \frac{1}{G}\tau_{zr}\end{aligned}\right\} \tag{6.3}$$

应力-应变公式：

$$\left.\begin{aligned}\sigma_r &= 2G\varepsilon_r + \lambda\vartheta; \quad \tau_{r\theta} = G\gamma_{r\theta} \\ \sigma_\theta &= 2G\varepsilon_\theta + \lambda\vartheta; \quad \tau_{\theta z} = G\gamma_{\theta z} \\ \sigma_z &= 2G\varepsilon_z + \lambda\vartheta; \quad \tau_{zr} = G\gamma_{zr} \\ \vartheta &= \varepsilon_r + \varepsilon_\theta + \varepsilon_z\end{aligned}\right\} \tag{6.4}$$

上述圆柱坐标系中的基本方程适用于轴对称体的一般变形情况，包括非对称变形情况。对于轴对称变形情况还可以进一步简化。

空间轴对称问题的特点是：其变形状态对任何径向平面 r-z 都是对称的。所以

(1) 所有物理量均与环向坐标 θ 无关，可以简化为 r-z 平面内的二维问题。

(2) 环向位移 u_θ 为零，即所有质点只能在 r-z 平面内运动，r-z 平面始终保持平面。

(3) 剪应力 $\tau_{r\theta}$ 和 $\tau_{z\theta}$ 为零，非零应力分量只有四个，即 $\sigma_r, \sigma_\theta, \sigma_z, \tau_{rz}$。

根据这些特点，空间轴对称问题的基本方程简化为

平衡方程：

$$\left.\begin{aligned}\frac{\partial\sigma_r}{\partial r} + \frac{\partial\tau_{rz}}{\partial z} + \frac{\sigma_r - \sigma_\theta}{r} + f_r = 0 \\ \frac{\partial\tau_{zr}}{\partial r} + \frac{\partial\sigma_z}{\partial z} + \frac{\tau_{rz}}{r} + f_z = 0\end{aligned}\right\} \tag{6.5}$$

几何方程：

$$\left.\begin{aligned}&\varepsilon_r = \frac{\partial u_r}{\partial x}; \quad \varepsilon_\theta = \frac{u_r}{r}; \quad \varepsilon_z = \frac{\partial u_z}{\partial z} \\ &\gamma_{zr} = \frac{\partial u_z}{\partial r} + \frac{\partial u_r}{\partial z}\end{aligned}\right\} \tag{6.6}$$

可见，非零应变分量也有四个，即 $\varepsilon_r, \varepsilon_\theta, \varepsilon_z, \gamma_{rz}$，其中环向应变 ε_θ 完全是由径向位移 u_r 引起的。同时存在四个应力分量和四个应变分量是轴对称问题和平面问题的重要区别之一。于是

应变-应力公式：

$$\left.\begin{aligned}\varepsilon_r &= \frac{1}{E}[\sigma_r - \nu(\sigma_\theta + \sigma_z)] \\ \varepsilon_\theta &= \frac{1}{E}[\sigma_\theta - \nu(\sigma_z + \sigma_r)] \\ \varepsilon_z &= \frac{1}{E}[\sigma_z - \nu(\sigma_r + \sigma_\theta)] \\ \gamma_{zr} &= \frac{1}{G}\tau_{zr}\end{aligned}\right\} \tag{6.7}$$

应力-应变公式：

$$\left.\begin{aligned}\sigma_r &= \frac{E(1-\nu)}{(1+\nu)(1-2\nu)}\left[\varepsilon_r + \frac{\nu}{1-\nu}(\varepsilon_\theta + \varepsilon_z)\right]\\ \sigma_\theta &= \frac{E(1-\nu)}{(1+\nu)(1-2\nu)}\left[\varepsilon_\theta + \frac{\nu}{1-\nu}(\varepsilon_z + \varepsilon_r)\right]\\ \sigma_z &= \frac{E(1-\nu)}{(1+\nu)(1-2\nu)}\left[\varepsilon_z + \frac{\nu}{1-\nu}(\varepsilon_r + \varepsilon_\theta)\right]\\ \tau_{zr} &= \frac{E}{2(1+\nu)}\gamma_{zr}\end{aligned}\right\} \tag{6.8}$$

方程(6.5)、(6.6)和(6.8)是有限元法中建立轴对称单元的基础。

对环向完整的轴对称体，只要对称轴固定不动，对物体的径向变形可以不加任何约束而不会产生径向的整体刚体位移。例如，圆筒体在内压作用下产生径向位移，该径向位移引起的环向应变会直接导致圆筒的环向弹性抗力来平衡内压，并限制径向继续发生位移。反之，在给定边界条件时如果错误地限制圆筒内表面的径向位移为零，则内压将被人为加上的约束所承受，圆筒内的应力将处处为零。

6.2 平面轴对称问题

当几何形状、载荷、约束都沿轴向保持不变时，空间轴对称问题退化为平面轴对称问题。平面轴对称问题既是轴对称问题(与环向坐标 θ 无关)，又是平面问题(与轴向坐标 z 无关)，因而简化为仅与径向坐标 r 有关的一维问题，但应力和应变分量仍是二维的。

轴对称问题基本方程(6.5)至(6.8)简化为

平衡方程：

$$\frac{\mathrm{d}\sigma_r}{\mathrm{d}r} + \frac{\sigma_r - \sigma_\theta}{r} + f_r = 0 \tag{6.9}$$

几何方程：

$$\varepsilon_r = \frac{\mathrm{d}u}{\mathrm{d}r};\quad \varepsilon_\theta = \frac{u}{r} \tag{6.10}$$

本构方程(平面应力情况)：

应变-应力公式：

$$\left.\begin{aligned}\varepsilon_r &= \frac{1}{E}(\sigma_r - \nu\sigma_\theta);\quad \gamma_{r\theta} = 0\\ \varepsilon_\theta &= \frac{1}{E}(\sigma_\theta - \nu\sigma_r)\\ \varepsilon_z &= -\frac{\nu}{E}(\sigma_r + \sigma_\theta) = -\frac{\nu}{1-\nu}(\varepsilon_r + \varepsilon_\theta)\end{aligned}\right\} \tag{6.11}$$

应力-应变公式：

$$\left.\begin{aligned}\sigma_r &= \frac{E}{1-\nu^2}(\varepsilon_r + \nu\varepsilon_\theta)\\ \sigma_\theta &= \frac{E}{1-\nu^2}(\varepsilon_\theta + \nu\varepsilon_r)\\ \tau_{r\theta} &= 0\end{aligned}\right\} \tag{6.12}$$

采用位移法求解，以径向位移 u 为基本未知量，将方程(6.10)代入式(6.12)再代入式(6.9)，得到无体力情况下用位移表示的平衡方程：

$$\frac{d^2u}{dr^2} + \frac{1}{r}\frac{du}{dr} - \frac{u}{r^2} = 0 \tag{6.13}$$

这类凡导数降一阶、项前系数就增加一个自变量倒数因子的常微分方程称为**欧拉方程**，其解具有幂函数形式：

$$u = r^k \tag{6.14}$$

代入方程(6.13)，消去公因子 r^{k-2} 后得到特征方程：

$$k^2 - 1 = 0 \tag{6.15}$$

其特征根为 $k_1 = 1$ 和 $k_2 = -1$。因而方程(6.13)的通解为

$$u = C_1 r + C_2 \frac{1}{r} \tag{6.16}$$

代入式(6.10)和式(6.12)得到应变和应力解：

$$\varepsilon_r = C_1 - \frac{C_2}{r^2};\quad \varepsilon_\theta = C_1 + \frac{C_2}{r^2} \tag{6.17}$$

$$\sigma_r = A\frac{1}{r^2} + B;\quad \sigma_\theta = -A\frac{1}{r^2} + B;\quad \tau_{r\theta} = 0 \tag{6.18}$$

其中 A, B 为待定常数，由边界条件确定，它们与 C_1, C_2 满足

$$C_1 = \frac{1-\nu}{E}B;\quad C_2 = -\frac{1+\nu}{E}A \tag{6.19}$$

不难检验 $\sigma_r + \sigma_\theta = 2B$ 满足线性条件，因而无论轴向有多长，只要端部无载荷或约束，平面轴对称问题都处于平面应力状态。

例 6.1 均压圆筒或圆环

考虑图 6-4 中承受均匀内压和外压的厚壁圆筒。给定力边界条件：

$$\begin{aligned} r = a:&\quad \sigma_r = -p_i;\quad \tau_{r\theta} = 0\\ r = b:&\quad \sigma_r = -p_o;\quad \tau_{r\theta} = 0\end{aligned} \tag{a}$$

将应力解(6.18)代入，$\tau_{r\theta} = 0$ 的边界条件自动满足，由 σ_r 的两个条件解得

$$A = \frac{a^2b^2}{b^2-a^2}(p_o - p_i);\quad B = \frac{1}{b^2-a^2}(a^2p_i - b^2p_o) \tag{b}$$

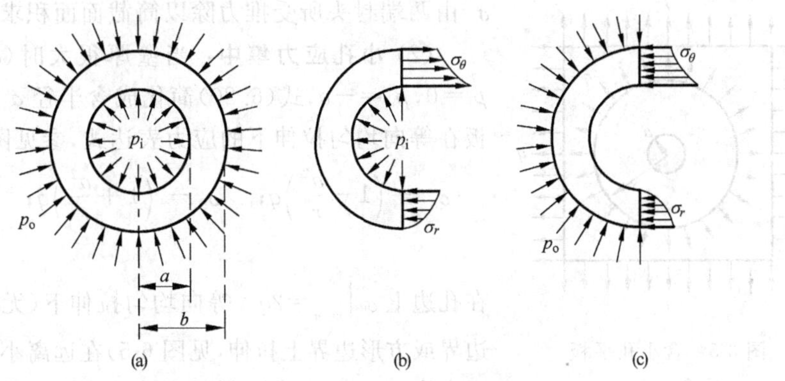

图 6-4 承受均匀压力的厚壁筒

代回式(6.18)得到著名的**拉梅公式**

$$\left.\begin{aligned}\sigma_r &= \frac{a^2}{b^2-a^2}\left(1-\frac{b^2}{r^2}\right)p_{\mathrm{i}} - \frac{b^2}{b^2-a^2}\left(1-\frac{a^2}{r^2}\right)p_{\mathrm{o}}\\ \sigma_\theta &= \frac{a^2}{b^2-a^2}\left(1+\frac{b^2}{r^2}\right)p_{\mathrm{i}} - \frac{b^2}{b^2-a^2}\left(1+\frac{a^2}{r^2}\right)p_{\mathrm{o}}\\ \tau_{r\theta} &= 0\end{aligned}\right\} \tag{6.20}$$

上式与弹性常数无关，所以同时适用于平面应力和平面应变问题。对平面应变状态，还需在端部施加均匀的轴向应力：

$$\sigma_z = \nu(\sigma_r + \sigma_\theta) = \frac{2\nu}{b^2-a^2}(a^2 p_{\mathrm{i}} - b^2 p_{\mathrm{o}}) \tag{c}$$

图 6-4 中的(b)、(c)两图给出了在内压和外压单独作用时的应力分布。可以看到，厚壁筒内的最大应力是内壁的环向应力 σ_θ。

把式(b)代入式(6.19)和式(6.16)得到厚壁筒的径向位移：

$$u = \frac{1}{E}\left[\frac{(1-\nu)(a^2 p_{\mathrm{i}} - b^2 p_{\mathrm{o}})}{b^2-a^2}r + \frac{(1+\nu)a^2 b^2 (p_{\mathrm{i}} - p_{\mathrm{o}})}{b^2-a^2}\frac{1}{r}\right] \tag{6.21}$$

拉梅公式的应用实例有：

(1) **高压容器**：对于受内压的高压容器 $p_{\mathrm{i}}=p, p_{\mathrm{o}}=0$，代入式(6.20)和式(6.21)得

$$\left.\begin{aligned}\sigma_r &= \frac{a^2}{b^2-a^2}\left(1-\frac{b^2}{r^2}\right)p\\ \sigma_\theta &= \frac{a^2}{b^2-a^2}\left(1+\frac{b^2}{r^2}\right)p\\ \sigma_z &= \frac{a^2}{b^2-a^2}p\\ u &= \frac{a^2 p}{E(b^2-a^2)}\left[(1-\nu)r + (1+\nu)b^2/r\right]\end{aligned}\right\} \tag{6.22}$$

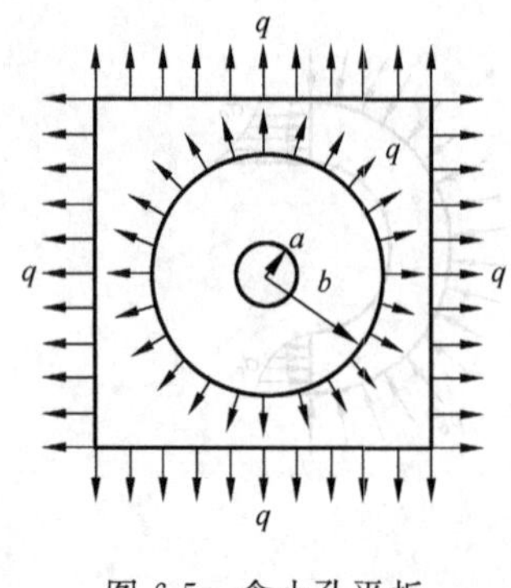

图 6-5 含小孔平板

σ_z 由两端封头所受推力除以筒截面面积求得。

(2) **小孔应力集中**：当壁厚很大时($b^2 \gg a^2$)，设 $p_i=0, p_o=-q$，式(6.20)简化成含半径 a 之小孔的平板在等向均匀拉伸下的应力表达式，参见图 6-5：

$$\sigma_r = \left(1-\frac{a^2}{r^2}\right)q; \quad \sigma_\theta = \left(1+\frac{a^2}{r^2}\right)q; \quad \tau_{r\theta} = 0 \tag{6.23}$$

在孔边上 $\sigma_\theta \Big|_{r=a} = 2q$。等向均匀拉伸下(无论是在圆周边界或方形边界上拉伸，见图 6-5)在远离小孔处板中的应力为 $\sigma_r=\sigma_\theta=q$，所以孔边的应力集中系数等于 2。

(3) **过盈配合**：在炮筒、高压容器的制造中常利用过盈配合使内筒产生环向预压应力，以提高产品使用时的承压能力。令图 6-6 中内筒和外筒的内、外半径分别为 a、$b+\Delta$ 和 b、c，其中 Δ 为过盈量。内外筒的材料可以不同。设过盈配合面上的未知均布压力为 p，用式(6.21)分别算出在 p 作用下配合面处内外筒的径向位移 $u\Big|_b^{内}$ 和 $u\Big|_b^{外}$，代入配合后的位移连续条件：

$$u\Big|_b^{外} = u\Big|_b^{内} + \Delta \tag{6.24}$$

可以解出配合压力 p。再用拉梅公式(6.20)进一步算出内外筒中的应力。

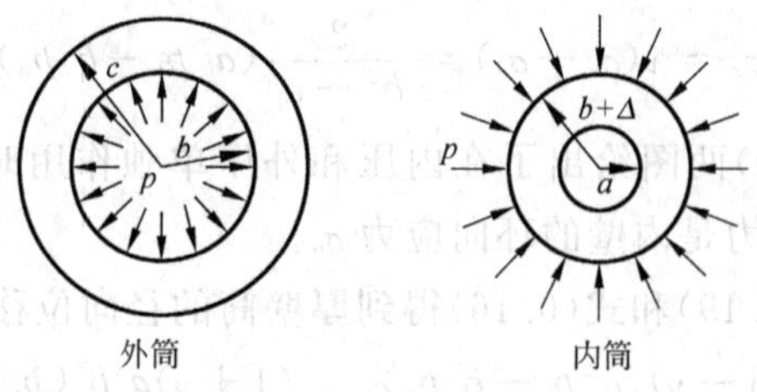

图 6-6 过盈配合

6.3 非轴对称载荷情况

当轴对称体承受非轴对称载荷时，通常把载荷沿环向展开成三角级数，先对级数的每项逐一进行分析，然后根据叠加原理相加。当轴对称体受非轴对称载荷时，各物理量不再与环向坐标 θ 无关，剪应力 $\tau_{r\theta}$ 也不再为零。对于平面问题，各物理量均与轴向坐标 z 无关，圆柱坐标退化为极坐标。基本方程(6.1)和(6.2)退化为平衡方程：

$$\left.\begin{aligned}&\frac{\partial\sigma_r}{\partial r}+\frac{1}{r}\frac{\partial\tau_{r\theta}}{\partial\theta}+\frac{\sigma_r-\sigma_\theta}{r}+f_r=0\\&\frac{\partial\tau_{\theta r}}{\partial r}+\frac{1}{r}\frac{\partial\sigma_\theta}{\partial\theta}+2\frac{\tau_{r\theta}}{r}+f_\theta=0\end{aligned}\right\}\tag{6.25}$$

几何方程：

$$\left.\begin{aligned}\varepsilon_r&=\frac{\partial u_r}{\partial r}\\\varepsilon_\theta&=\frac{1}{r}\frac{\partial u_\theta}{\partial\theta}+\frac{u_r}{r}\\\gamma_{r\theta}&=\frac{1}{r}\frac{\partial u_r}{\partial\theta}+\frac{\partial u_\theta}{\partial r}-\frac{u_\theta}{r}\end{aligned}\right\}\tag{6.26}$$

本构方程：与(6.11)和(6.12)相同。

协调方程：

$$\frac{\partial^2\varepsilon_\theta}{\partial r^2}+\frac{1}{r^2}\frac{\partial^2\varepsilon_r}{\partial\theta^2}-\frac{1}{r}\frac{\partial^2\gamma_{r\theta}}{\partial r\partial\theta}+\frac{2}{r}\frac{\partial\varepsilon_\theta}{\partial r}-\frac{1}{r}\frac{\partial\varepsilon_r}{\partial r}-\frac{1}{r^2}\frac{\partial\gamma_{r\theta}}{\partial\theta}=0\tag{6.27}$$

这里略去了协调方程(6.27)的导出过程，读者可以将式(6.26)代入式(6.27)，并利用高阶导数与求导顺序无关的性质来验证其正确性①。注意，极坐标的自变量是 r 和 θ，所以求导顺序无关性是指$\frac{\partial^2()}{\partial r\partial\theta}=\frac{\partial^2()}{\partial\theta\partial r}$，而不是$\frac{\partial}{\partial r}\left[\frac{1}{r}\frac{\partial()}{\partial\theta}\right]=\frac{1}{r}\frac{\partial}{\partial\theta}\left[\frac{\partial()}{\partial r}\right]$。

极坐标和直角坐标都是正交坐标，它们偏导数间满足转换关系(图 6-7)：

$$\left.\begin{aligned}&\begin{Bmatrix}\dfrac{\partial}{\partial r}\\\dfrac{1}{r}\dfrac{\partial}{\partial\theta}\end{Bmatrix}=\begin{bmatrix}\cos\theta&\sin\theta\\-\sin\theta&\cos\theta\end{bmatrix}\begin{Bmatrix}\dfrac{\partial}{\partial x}\\\dfrac{\partial}{\partial y}\end{Bmatrix}=[\beta]\begin{Bmatrix}\dfrac{\partial}{\partial x}\\\dfrac{\partial}{\partial y}\end{Bmatrix}\\&\begin{Bmatrix}\dfrac{\partial}{\partial x}\\\dfrac{\partial}{\partial y}\end{Bmatrix}=\begin{bmatrix}\cos\theta&-\sin\theta\\\sin\theta&\cos\theta\end{bmatrix}\begin{Bmatrix}\dfrac{\partial}{\partial r}\\\dfrac{1}{r}\dfrac{\partial}{\partial\theta}\end{Bmatrix}=[\beta]^{-1}\begin{Bmatrix}\dfrac{\partial}{\partial r}\\\dfrac{1}{r}\dfrac{\partial}{\partial\theta}\end{Bmatrix}\end{aligned}\right\}\tag{6.28}$$

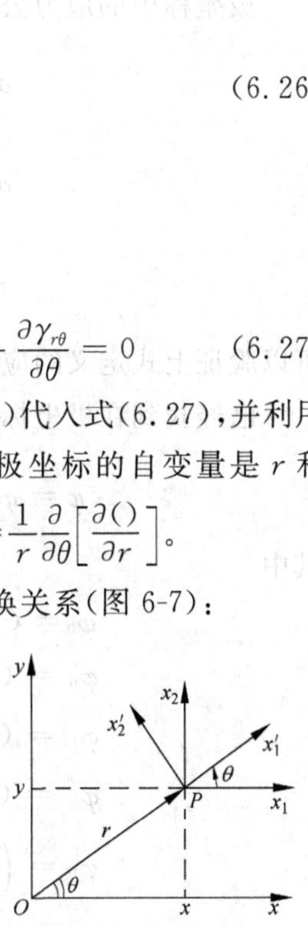

图 6-7 坐标转换

其中，坐标转换矩阵$[\beta]$与两个直角坐标间的转换矩阵(2.28)相同，但这里$[\beta]$中的 θ 值是随点而异的。注意，偏导数转换关系(6.28)中出现的是对弧长(它与坐标 x,y,r 的量纲相同)的偏导数$\frac{1}{r}\frac{\partial()}{\partial\theta}$而不是$\frac{\partial()}{\partial\theta}$。

利用(6.28)的第二式导出二阶导数$\frac{\partial^2()}{\partial x^2}$和$\frac{\partial^2()}{\partial y^2}$，调和算子转换成②：

---

①② 本节有些公式的数学推导比较冗长，例如式(6.27)、(6.29)、(6.31)、(6.32)等，凡课文中没有详细论述的导出过程都不作为教学的基本要求。

$$\nabla^2 = \left(\frac{\partial^2}{\partial x^2} + \frac{\partial^2}{\partial y^2}\right)() = \left(\frac{\partial^2}{\partial r^2} + \frac{1}{r}\frac{\partial}{\partial r} + \frac{1}{r^2}\frac{\partial^2}{\partial \theta^2}\right)() \tag{6.29}$$

于是，用应力函数表示的协调方程$\nabla^2\nabla^2\varphi=0$在极坐标中的形式是

$$\left(\frac{\partial^2}{\partial r^2} + \frac{1}{r}\frac{\partial}{\partial r} + \frac{1}{r^2}\frac{\partial^2}{\partial \theta^2}\right)\left(\frac{\partial^2}{\partial r^2} + \frac{1}{r}\frac{\partial}{\partial r} + \frac{1}{r^2}\frac{\partial^2}{\partial \theta^2}\right)\varphi = 0 \tag{6.30}$$

它是一个重调和方程。

极坐标中的应力公式是

$$\left.\begin{aligned} \sigma_r &= \frac{1}{r^2}\frac{\partial^2\varphi}{\partial\theta^2} + \frac{1}{r}\frac{\partial\varphi}{\partial r} \\ \sigma_\theta &= \frac{\partial^2\varphi}{\partial r^2} \\ \tau_{r\theta} &= \frac{1}{r^2}\frac{\partial\varphi}{\partial\theta} - \frac{1}{r}\frac{\partial^2\varphi}{\partial\theta\partial r} = -\frac{\partial}{\partial r}\left(\frac{1}{r}\frac{\partial\varphi}{\partial\theta}\right) \end{aligned}\right\} \tag{6.31}$$

可以验证上式定义的应力公式能自动满足无体力情况下的平衡方程(6.25)。

已经找到在极坐标中满足方程(6.30)的应力函数通解是

$$\varphi = \varphi_0 + \varphi_0' + \bar{\varphi}_0 + \bar{\varphi}_0' + \varphi_1 + \varphi_1' + \sum_{m=2}^{n}(\varphi_m + \varphi_m') \tag{6.32}$$

其中

$$\begin{aligned} \varphi_0 &= C_{01}r^2 + C_{02}r^2\ln r + \underline{C_{03}} + C_{04}\ln r \\ \varphi_0' &= (C_{01}'r^2 + C_{02}'r^2\ln r + C_{03}' + C_{04}'\ln r)\theta \\ \bar{\varphi}_0 &= (\bar{C}_{01}r + \bar{C}_{02}r\ln r)\theta\cos\theta \\ \bar{\varphi}_0' &= (\bar{C}_{01}'r + \bar{C}_{02}'r\ln r)\theta\sin\theta \\ \varphi_1 &= \left(C_{11}r^3 + C_{12}\frac{1}{r} + \underline{C_{13}r} + C_{14}r\ln r\right)\cos\theta \\ \varphi_1' &= \left(C_{11}'r^3 + C_{12}'\frac{1}{r} + \underline{C_{13}'r} + C_{14}'r\ln r\right)\sin\theta \\ \varphi_m &= (C_{m1}r^{m+2} + C_{m2}r^m + C_{m3}r^{-m+2} + C_{m4}r^{-m})\cos m\theta \\ \varphi_m' &= (C_{m1}'r^{m+2} + C_{m2}'r^m + C_{m3}'r^{-m+2} + C_{m4}'r^{-m})\sin m\theta \end{aligned}$$

在上述通解中，φ_0与θ无关，就是上节平面轴对称问题的解；φ_0'，$\bar{\varphi}_0$，$\bar{\varphi}_0'$三项中出现因子θ，在闭合的轴对称体中θ绕过2π后又回到原来位置，应力函数应该是周期函数，而因子θ并没有周期性，所以这三项只能用于环向不闭合的非完整轴对称体(见6.4节)；φ_1和φ_1'两项含有三角函数的一阶项$\cos\theta$或$\sin\theta$，称为风载分量，因为圆形建筑物所受的风压沿环向是按这样的规律分布的；后面的φ_m，φ_m'各项则是由非轴对称载荷的高阶分量引起的。与直角坐标的线性项$ax+by+c$相对应，利用转换

关系 $x = r\cos\theta$；$y = r\sin\theta$ 可以看到：极坐标应力函数通解中的三项 $C_{13}r\cos\theta + C'_{13}r\sin\theta + C_{03}$ 也可以任意调整而不影响计算结果。

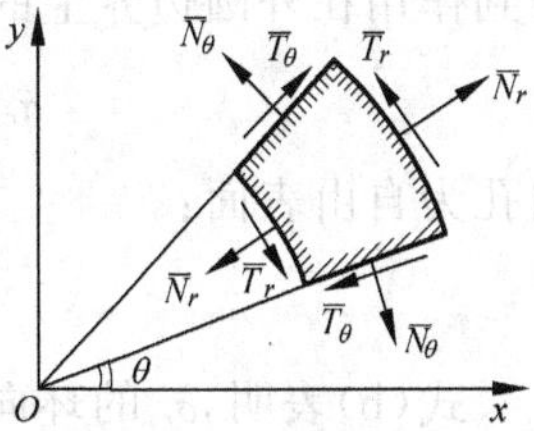

当边界线与坐标线重合时，可以将边界载荷沿应力正向（而不是坐标正向）分解，力边界条件简化为（图 6-8）：

图 6-8 力边界条件

环向边界（r＝const）：

$$\left.\begin{aligned}\sigma_r &= \overline{N}_r(\theta)\\ \tau_{r\theta} &= \overline{T}_r(\theta)\end{aligned}\right\} \tag{6.33}$$

径向边界（θ＝const）：

$$\left.\begin{aligned}\sigma_\theta &= \overline{N}_\theta(r)\\ \tau_{\theta r} &= \overline{T}_\theta(r)\end{aligned}\right\} \tag{6.34}$$

例 6.2 小孔应力集中

在几何形状或载荷发生突变的地方将出现局部高应力区，称为**应力集中**。通常用**应力集中系数** k 来表示其严重程度：

$$k = \sigma_{\max}/\sigma_0 \tag{6.35}$$

其中，$\sigma_{\max}$ 为最大局部应力；σ_0 称**名义应力**，即不考虑导致局部效应之因素时的计算应力。名义应力往往可以用材料力学解或远离高应力区处的应力值来确定。应力集中是引起结构疲劳裂纹或脆性断裂的根源，所以它是弹性力学和有限元分析的重要研究对象。

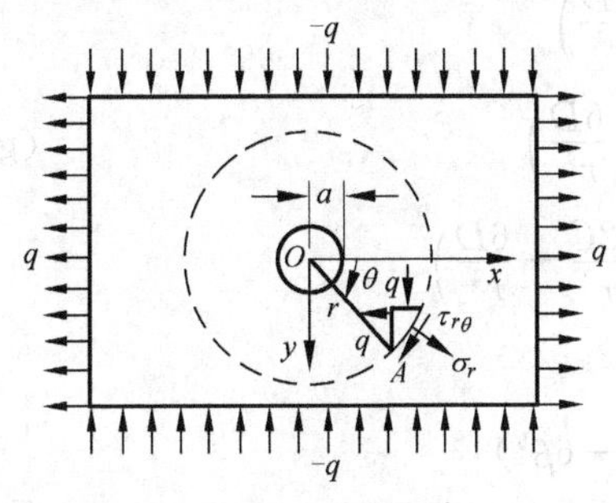

图 6-9 小孔应力集中

考虑单位厚度矩形平板受等值拉压的情况，如图 6-9。其名义应力（当孔很小时即未开孔前的应力）为

$$\sigma_x = q;\quad \sigma_y = -q;\quad \tau_{xy} = 0 \tag{a}$$

在远离边界的中心开一个半径为 a 的小孔，采用极坐标来分析其引起的应力集中。由于名义应力是一个处处相同的均匀场，板的矩形边界可以用半径 $r=b$ 的同心圆来取代。根据圣维南原理，当 b 足够大时小孔的局部应力影响消失，外圆边界处于名义应力场中。将式（a）代入极坐标与直角坐标的应力分量转换关系（参见第 2 章二维莫尔圆，但现在 θ 随点而异）：

$$\left.\begin{aligned}\sigma_r &= \frac{\sigma_x+\sigma_y}{2} + \frac{\sigma_x-\sigma_y}{2}\cos2\theta + \tau_{xy}\sin2\theta\\ \sigma_\theta &= \frac{\sigma_x+\sigma_y}{2} - \frac{\sigma_x-\sigma_y}{2}\cos2\theta - \tau_{xy}\sin2\theta\\ \tau_{r\theta} &= -\frac{\sigma_x-\sigma_y}{2}\sin2\theta + \tau_{xy}\cos2\theta\end{aligned}\right\} \tag{6.36}$$

得到作用在外圆边界上的载荷：

$$\sigma_r\Big|_{r=b} = q\cos 2\theta; \quad \tau_{r\theta}\Big|_{r=b} = -q\sin 2\theta \tag{b}$$

内孔为自由表面：

$$\sigma_r\Big|_{r=a} = 0; \quad \tau_{r\theta}\Big|_{r=a} = 0 \tag{c}$$

式(b)表明，σ_r 的环向变化规律是 $\cos 2\theta$。注意到 $\cos 2\theta$ 对 θ 的二阶导数和对 r 的导数的环向变化规律仍是 $\cos 2\theta$，所以由(6.31)第一式可以判断出应力函数 φ 的环向变化规律，于是设

$$\varphi = f(r)\cos 2\theta \tag{d}$$

代入协调方程(6.30)得

$$\cos 2\theta\left(\frac{\mathrm{d}^2}{\mathrm{d}r^2} + \frac{1}{r}\frac{\mathrm{d}}{\mathrm{d}r} - \frac{4}{r^2}\right)\left(\frac{\mathrm{d}^2}{\mathrm{d}r^2} + \frac{1}{r}\frac{\mathrm{d}}{\mathrm{d}r} - \frac{4}{r^2}\right)f(r) = 0 \tag{e}$$

消去 $\cos 2\theta$ 得到四阶欧拉方程，其特征方程为①

$$k(k-4)(k+2)(k-2) = 0 \tag{f}$$

特征根为 $k=4,2,0,-2$，相应通解为

$$f(r) = Ar^4 + Br^2 + C + \frac{D}{r^2}$$

代入式(d)和应力公式(6.31)得到

$$\begin{aligned}
\sigma_r &= -\cos 2\theta\left(2B + \frac{4C}{r^2} + \frac{6D}{r^4}\right) \\
\sigma_\theta &= \cos 2\theta\left(12Ar^2 + 2B + \frac{6D}{r^4}\right) \\
\tau_{r\theta} &= \sin 2\theta\left(6Ar^2 + 2B - \frac{2C}{r^2} - \frac{6D}{r^4}\right)
\end{aligned} \tag{g}$$

利用边界条件(b)和(c)确定积分常数：

$$\begin{aligned}
&A = \frac{q}{Nb^2}\beta^2(1-\beta^2); \quad B = -\frac{q}{2N}(1+3\beta^4-6\beta^6) \\
&C = \frac{qa^2}{N}(1-\beta^6); \quad D = -\frac{qa^4}{2N}(1-\beta^4); \quad N = (1-\beta^2)^4; \quad \beta = \frac{a}{b}
\end{aligned} \tag{h}$$

对无限大板开小孔的情况，$N\to 1$；$\beta\to 0$，各常数简化成

$$A = 0; \quad B = -\frac{q}{2}; \quad C = qa^2; \quad D = -\frac{qa^4}{2} \tag{i}$$

将式(i)代回式(g)得到**等值拉压下小开孔平板中的应力公式**：

---

① 在求重调和方程的特征方程时不必先将其展成四阶方程，可以依次对解作两次调和运算。把解 $f=r^k$ 代入式(e)，经第一次调和运算后得 $[k(k-1)+k-4]r^{k-2}=(k+2)(k-2)r^{k-2}$。将系数提出，第二次调和运算对 r^{k-2} 而非 r^k 进行，就能得到式(f)。

$$\left.\begin{aligned}\sigma_r &= q\left(1-\frac{a^2}{r^2}\right)\left(1-3\,\frac{a^2}{r^2}\right)\cos 2\theta \\ \sigma_\theta &= -q\left(1+3\,\frac{a^4}{r^4}\right)\cos 2\theta \\ \tau_{r\theta} &= -q\left(1-\frac{a^2}{r^2}\right)\left(1+3\,\frac{a^2}{r^2}\right)\sin 2\theta;\end{aligned}\right\} \tag{6.37}$$

可以看到,孔边 $r=a$ 上,在 $\theta=\pi/2$ 和 $3\pi/2$ 两个点处 σ_θ 的应力集中系数高达 $k=4$,而在 $\theta=0$ 和 π 处 $k=-4$。

若把式(h)直接代入式(g)就得到任意宽度圆环在载荷(b)作用下的应力分布。

在应用弹性力学研究成果时,要善于灵活地利用弹性力学对个别典型问题求得的解答,借助叠加原理去解决实际工程问题。例如,应用上述平板等向拉伸(或压缩)和等值拉压两种典型解答(6.23)和(6.37),可以解决工程中一系列开孔应力集中问题。

(1) **双向不等值的均匀拉压情况**。图 6-10(a)中 q_1 和 q_2 为任意代数值,令

$$\bar{q}=\frac{q_1+q_2}{2};\quad q'=\frac{q_1-q_2}{2} \tag{j}$$

即

$$q_1=\bar{q}+q';\quad q_2=\bar{q}+(-q') \tag{k}$$

则原问题转化为等向拉伸(或压缩)$\bar{q}$ 和等值拉压 q'(x 方向为 q',y 方向为 $-q'$)两种载荷情况之叠加。由式(6.23)和式(6.37)分别求得由 $\bar{q}$ 和 q' 引起的应力场,叠加后就是不等值拉压的解。

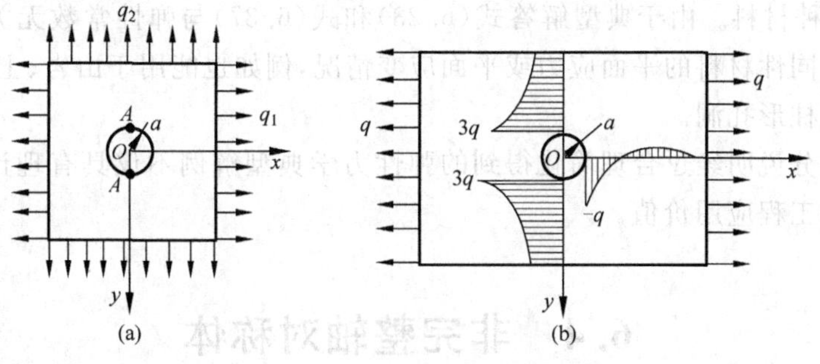

图 6-10 平板不等值拉压情况

设 $|q_1|\geqslant|q_2|$,则 $\bar{q}$,q' 与 q_1 同号。选 x 轴沿 q_1 方向,则孔边 A 点处($x=0$;$y=\pm a$)出现绝对值最大的应力,其值为 $\sigma_{\max}=2\bar{q}+4q'=3q_1-q_2$。以 q_1 作名义应力,则为

$$k=\frac{\sigma_{\max}}{q_1}=3-\frac{q_2}{q_1} \tag{6.38}$$

即含小孔平板的应力集中系数在等值拉压($q_2=-q_1$)情况下最大($k=4$),等向拉伸或压缩($q_2=q_1$)时最小($k=2$),其他情况为 $2<k<4$。

令 $q_1=q>0$; $q_2=0$ 得到**单向拉伸开孔平板中的应力公式**:

$$\left.\begin{aligned}\sigma_r &= \frac{q}{2}\left(1-\frac{a^2}{r^2}\right)+\frac{q}{2}\left(1-\frac{a^2}{r^2}\right)\left(1-3\,\frac{a^2}{r^2}\right)\cos 2\theta \\ \sigma_\theta &= \frac{q}{2}\left(1+\frac{a^2}{r^2}\right)-\frac{q}{2}\left(1+3\,\frac{a^4}{r^4}\right)\cos 2\theta \\ \tau_{r\theta} &= -\frac{q}{2}\left(1-\frac{a^2}{r^2}\right)\left(1+3\,\frac{a^2}{r^2}\right)\sin 2\theta\end{aligned}\right\} \tag{6.39}$$

应力集中系数 $k=3$。图 6-10(b)表明,在离孔边 $1.5a$ 的地方局部应力已经衰减得很小。

(2) 任意均匀应力状态。如果除了拉压载荷外,平板还受均匀剪切。这时应先算出相应的主应力 σ_{I} 和 σ_{II},然后选主轴坐标就能化为情况(1)。应力集中系数为 $k=3-\sigma_{\mathrm{II}}/\sigma_{\mathrm{I}}$,其中 σ_{I} 是绝对值较大的主应力。

(3) 缓慢变化的非均匀应力状态。由于小孔应力集中是局部现象,只要未开孔前板内的应力状态在开孔区附近变化不大,就可以近似地认为是均匀应力场,其大小等于未开孔前孔中心处的应力值,于是可按情况(2)计算应力集中系数。

(4) 其他几何形状。无论板的几何形状如何,只要孔中心离板边的距离大于 $2a$,且相邻两孔的孔心距大于 $2a_1+2a_2$(a_1、a_2 为两孔之半径),工程上就能按"无限大板"中的孤立小圆孔来处理。对于薄壳,只要壳体的曲率半径 $R\gg a$,也能近似地简化为平板问题来处理。

(5) 各种材料。由于典型解答式(6.23)和式(6.37)与弹性常数无关,所以适用于各种各向同性材料的平面应力或平面应变情况,例如也能用于山岩、土壤和混凝土水坝中的圆柱形孔洞。

本例充分说明经过合理简化得到的弹性力学典型解例不仅具有理论意义,而且具有广泛的工程应用价值。

6.4 非完整轴对称体

圆弧形曲梁、扇形体、楔形体等非完整轴对称体也可以用二维极坐标或三维圆柱坐标的弹性力学基本方程来求解。

例 6.3 楔体

对圆形和环形域问题,例如例 6.2,环向边界是主要边界。楔体则以径向边界为主要边界。

研究尖端受集中力 P 的楔体,如图 6-11(a)。首先来确定应力函数沿径向边界的分布规律。

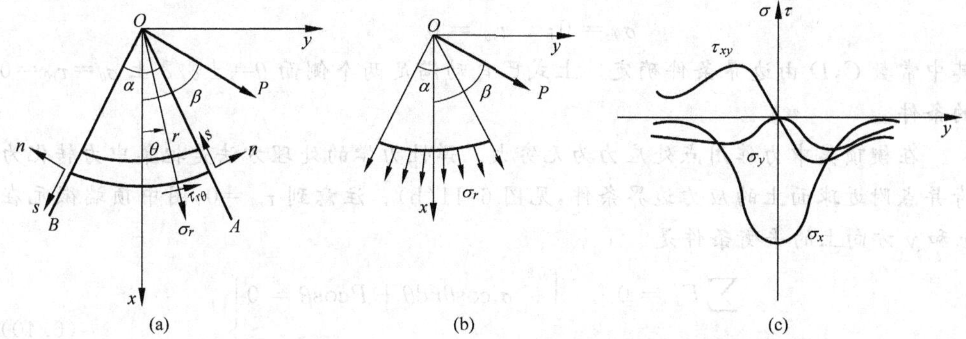

图 6-11 受顶部集中力的楔体

选 A 为起点，按逆时针计算应力函数 φ 及其导数的边界值：

AO 边（$\theta=\alpha/2$）：

$$\varphi=0\quad\left(\text{因而}\frac{\partial\varphi}{\partial r}=-\frac{\partial\varphi}{\partial s}=0\right)$$
$$\frac{1}{r}\frac{\partial\varphi}{\partial\theta}=\frac{\partial\varphi}{\partial n}=0 \tag{a}$$

OB 边（$\theta=-\alpha/2$）：

$$\varphi=-Pr\sin\left(\beta+\frac{\alpha}{2}\right)$$
$$\left(\text{因而}\frac{\partial\varphi}{\partial r}=-\frac{\partial\varphi}{\partial s}=-P\sin\left(\beta+\frac{\alpha}{2}\right)\right) \tag{b}$$
$$\frac{1}{r}\frac{\partial\varphi}{\partial\theta}=-\frac{\partial\varphi}{\partial n}=P\cos\left(\beta+\frac{\alpha}{2}\right)$$

由(a)和(b)第一式可以判断 φ 是 r 的线性函数。将此边界变化规律推广至域内，假设

$$\varphi=rf(\theta) \tag{c}$$

代入协调方程(6.30)得

$$\frac{1}{r^3}\left(\frac{\mathrm{d}^4f}{\mathrm{d}\theta^4}+2\frac{\mathrm{d}^2f}{\mathrm{d}\theta^2}+f\right)=0$$

括号中常微分方程的通解为

$$f(\theta)=A\cos\theta+B\sin\theta+\theta(C\cos\theta+D\sin\theta)$$

代回式(c)有

$$\varphi=Ar\cos\theta+Br\sin\theta+r\theta(C\cos\theta+D\sin\theta) \tag{d}$$

代入应力公式(6.31)得

$$\sigma_r = \frac{2}{r}(D\cos\theta - C\sin\theta)$$
$$\sigma_\theta = 0; \quad \tau_{r\theta} = 0 \tag{e}$$

其中常数 C,D 由边界条件确定。上式已自动满足两个侧面 $\theta=\pm\alpha/2$ 上 $\sigma_\theta=\tau_{r\theta}=0$ 的条件。

在楔顶集中力作用点处应力为无穷大。弹性力学的处理方法是把集中力转化为奇异点附近球面上的应力边界条件,见图 6-11(b)。注意到 $\tau_{r\theta}=0$,图中顶端微元在 x 和 y 方向上的平衡条件是

$$\left.\begin{aligned}\sum F_x = 0 \qquad & \int_{-\alpha/2}^{\alpha/2}\sigma_r\cos\theta r\,\mathrm{d}\theta + P\cos\beta = 0\\ \sum F_y = 0 \qquad & \int_{-\alpha/2}^{\alpha/2}\sigma_r\sin\theta r\,\mathrm{d}\theta + P\sin\beta = 0\end{aligned}\right\} \tag{6.40}$$

将式(e)代入定出积分常数:

$$C = \frac{P\sin\beta}{\alpha - \sin\alpha}; \quad D = -\frac{P\cos\beta}{\alpha + \sin\alpha} \tag{f}$$

代回式(e)得到**顶端集中力下楔体问题**的最终解答:

$$\left.\begin{aligned}\sigma_r &= -\frac{2P}{r}\left(\frac{\cos\beta\cos\theta}{\alpha+\sin\alpha} + \frac{\sin\beta\sin\theta}{\alpha-\sin\alpha}\right)\\ \sigma_\theta &= 0; \quad \tau_{r\theta} = 0\end{aligned}\right\} \tag{6.41}$$

式(6.41)中集中力的倾角可取为 $0\leqslant\beta\leqslant2\pi$。对铅垂集中力 $\beta=0$ 情况有

$$\sigma_r = -\frac{2P\cos\theta}{r(\alpha+\sin\alpha)}; \quad \sigma_\theta = \tau_{r\theta} = 0 \tag{6.42}$$

这时 σ_r 是 θ 的偶函数,应力分布对称于 x 轴。对水平集中力 $\beta=\pi/2$ 情况,即**悬臂楔体**问题:

$$\sigma_r = -\frac{2P\sin\theta}{r(\alpha-\sin\alpha)}; \quad \sigma_\theta = \tau_{r\theta} = 0 \tag{6.43}$$

这时 σ_r 是 θ 的奇函数,应力分布对 x 轴反对称。可以看到,悬臂楔体与悬臂梁不同,在其(弧形的)横截面上剪应力 $\tau_{r\theta}$ 处处为零。

式(6.41)中的锥顶角可取为 $0<\alpha<2\pi$。对 $\alpha=\pi$ 的**半无限平面问题**式(6.41)写成

$$\sigma_r = -\frac{2P}{\pi r}\cos(\beta-\theta); \quad \sigma_\theta = \tau_{r\theta} = 0 \tag{6.44}$$

对于受铅垂集中力 $\beta=0$ 的半无限平面问题,上式简化为**富莱曼**(Flamant)**解**:

$$\sigma_r = -\frac{2P}{\pi r}\cos\theta; \quad \sigma_\theta = \tau_{r\theta} = 0 \tag{6.45}$$

将它转换到直角坐标有

$$\sigma_x = -\frac{2P}{\pi}\frac{x^3}{(x^2+y^2)^2}; \quad \sigma_y = -\frac{2P}{\pi}\frac{xy^2}{(x^2+y^2)^2}; \quad \tau_{xy} = -\frac{2P}{\pi}\frac{x^2y}{(x^2+y^2)^2} \tag{6.46}$$

其最大值为

$$\sigma_{x\max} = \sigma_x \Big|_{y=0} = -\frac{2P}{\pi x}; \quad \tau_{xy\max} = \tau_{xy} \Big|_{y=\pm\frac{x}{\sqrt{3}}} = \frac{3\sqrt{3}}{8} \frac{P}{\pi x}$$

在 x=const 的水平截面上的应力分布见图 6-11(c)。

习 题

6-1 试导出极坐标位移分量 u_r、u_θ 与直角坐标位移分量 u、v 之间的关系。

6-2 试证明极坐标中的应变协调方程为

$$\left(\frac{\partial^2}{\partial r^2} + \frac{2}{r} \cdot \frac{\partial}{\partial r}\right)\varepsilon_\theta + \left(\frac{1}{r^2} \cdot \frac{\partial}{\partial \theta} - \frac{1}{r} \cdot \frac{\partial}{\partial r}\right)\varepsilon_r = \left(\frac{1}{r^2} \cdot \frac{\partial}{\partial \theta} + \frac{1}{r} \cdot \frac{\partial^2}{\partial r \partial \theta}\right)\gamma_{r\theta}$$

6-3 承受内、外压力的厚壁筒，如图所示。试求其内半径 a 和外半径 b 的变化，并求圆筒厚度的改变。

6-4 设有如图所示一刚体，具有半径为 b 的孔道，孔道内放置内半径为 a、外半径为 b 的圆筒，圆筒受均布内压力 q 作用，求筒壁的应力和位移。

6-5 如果 6-4 题中圆筒外的物体是无限大的弹性体，如图所示，其弹性常数为 E' 和 ν'，求筒壁的应力。

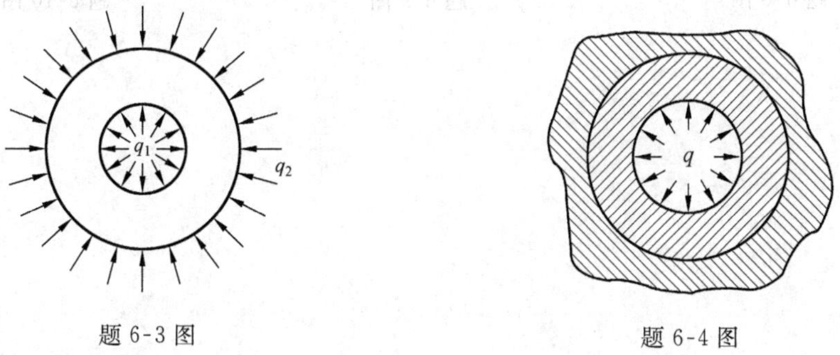

题 6-3 图　　　　题 6-4 图

6-6 求受剪含孔平板(如图所示)的应力分量、孔边最大正应力和最小正应力。

6-7 设内半径为 a、外半径为 b 的薄圆环，内圈固定，外圈受均匀剪力 q 作用，如图所示。求应力和位移。

6-8 如图所示，尖劈两侧作用有均匀分布的剪力 q，求其应力分量。

(提示：用量纲分析或根据边界条件，设 $\tau_{r\theta}$ 只与 θ 有关)

6-9 锲形体左侧边受均匀压力 q 作用，如图所示。求应力分量。

6-10 厚壁筒内外壁分别受均布压力 q_a、q_b 作用，如图所示。试问内外压力比为多少时，内边界的环向应力为零。

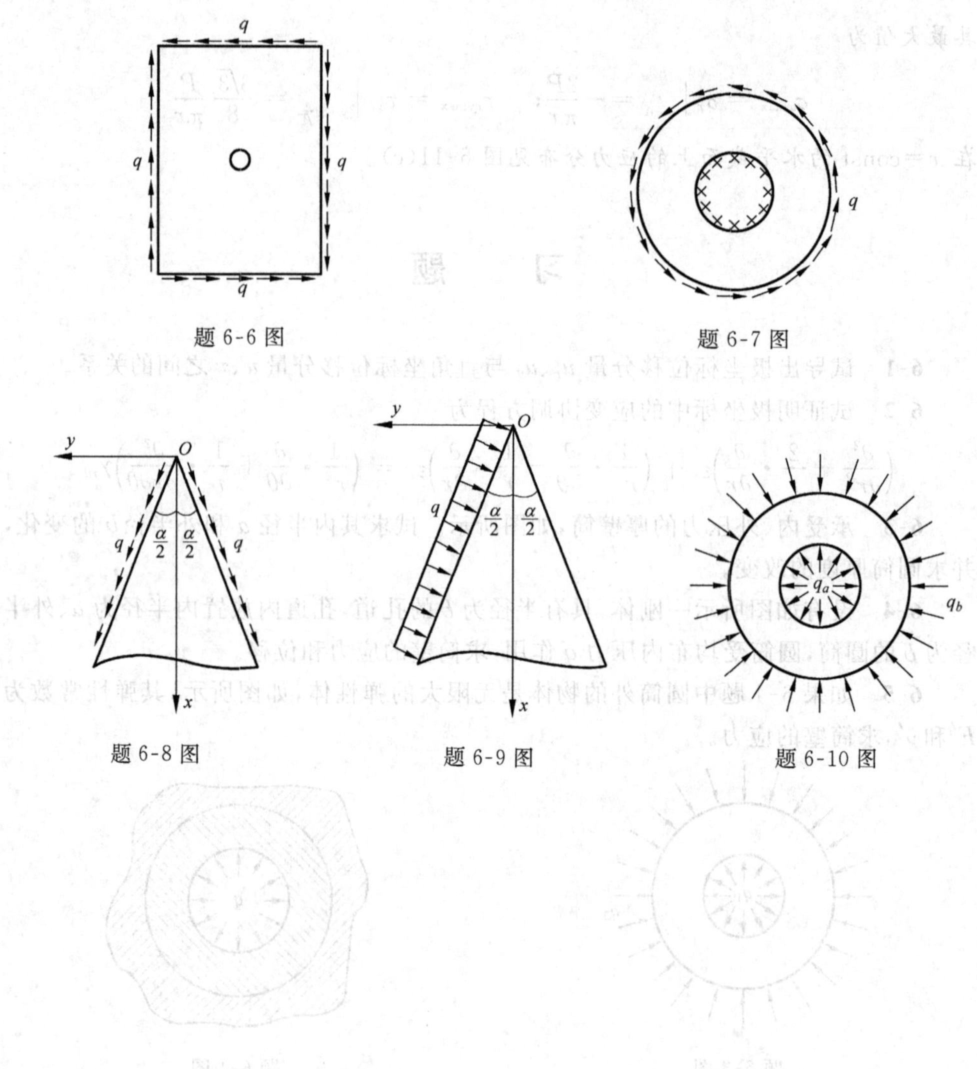

题6-6图　题6-7图

题6-8图　题6-9图　题6-10图

第 7 章 柱形杆扭转问题

7.1 柱形杆问题概述

柱形杆又称等直杆，它是工程中最常用的一类结构部件。在材料力学中把承受拉、压、弯、扭等不同载荷情况的柱形杆分别称为杆、柱、梁、轴。柱形杆是由一个平面图形(又称截面)沿通过其形心且与其垂直的直线(称形心轴)平移、延伸而得到的细长物体。

一般说，柱形杆可以承受作用在两端端面上的端部载荷、作用在柱体侧表面上的侧面载荷和作用在杆内的体力载荷。弹性力学**柱形杆问题**仅考虑受端部载荷而侧面及体力载荷均为零的情况，关于侧面载荷和体力载荷的影响将在平面问题(见第5章)等其他专题中研究。

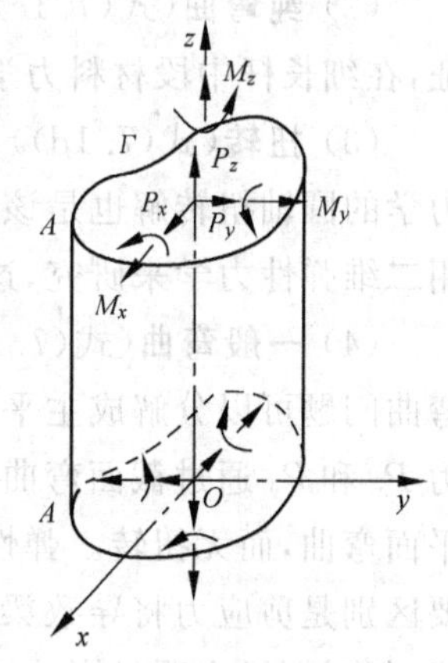

图 7-1　柱形杆问题

考虑图 7-1 所示仅受端部载荷的实心柱形杆。取 z 为形心轴，x,y 为截面的形心主轴[①]。对于大多数工程问题通常只知道端部载荷的合力和合力矩，不能逐点地给出端面上的载荷分布规律。为此圣维南提出如下放松的**静力等效边界条件**：

① 平面图形有一对互相垂直的、通过形心的主惯性轴，称为形心主轴。对主惯性轴的惯性矩 I_x 和 I_y 取极值，而惯性积 I_{xy} 为零。对称截面的对称轴就是其形心主轴。

在 $z=l$ 的端面上(l 为杆长)：

$$\iint \sigma_z \mathrm{d}F = P_z \tag{7.1a}$$

$$\iint \tau_{zx} \mathrm{d}F = P_x; \quad \iint \tau_{zy} \mathrm{d}F = P_y \tag{7.1b}$$

$$\iint \sigma_z y \mathrm{d}F = M_x; \quad \iint \sigma_z x \mathrm{d}F = -M_y \tag{7.1c}$$

$$\iint (\tau_{zy} x - \tau_{zx} y) \mathrm{d}F = M_z \tag{7.1d}$$

在 $z=0$ 的端面上，除条件(7.1c)改成下式外其余条件均相同：

$$\iint \sigma_z y \mathrm{d}F = M_x - lP_y; \quad \iint \sigma_z x \mathrm{d}F = -M_y - lP_x \tag{7.1e}$$

这类用放松边界条件求解的承受端部载荷的柱形杆问题又称为**圣维南问题**。显然，与端部载荷静力等效的任何一组端面应力分布都能满足上述放松边界条件，所以这类问题有无穷多个解。但是根据圣维南原理，这些解的区别仅限于杆端附近，无论哪个解在细长杆的中段都将给出相同的精确解。

根据叠加原理，柱形杆问题可以分解为四种简单载荷情况。

(1) **简单拉伸**(式(7.1a))：仅加轴力 P_z，其余外力均为零的情况。可以验证，材料力学的简单拉伸解能够满足弹性力学的平衡方程、协调方程、侧面力边界条件和端面放松边界条件。根据解的惟一性定理，在细长杆中段它就是简单拉伸问题的弹性力学精确解。

(2) **纯弯曲**(式(7.1c))：仅加弯矩 M_x 和 M_y，其余外力均为零的情况。可以验证，在细长杆中段材料力学的纯弯解也是弹性力学的精确解。

(3) **扭转**(式(7.1d))：仅加扭矩 M_z，其余外力均为零的情况。可以验证，材料力学的圆轴扭转解也是该问题弹性力学的精确解。但是非圆截面杆的扭转问题必须用二维弹性力学来研究，这是本章讲述的重点。

(4) **一般弯曲**(式(7.1b))：仅加横向力 P_x 和 P_y，其余外力均为零的情况。一般弯曲问题可以分解成主平面内的平面弯曲和绕形心轴的自由扭转两个问题。若横向力 P_x 和 P_y 通过截面弯曲中心，则梁(柱形杆)只产生分别在 x-z 和 y-z 主平面内的平面弯曲，而无扭转。弹性力学平面弯曲问题解的基本部分是和材料力学一致的，主要区别是剪应力将导致梁截面翘曲，平截面假设不再适用，其误差对细长梁可以忽略，但对短梁有明显影响。若横向力未通过截面弯曲中心，则将出现绕形心轴的自由扭转，其解可以参考本章讲述的柱形杆扭转问题。关于一般弯曲问题的详细讨论可以参阅参考文献[1]。

对一般载荷情况可由上述四种解叠加而成。

再考虑柱体侧表面($\nu_3=0$)不受载荷的条件，用斜面应力公式表示为

$$\left.\begin{aligned}\sigma_x \nu_1 + \tau_{xy}\nu_2 &= 0\\ \tau_{xy}\nu_1 + \sigma_y \nu_2 &= 0\\ \tau_{xz}\nu_1 + \tau_{yz}\nu_2 &= 0\end{aligned}\right\}\tag{7.2}$$

利用剪应力互等定理把 τ_{xz} 和 τ_{yz} 改为横截面内的剪应力分量 τ_{zx} 和 τ_{zy}，上述第三方程变成 $\tau_{zx}\nu_1+\tau_{zy}\nu_2=0$，它表示剪应力的法向分量 $\tau_{z\nu}=\tau_{zx}\nu_1+\tau_{zy}\nu_2$ 为零，因而横截面内剪应力在边界处必沿边界线的切线方向(参见图 7-2(a))。反证之，若截面内的边界剪应力不沿边界切线方向，而存在法向分量 $\tau_{z\nu}$，则根据剪应力互等定理，柱体侧表面必出现沿 z 方向的剪应力 $\tau_{\nu z}$(见图 7-2(b))，因而与"侧面不受载荷"的前提条件相矛盾。

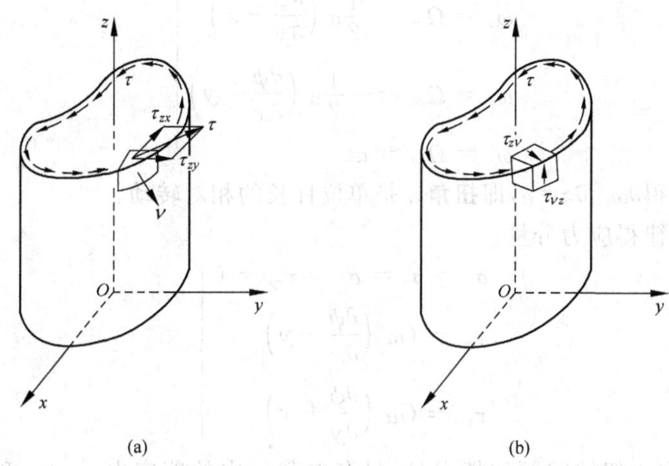

图 7-2 柱形杆侧面条件

7.2 柱形杆的自由扭转

材料力学解圆轴扭转问题时曾采用**刚性转动假设**(截面绕形心轴作刚体转动，而形状不变)和平截面假设(截面变形后仍保持平面，而无翘曲)。实验表明，非圆截面杆扭转时截面将发生翘曲，作为材料力学一维简化理论之基础的平截面假设不再适用，但刚性转动假设仍然成立。下面来讨论杆截面允许自由翘曲的自由扭转问题。

1. 位移解法

位移解法首先要正确选择位移函数的形式。圣维南根据刚性转动假设和**等翘曲假设**(变形后各截面的翘曲形状相同)给出如下三个位移函数：

$$u=-\alpha zy;\quad v=\alpha zx;\quad w=\alpha\psi(x,y)\tag{7.3}$$

其中，α 是**扭角**，即相距单位杆长的两截面间的相对转角，当上截面(坐标 z 较大的截面)相对下截面从 x 轴转向 y 轴时为正。第三式中的 $\psi(x,y)$ 描述了各截面的翘曲形状,称**翘曲函数**。其具体形式尚待确定,但肯定与 z 无关。将式(7.3)代入几何方程式(3.11)得应变分量:

$$\left.\begin{aligned}&\varepsilon_x=\varepsilon_y=\varepsilon_z=\gamma_{xy}=0\\&\gamma_{zx}=\frac{\partial w}{\partial x}+\frac{\partial u}{\partial z}=\alpha\left(\frac{\partial\psi}{\partial x}-y\right)\\&\gamma_{zy}=\frac{\partial w}{\partial y}+\frac{\partial v}{\partial z}=\alpha\left(\frac{\partial\psi}{\partial y}+x\right)\end{aligned}\right\}\tag{7.4}$$

再代入式(3.8)中的各转动分量得

$$\left.\begin{aligned}&\omega_x=\Omega_{yz}=\frac{1}{2}\alpha\left(\frac{\partial\psi}{\partial y}-x\right)\\&\omega_y=\Omega_{zx}=-\frac{1}{2}\alpha\left(\frac{\partial\psi}{\partial x}+y\right)\\&\omega_z=\Omega_{xy}=\alpha z\end{aligned}\right\}\tag{7.5}$$

将第三式求导得 $\partial\omega_z/\partial z=\alpha$,即**扭角** α 是单位杆长的相对转动。

由胡克定律得应力分量:

$$\left.\begin{aligned}&\sigma_x=\sigma_y=\sigma_z=\tau_{xy}=0\\&\tau_{zx}=G\alpha\left(\frac{\partial\psi}{\partial x}-y\right)\\&\tau_{zy}=G\alpha\left(\frac{\partial\psi}{\partial y}+x\right)\end{aligned}\right\}\tag{7.6}$$

可见,柱形杆自由扭转问题的特点是,只存在截面内的剪应力 τ_{zx},τ_{zy} 和剪应变 γ_{zx},γ_{zy},而且它们都仅是截面内坐标 x,y 的函数,因而是个二维问题。

在平衡方程(2.49)中,仅剩

$$\frac{\partial\tau_{zx}}{\partial x}+\frac{\partial\tau_{zy}}{\partial y}=0\tag{7.7}$$

把式(7.6)代入,导得用翘曲函数 ψ 表示的平衡方程

$$\frac{\partial^2\psi}{\partial x^2}+\frac{\partial^2\psi}{\partial y^2}=0\quad 即\quad \nabla^2\psi=0\tag{7.8}$$

可见,翘曲函数 ψ 是调和函数。

再把式(7.6)代入侧面力边界条件(7.2)第三式得

$$\left(\frac{\partial\psi}{\partial x}-y\right)\nu_1+\left(\frac{\partial\psi}{\partial y}+x\right)\nu_2=0\tag{7.9}$$

利用方向导数公式改写成

$$\frac{\partial\psi}{\partial\nu}=\frac{\partial\psi}{\partial x}\nu_1+\frac{\partial\psi}{\partial y}\nu_2=y\nu_1-x\nu_2\tag{7.10}$$

其中,$\partial\psi/\partial\nu$ 为边界处 ψ 的法向导数。边界处法线的方向余弦为(图 7-3):

$$\nu_1 = \frac{\mathrm{d}y}{\mathrm{d}s};\quad \nu_2 = -\frac{\mathrm{d}x}{\mathrm{d}s} \tag{7.11}$$

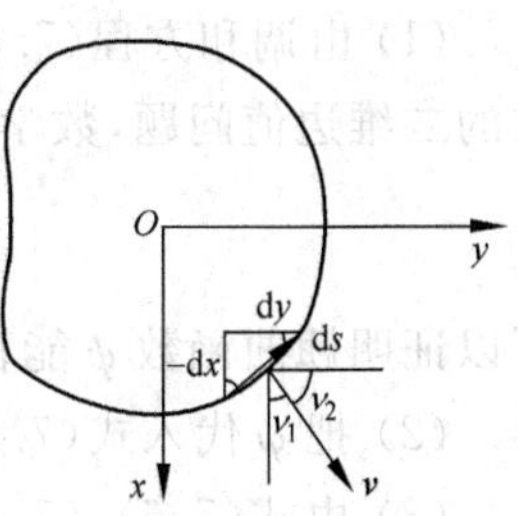

图 7-3 边界方向余弦

端面边界条件式(7.1b)和式(7.1d)写成

$$\iint \tau_{zx}\,\mathrm{d}F = 0;\quad \iint \tau_{zy}\,\mathrm{d}F = 0$$
$$\iint (\tau_{zy}x - \tau_{zx}y)\,\mathrm{d}F = M_t \tag{7.12}$$

其中 M_t 表示扭矩。可以证明,只要满足侧面条件(7.9),则式(7.12)的前两式自然满足。

证明 利用式(7.8)把(7.12)第一式写成

$$\iint \tau_{zx}\,\mathrm{d}F = G\alpha\iint\left(\frac{\partial\psi}{\partial x} - y\right)\mathrm{d}F$$
$$= G\alpha\iint\left\{\frac{\partial}{\partial x}\left[x\left(\frac{\partial\psi}{\partial x} - y\right)\right] + \frac{\partial}{\partial y}\left[x\left(\frac{\partial\psi}{\partial y} + x\right)\right]\right\}\mathrm{d}F$$

再用格林公式(即高斯公式(B.32)的二维情况)

$$\iint A_{i,i}\,\mathrm{d}F = \oint A_i\nu_i\,\mathrm{d}s \tag{7.13}$$

把上式中的面积分化为线积分,再用式(7.9)可证明

$$\iint \tau_{zx}\,\mathrm{d}F = G\alpha\oint x\left[\left(\frac{\partial\psi}{\partial x} - y\right)\nu_1 + \left(\frac{\partial\psi}{\partial y} + x\right)\nu_2\right]\mathrm{d}s = 0$$

同样可证明式(7.12)第二式自然满足。

利用式(7.6),将(7.12)第三式写成

$$\alpha G\iint\left(x^2 + y^2 + x\frac{\partial\psi}{\partial y} - y\frac{\partial\psi}{\partial x}\right)\mathrm{d}x\mathrm{d}y = M_t \tag{7.14}$$

再简写成

$$M_t = \alpha D_t;\quad \alpha = \frac{M_t}{D_t} \tag{7.15}$$

其中**扭转刚度** D_t 为

$$D_t = G\iint\left[(x^2 + y^2) + x\frac{\partial\psi}{\partial y} - y\frac{\partial\psi}{\partial x}\right]\mathrm{d}x\mathrm{d}y$$
$$= G\iint r^2\,\mathrm{d}F + G\iint\left(x\frac{\partial\psi}{\partial y} - y\frac{\partial\psi}{\partial x}\right)\mathrm{d}x\mathrm{d}y \tag{7.16}$$

式(7.16)下式中的第一项是截面无翘曲时的扭转刚度,一般记为 $GJ_\rho\ \left(J_\rho = \iint r^2\,\mathrm{d}F\right)$;含翘曲函数的第二项则反映了截面翘曲对刚度的影响。由于截面自由翘曲放松了对无翘曲状态的约束,起着降低刚度的作用,所以第二项恒负。另外,由于加载前的自然状态是稳定的,扭矩在变形过程中作正功,M_t 和 α 必同号,于是由式(7.15)推出扭转刚度 D_t 恒正,即第一项必大于第二项的绝对值。

综上所述,扭转问题的位移解法归结为

(1) 由调和方程(7.8)和边界条件(7.10)求翘曲函数 ψ。这是给定边界上法向导数的二维边值问题,数学上称**诺依曼**(Neumann,C.)**问题**。它的有解条件是

$$\oint_\Gamma \frac{\partial \psi}{\partial x}\,\mathrm{ds} = 0 \quad (\text{在截面边界}\ \Gamma\ \text{上})$$

可以证明翘曲函数 ψ 能自动满足有解条件,因而解必然存在。

(2) 把 ψ 代入式(7.16)通过积分求扭转刚度 D_t,并由式(7.15)求扭角 α。

(3) 由式(7.6)、(7.4)和(7.3)求应力、应变和位移分量。

2. *应力函数解法*

扭转问题的两个非零应力分量 τ_{zx} 和 τ_{zy} 应满足平衡方程(7.7)。若引进**普朗特**(Prandtl,L.)**应力函数** $\varphi(x,y)$,使

$$\tau_{zx} = \frac{\partial \varphi}{\partial y};\quad \tau_{zy} = -\frac{\partial \varphi}{\partial x} \tag{7.17}$$

则平衡方程自动满足。将上式代入胡克定律

$$\gamma_{zx} = \frac{\tau_{zx}}{G};\quad \gamma_{zy} = \frac{\tau_{zy}}{G};\quad \text{其余应变分量为零}$$

再代入(3.21)第四、五式得到扭转问题用应力函数表示的协调方程:

$$\frac{\partial}{\partial y}(\nabla^2 \varphi) = 0;\quad \frac{\partial}{\partial x}(\nabla^2 \varphi) = 0$$

积分后可见,应力函数 φ 在域内应满足泊松方程:

$$\nabla^2 \varphi = C \tag{7.18}$$

为了确定常数 C,把式(7.17)代入式(7.6)得应力函数与翘曲函数的关系:

$$\frac{\partial \psi}{\partial x} = \frac{1}{G\alpha}\frac{\partial \varphi}{\partial y} + y;\quad \frac{\partial \psi}{\partial y} = -\left(\frac{1}{G\alpha}\frac{\partial \varphi}{\partial x} + x\right) \tag{7.19}$$

由此得

$$\begin{aligned}\nabla^2 \varphi &= \frac{\partial^2 \varphi}{\partial x^2} + \frac{\partial^2 \varphi}{\partial y^2} = -G\alpha\left(\frac{\partial^2 \psi}{\partial x \partial y} + 1\right) + G\alpha\left(\frac{\partial^2 \psi}{\partial x \partial y} - 1\right)\\ &= -2G\alpha\end{aligned}$$

代入式(7.18)得到 $C=-2G\alpha$,于是扭转应力函数 φ 的定解方程为

$$\nabla^2 \varphi = -2G\alpha \tag{7.20}$$

再看边界条件,把应力公式(7.17)代入侧面边界条件(7.2)第三式得

$$\frac{\partial \varphi}{\partial y}\nu_1 - \frac{\partial \varphi}{\partial x}\nu_2 = 0 \quad \text{即} \quad \frac{\partial \varphi}{\partial s} = 0$$

所以在边界上要求:

$$\varphi\big|_\Gamma = C_1 \tag{7.21}$$

常数 C_1 可任意选择,因为由式(7.17)可见,它与应力无关。在单连通域中,通常令

$$\varphi\big|_\Gamma = 0 \tag{7.22}$$

对于多连通域，只能在一条闭合边界上(通常取外边界)令 $\varphi=0$，在其他边界上则为待定常数。

利用式(7.17)和式(7.22)可以证明：在单连通域中端面边界条件(7.12)的前两式能自然满足。再由其第三式可以求得

$$
\begin{aligned}
M_t &= \iint (x\tau_{zy} - y\tau_{zx})\mathrm{d}F = \iint \left(-x\frac{\partial \varphi}{\partial x} - y\frac{\partial \varphi}{\partial y}\right)\mathrm{d}x\mathrm{d}y \\
&= \iint \left[-\frac{\partial}{\partial x}(x\varphi) - \frac{\partial}{\partial y}(y\varphi) + 2\varphi\right]\mathrm{d}x\mathrm{d}y \\
&= -\oint_{\Gamma} \varphi(x\nu_1 + y\nu_2)\mathrm{d}s + 2\iint \varphi \mathrm{d}x\mathrm{d}y
\end{aligned}
\tag{7.23}
$$

对于单连通域，$\varphi\big|_{\Gamma}=0$ 所以第一项为零。由此得**扭矩公式**：

$$
M_t = 2\iint \varphi \mathrm{d}x\mathrm{d}y \tag{7.24}
$$

由式(7.23)的推导过程可见，被积函数 2φ 的一半来自 $x\tau_{zy}$ 项，另一半来自 $-y\tau_{zx}$ 项，即剪应力 τ_{zx} 和 τ_{zy} 分别对扭矩 M_t 有一半的贡献。

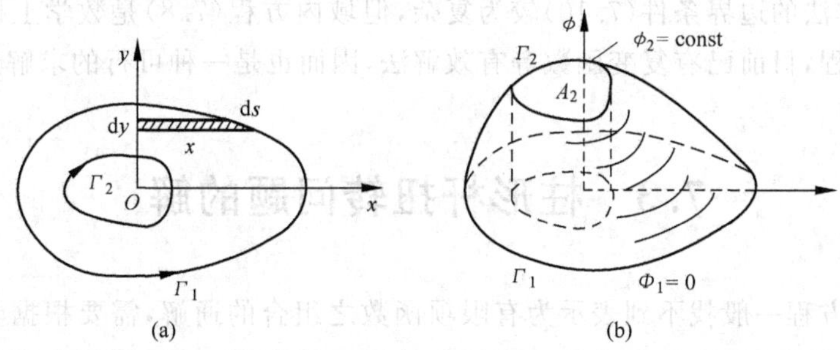

图 7-4 扭矩计算

对于多连通域，如图 7-4(a)，通常令

$$
\varphi\big|_{\Gamma_1} = \Phi_1 = 0;\quad \varphi\big|_{\Gamma_2} = \Phi_2 \tag{7.25}
$$

利用式(7.11)及如下关系：

$$
\oint_{\Gamma} (x\mathrm{d}y - y\mathrm{d}x) = \pm 2A_{\Gamma} \tag{7.26}
$$

其中，A_{Γ} 表示闭合曲线 Γ 所包围的面积。当该面积在积分回路的左侧时，上式右端取正号；在右侧时取负号。这样式(7.23)的第一项可写成：

$$
\begin{aligned}
-\oint_{\Gamma} \varphi(x\nu_1 + y\nu_2)\mathrm{d}s &= -\Phi_1\oint_{\Gamma_1}(x\mathrm{d}y - y\mathrm{d}x) - \Phi_2\oint_{\Gamma_2}(x\mathrm{d}y - y\mathrm{d}x) \\
&= 2\Phi_2 A_2
\end{aligned}
$$

而扭矩公式为

$$M_t = 2\iint \varphi \mathrm{d}x\mathrm{d}y + 2\Phi_2 A_2 = 2V \tag{7.27}$$

其中，Φ_2 和 A_2 分别为孔边应力函数值和孔的面积；V 为图 7-4(b) 中“沙丘”的体积，该沙丘的顶面和底面分别是以 Γ_2 和 Γ_1 为边界的水平截面。沙丘的体积等于坡面下的体积 $\iint \varphi \mathrm{d}x\mathrm{d}y$ 加上顶面下的柱体体积 $\Phi_2 A_2$。

综上所述，扭转问题的应力函数解法归结为：

(1) 由泊松方程(7.18)和边界条件(7.22)求应力函数 φ。这是直接给定边界上函数值的二维边值问题，数学上称**狄里克雷**(Dirichlet)**问题**，它存在惟一解。其中待定常数 C 要代入扭矩公式(7.24)(多连通域情况用式(7.27))来确定。

(2) 由应力公式(7.17)求剪应力。

(3) 由 $C=-2G\alpha$ 求扭角 α。并由 $D_t = M_t/\alpha$ 求扭转刚度。

(4) 若要求位移，可先由式(7.19)求 $\partial\psi/\partial x$ 和 $\partial\psi/\partial y$，然后积分得翘曲函数 ψ。最后由式(7.3)求各位移分量。

由于边界条件(7.22)非常简单，所以求解扭转问题时常采用应力函数法。与此相比，位移解法的边界条件(7.10)较为复杂，但域内方程(7.8)是数学上研究得较深入的调和方程，目前已有复变函数等有效解法，因而也是一种可行的求解途径。

7.3 柱形杆扭转问题的解

偏微分方程一般找不到表示为有限项函数之组合的通解，需要根据具体问题的特点采用反逆法或半逆法来求解。基于解的惟一性定理，只要能凑出满足微分方程和边界条件的解，它就是精确解。

例如，扭转应力函数应满足 $\varphi\big|_\Gamma = 0$ 的侧面边界条件。设截面边界由 N 段曲线组成，每段曲线的方程为 $f_n(x,y)=0(n=1,2,\cdots,N)$，则令

$$\varphi = m f_1(x,y) f_2(x,y) \cdots f_N(x,y) \tag{7.28}$$

必能满足侧面边界条件。如果上式能满足域内方程(7.20)，就是一种可用的解函数形式。再调整待定常数 m 使满足端面边界条件(7.24)，解就能完全确定。如果上式不能满足域内方程，则需另找求解方法。

当给定问题的解不能用(或暂不知道能用)有限项函数之组合来表示时，通常采用级数解法。把解展成能满足部分或全部边界条件的三角级数或幂级数。调整级数中的待定系数，使满足域内方程和全部边界条件就找到问题的解。若取级数的前 n 项之和则为问题的近似解，其精度与所取项数 n 及级数的收敛性有关。

下面介绍应力函数解法的几个典型例子。

例 7.1 椭圆杆

(1) **半逆法** 把图 7-5 中椭圆截面的边界方程代入式(7.28)得

$$\varphi = m\left(\frac{x^2}{a^2}+\frac{y^2}{b^2}-1\right) \tag{7.29}$$

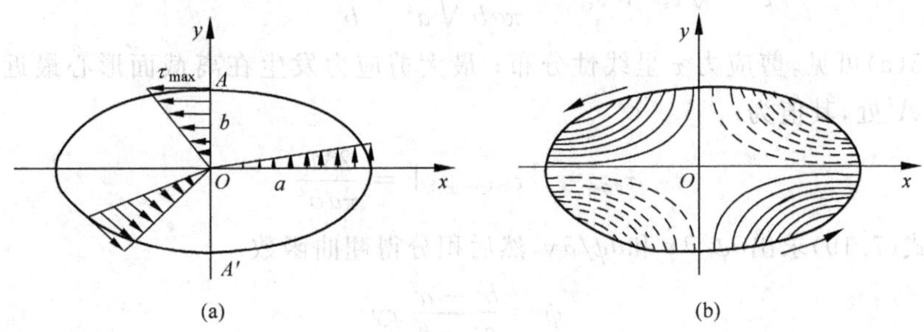

图 7-5 椭圆杆的扭转

代入方程(7.20)有

$$\nabla^2\varphi = \frac{2m(a^2+b^2)}{a^2b^2} = -2G\alpha \tag{a}$$

上式表明,只要令

$$m = -\frac{G\alpha a^2b^2}{a^2+b^2} \tag{7.30}$$

函数(7.29)就能满足域内方程(7.20)。由式(7.29)和扭矩公式(7.24)得

$$M_t = 2\iint\varphi\mathrm{d}x\mathrm{d}y = 2m\iint\left(\frac{x^2}{a^2}+\frac{y^2}{b^2}-1\right)\mathrm{d}x\mathrm{d}y \tag{b}$$

对于椭圆截面有

$$\iint x^2\mathrm{d}x\mathrm{d}y \equiv J_y = \frac{\pi}{4}a^3b;\quad \iint y^2\mathrm{d}x\mathrm{d}y \equiv J_x = \frac{\pi}{4}ab^3;\quad \iint\mathrm{d}x\mathrm{d}y \equiv A = \pi ab$$

扭矩式(b)变成

$$M_t = -m\pi ab \tag{7.31}$$

由此求得

$$m = -\frac{M_t}{\pi ab} \tag{7.32}$$

代回式(7.30)得扭角:

$$\alpha = \frac{a^2+b^2}{G\pi a^3b^3}M_t \tag{7.33}$$

而扭转刚度为

$$D_t = \frac{M_t}{\alpha} = G\frac{\pi a^3b^3}{a^2+b^2} \tag{7.34}$$

当 $a=b$ 时,退化为圆杆扭转刚度 $GJ_\rho = \pi a^4/2$。

把式(7.29)和式(7.32)代入式(7.17)得剪应力：

$$\left.\begin{aligned}\tau_{zx} &= \frac{\partial\varphi}{\partial y} = -\frac{2M_t}{\pi ab^3}y;\quad \tau_{zy} = -\frac{\partial\varphi}{\partial x} = \frac{2M_t}{\pi a^3 b}x \\ \tau &= \sqrt{\tau_{zx}^2+\tau_{zy}^2} = \frac{2M_t}{\pi ab}\sqrt{\frac{x^2}{a^4}+\frac{y^2}{b^4}}\end{aligned}\right\} \tag{7.35}$$

由图7-5(a)可见，剪应力τ呈线性分布；最大剪应力发生在离截面形心最近的边界点A和A'处，其值为

$$\tau_{\max} = \left|\tau_{zx(y=\pm b)}\right| = \frac{2M_t}{\pi ab^2} \tag{7.36}$$

由式(7.19)求出$\partial\psi/\partial x$和$\partial\psi/\partial y$，然后积分得翘曲函数

$$\psi = \frac{b^2-a^2}{a^2+b^2}xy \tag{7.37}$$

可以看到，ψ是x和y的反对称函数，在形心及坐标轴上$\psi=0$。翘曲后截面的等高线如图7-5(b)，实线部分表示向上翘曲，虚线部分表示向下翘曲。

位移分量u,v,w不难由式(7.3)求得。

(2) **反逆法**　扭转应力函数在域内应满足

$$\frac{\partial^2\varphi}{\partial x^2}+\frac{\partial^2\varphi}{\partial y^2} = C \tag{7.38}$$

该方程的特解是

$$\varphi^* = \frac{C}{4}(x^2+y^2) \tag{7.39}$$

齐次解φ_0是满足方程$\nabla^2\varphi=0$的调和函数。由复变函数论知道，复变量$z=x+\mathrm{i}y$的各次幂函数

$$z^n = (x+\mathrm{i}y)^n,\quad n=1,2,3,\cdots \tag{7.40}$$

的实部和虚部以及它们的各种线性组合都是调和函数(因为z^n是解析函数)，因而都可被选作齐次解φ_0，再加上特解φ^*后就得到方程(7.38)的一系列解函数。要知道这些解函数能解决什么问题，需要考察它们的边界性质。

例如，取$n=2$的实部$\mathrm{Re}(z^2)=x^2+y^2$，乘以任意常数B，再加上特解φ^*和常数$-m$，得

$$\varphi = x^2\left(\frac{C}{4}+B\right)+y^2\left(\frac{C}{4}-B\right)-m$$

把系数改写成$\frac{C}{4}+B=\frac{m}{a^2}$，$\frac{C}{4}-B=\frac{m}{b^2}$，则有

$$\varphi = m\left(\frac{x^2}{a^2}+\frac{y^2}{b^2}-1\right)$$

它在椭圆边界上满足$\varphi\big|_\Gamma=0$的条件，所以可用于解决椭圆杆扭转问题。以下求解

步骤同半逆法。

上例说明：解题的关键是正确选择应力函数 φ 的适用形式。根据给定的截面形状，半逆法的处理很直观。可惜并非任何由边界曲线方程构成的式(7.28)都能满足域内方程。此时可以采用下例介绍的级数解法。用反逆法时，很容易找到各种满足泊松方程(7.20)的解。但有些解所能处理的截面形状并没有实际意义。采用复变函数解法将更为有效。

例 7.2 矩形杆

几何形状见图 7-6。这时由四个边界方程构成的应力函数

$$\begin{aligned}\varphi &= m\left(x-\frac{a}{2}\right)\left(x+\frac{a}{2}\right)\left(y-\frac{b}{2}\right)\left(y+\frac{b}{2}\right)\\ &= m\left(x^2-\frac{a^2}{4}\right)\left(y^2-\frac{b^2}{4}\right)\end{aligned}$$

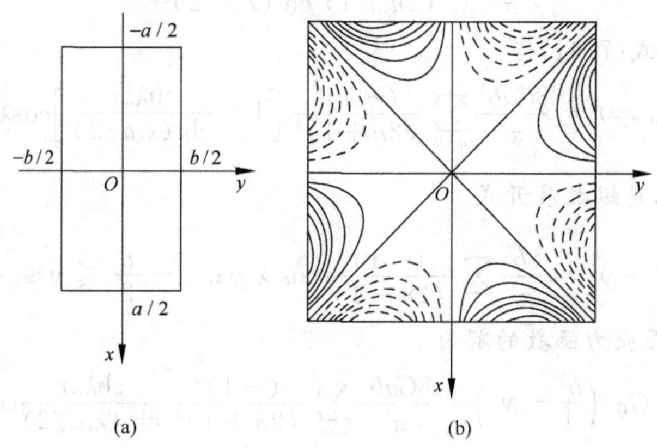

图 7-6 矩形杆扭转

不能满足域内方程，因为

$$\nabla^2\varphi = 2m\left[\left(y^2-\frac{b^2}{4}\right)+\left(x^2-\frac{a^2}{4}\right)\right] \neq \text{const}$$

下面用级数解法来处理。

把应力函数 φ 对 y 展成如下余弦级数：

$$\varphi(x,y) = \sum_{n=0}^{\infty} f_n(x)\cos\lambda_n y;\quad \lambda_n = (2n+1)\frac{\pi}{b} \tag{7.41}$$

其中采用了分离变量假设。由于

$$\cos\lambda_n\left(\pm\frac{b}{2}\right) = 0$$

边界条件 $\varphi\Big|_{y=\pm b/2}=0$ 自动满足。边界条件 $\varphi\Big|_{x=\pm a/2}=0$ 应由函数 f_n 来满足，即要求

$$f_n(x)\Big|_{x=\pm a/2}=0 \tag{7.42}$$

把式(7.41)代入域内方程(7.20),并把右端展成三角级数

$$-2G\alpha=-\frac{8G\alpha}{\pi}\sum_{n=0}^{\infty}\frac{(-1)^n}{(2n+1)}\cos\lambda_n y$$

令两边级数中各对应项的系数相等,得二阶常微分方程

$$\frac{\mathrm{d}^2 f_n}{\mathrm{d}x^2}-\lambda_n^2 f_n=-\frac{8G\alpha}{\pi}\frac{(-1)^n}{(2n+1)}$$

其通解为

$$f_n=A_n\operatorname{ch}\lambda_n x+B_n\operatorname{sh}\lambda_n x+\frac{8G\alpha}{\pi}\frac{1}{\lambda_n^2}\frac{(-1)^n}{(2n+1)} \tag{7.43}$$

利用边界条件(7.42)定出积分常数:

$$A_n=-\frac{8G\alpha}{\pi}\frac{1}{\lambda_n^2}\frac{(-1)^n}{(2n+1)}\frac{1}{\operatorname{ch}(\lambda_n a/2)};\quad B_n=0$$

代回式(7.43)和式(7.41)得

$$\varphi(x,y)=\frac{8G\alpha b^2}{\pi^3}\sum_{n=0}^{\infty}\frac{(-1)^n}{(2n+1)^3}\left[1-\frac{\operatorname{ch}\lambda_n x}{\operatorname{ch}(\lambda_n a/2)}\right]\cos\lambda_n y \tag{7.44}$$

利用$\frac{b^2}{4}-y^2$ 的三角级数展开式

$$\frac{b^2}{4}-y^2=\frac{8b^2}{\pi^3}\sum_{n=0}^{\infty}\frac{(-1)^n}{(2n+1)^3}\cos\lambda_n y;\quad -\frac{b}{2}\leqslant y\leqslant\frac{b}{2}$$

改写式(7.44),得应力函数的解为

$$\varphi(x,y)=G\alpha\left(\frac{b^2}{4}-y^2\right)-\frac{8G\alpha b^2}{\pi^3}\sum_{n=0}^{\infty}\frac{(-1)^n}{(2n+1)^3}\frac{\operatorname{ch}\lambda_n x}{\operatorname{ch}(\lambda_n a/2)}\cos\lambda_n y \tag{7.45}$$

其中,右端第一项是下节中狭长矩形杆的解式(7.58)。经过第二项修正后可适用于任意长宽比的矩形截面杆。

利用扭矩公式(7.24)和剪应力公式(7.17)可求出

$$M_t=\frac{1}{3}G\alpha ab^3\left[1-\frac{192}{\pi^5}\frac{b}{a}\sum_{n=0}^{\infty}\frac{\operatorname{th}(\lambda_n a/2)}{(2n+1)^5}\right] \tag{7.46}$$

$$\left.\begin{aligned}\tau_{zx}&=-2G\alpha b\left[\frac{b}{y}-\frac{4}{\pi^2}\sum_{n=0}^{\infty}\frac{(-1)^n}{(2n+1)^2}\frac{\operatorname{ch}\lambda_n x}{\operatorname{ch}(\lambda_n a/2)}\sin\lambda_n y\right]\\ \tau_{zy}&=2G\alpha b\left[\frac{4}{\pi^2}\sum_{n=0}^{\infty}\frac{(-1)^n}{(2n+1)^2}\frac{\operatorname{sh}\lambda_n x}{\operatorname{ch}(\lambda_n a/2)}\cos\lambda_n y\right]\end{aligned}\right\} \tag{7.47}$$

实际应用中把式(7.46)和式(7.47)简化成

$$\alpha=\frac{M_t}{\beta G ab^3};\quad \tau_{\max}=\frac{M_t}{\beta_1 G ab^2} \tag{7.48}$$

系数β和β_1 查下表:

a/b	β	β_1	a/b	β	β_1
1.0	0.141	0.208	3.0	0.263	0.267
1.2	0.166	0.219	4.0	0.281	0.282
1.5	0.196	0.231	5.0	0.291	0.291
2.0	0.229	0.246	10.0	0.312	0.312
2.5	0.249	0.258	∞	0.333	0.333

正方形杆($a=b$)翘曲后截面的等高线见图 7-6(b)。

7.4 薄壁杆的扭转

在可以用同一数学方程描述的不同物理现象之间存在着相应物理量一一对应的比拟关系。和柱形杆扭转问题一样,承压薄膜、静电场和流体动力学等问题也可以归结为泊松方程,因而具有相互比拟的关系。本节用较为直观的薄膜比拟方法来求解薄壁杆的扭转问题。

考虑周边固定、内部有预张力 S 的薄膜在横向均匀压力 q 作用下的小变形情况,如图 7-7。切出四边受均匀张力的薄膜微元 $\mathrm{d}x\mathrm{d}y$,其 z 向平衡方程为

$$-S\mathrm{d}y\frac{\mathrm{d}x}{R_1}-S\mathrm{d}x\frac{\mathrm{d}y}{R_2}+q\mathrm{d}x\mathrm{d}y=0$$

其中,S 为单位线元上的预张力,$\frac{1}{R_1}=-\frac{\partial^2 z}{\partial x^2}$和$\frac{1}{R_2}=-\frac{\partial^2 z}{\partial y^2}$为变形后薄膜在 x-z 和y-z 平面内的曲率,z 为薄膜挠度。代入上式得到对挠度 z 的泊松方程:

$$\frac{\partial^2 z}{\partial x^2}+\frac{\partial^2 z}{\partial y^2}=-\frac{q}{S} \qquad (7.49)$$

周边固定条件为

$$z\Big|_{\Gamma}=0 \qquad (7.50)$$

与方程(7.20)及边界条件(7.22)相比,并注意到方程(7.20)右端的 $-2G\alpha$ 对应于方程(7.49)的$-q/S$,可得到应力函数 φ 和薄膜挠度 z 之间存在如下**比拟关系**:

$$\varphi=\frac{2G\alpha S}{q}z \qquad (7.51)$$

薄膜挠度 $z(x,y)$可以用实验测定,再根据上式中 φ 和 z 的正比关系可确定应力函数 φ 的分布规律。

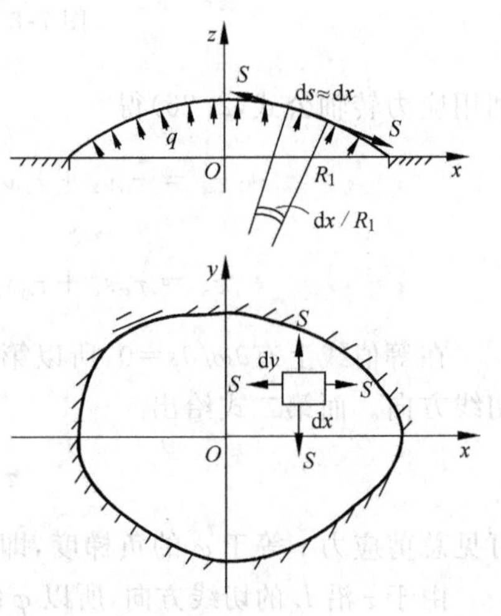

图 7-7 薄膜微元平衡

对于多连通域，φ 在孔边上应为常数。所以在薄膜比拟试验中，开孔区应用平行于 x-y 平面的无重刚性平板来代替，以保证孔边 φ 为常数的条件。

下面要用到**普朗特应力函数** φ 的两个重要性质：

性质1　截面内任意点处的总剪应力 τ 指向该点处应力函数等值线的切线方向，其大小等于 φ 的负梯度，即 φ 沿内法线方向的导数值。

证明　设 L 为 $\varphi=\text{const}$ 的等值线。在任意点 P 处，外法向和切向的单位向量为 ν 和 s。由图7-8可知，它们的方向余弦为

$$\begin{aligned}\nu_1&=\frac{\mathrm{d}y}{\mathrm{d}s};\qquad \nu_2=-\frac{\mathrm{d}x}{\mathrm{d}s}\\ s_1&=\frac{\mathrm{d}x}{\mathrm{d}s}=-\nu_2;\quad s_2=\frac{\mathrm{d}y}{\mathrm{d}s}=\nu_1\end{aligned}\tag{7.52}$$

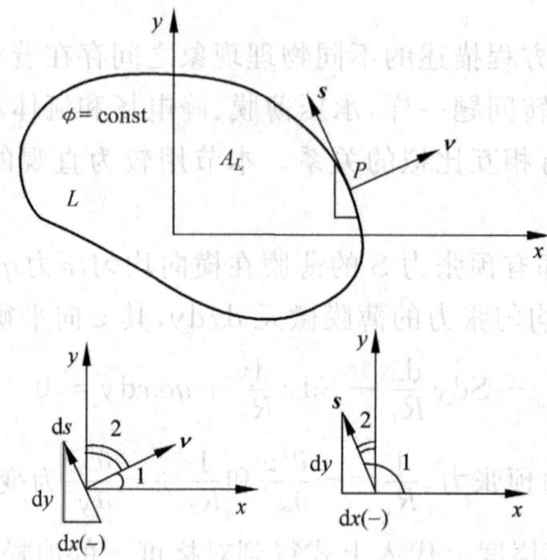

图7-8　法向、切向方向余弦

利用应力转轴公式(2.26)得

$$\left.\begin{aligned}\tau_{z\nu}&=\tau_{zx}\nu_1+\tau_{zy}\nu_2=\frac{\partial\varphi}{\partial y}\frac{\mathrm{d}y}{\mathrm{d}s}+\frac{\partial\varphi}{\partial x}\frac{\mathrm{d}x}{\mathrm{d}s}=\frac{\partial\varphi}{\partial s}\\ \tau_{zs}&=\tau_{zx}s_1+\tau_{zy}s_2=-\left(\frac{\partial\varphi}{\partial x}\nu_1+\frac{\partial\varphi}{\partial y}\nu_2\right)=-\frac{\partial\varphi}{\partial\nu}\end{aligned}\right\}\tag{7.53}$$

在等值线上有 $\partial\varphi/\partial s=0$，所以第一式给出 $\tau_{z\nu}=0$，即总剪应力 $\tau=\tau_{zs}$，沿等值线的切线方向。而第二式给出

$$\tau=\tau_{zs}=-\frac{\partial\varphi}{\partial\nu}\tag{7.54}$$

可见总剪应力 τ 等于 φ 的负梯度，即 φ 沿内法线方向的导数值。

由于 τ 沿 L 的切线方向，所以 φ 的等值线又称**剪应力迹线**。式(7.22)表明，边界线都是剪应力迹线。在薄膜比拟试验中，剪应力迹线相应于膜的等高线。由式(7.51)和

式(7.54)可得

$$\tau=\frac{2G\alpha S}{q}\left(-\frac{\partial z}{\partial \nu}\right) \tag{7.55}$$

其中$-\partial z/\partial \nu$是膜高在内法线方向上的导数值。

性质 2 在应力函数 φ 的闭合等值线上,剪应力环量和等值线所包围的面积成正比。

证明 剪应力 τ 沿其迹线 L 的回路积分值称为**剪应力环量**。利用式(7.54)、式(7.53)、式(7.20)和格林公式,可导出剪应力环量计算公式:

$$\begin{aligned}\oint_L \tau \mathrm{d}s &= -\oint_L \frac{\partial \varphi}{\partial \nu}\mathrm{d}s=-\oint_L\left(\frac{\partial \varphi}{\partial x}\nu_1+\frac{\partial \varphi}{\partial y}\nu_2\right)\mathrm{d}s \\ &= -\iint\left(\frac{\partial^2 \varphi}{\partial x^2}+\frac{\partial^2 \varphi}{\partial y^2}\right)\mathrm{d}x\mathrm{d}y=2G\alpha A_L\end{aligned} \tag{7.56}$$

其中 A_L 为剪应力迹线 L 所包围的面积。

在薄膜比拟中,把式(7.55)代入式(7.56)左端得

$$\oint_L S\left(-\frac{\partial z}{\partial \nu}\right)\mathrm{d}s=qA_L$$

图 7-9 说明,这是用等高线割出的上部薄膜的 z 向整体平衡方程。

下面用薄膜比拟方法来求解薄壁杆和薄壁管的扭转问题。

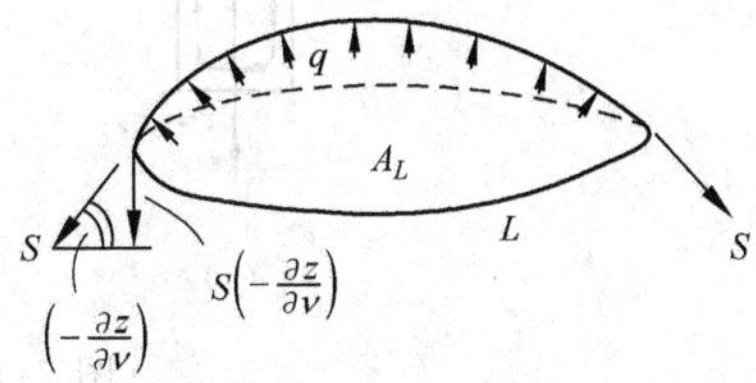

图 7-9 薄膜整体平衡

例 7.3 狭长矩形杆

考察截面宽度和厚度分别为 a 和 δ 的狭长矩形杆,坐标和几何参数见图 7-10(a)。试验表明,除 $x=\pm a/2$ 两端附近外,内压下的薄膜挠度 z 与坐标 x 无关,见图 7-10(b)。根据 φ 与 z 的正比关系(7.51),设 $\varphi=\varphi(y)$。代入方程(7.20),利用如下对称条件和边界条件:

$$\left.\frac{\partial \varphi}{\partial y}\right|_{y=0}=0;\quad \left.\varphi\right|_{y=\pm\delta/2}=0 \tag{7.57}$$

可解得

$$\varphi=G\alpha\left(\frac{\delta^2}{4}-y^2\right) \tag{7.58}$$

代入式(7.24)、式(7.15)、式(7.54)得

$$M_t=\frac{G\alpha}{3}a\delta^3 \tag{7.59}$$

$$D_t=\frac{G}{3}a\delta^3 \tag{7.60}$$

$$\tau=2G\alpha y \tag{7.61}$$

可见剪应力沿厚度 y 方向**线性分布**,最大值发生在边界 $y=\pm\delta/2$ 处,其值为

$$\tau_{\max} = G\alpha\delta = \frac{3M_t}{a\delta^2} \tag{7.62}$$

由式(7.61)的 τ 产生的扭矩为

$$M_t' = \iint \tau y \mathrm{d}x\mathrm{d}y = \frac{1}{6}a\delta^3 G\alpha$$

它仅是 M_t 的一半。另一半扭矩由两端 $x=\pm a/2$ 附近的剪应力 τ_{zy} 提供。

对于各种狭长的变厚度杆，如图 7-10(c)所示，可近似地利用应力函数表达式(7.58)，其中厚度 δ 改为随 x 而变化的函数 $\delta(x)$。修正后，式(7.58)可能不满足域内基本方程(7.20)，但只要 $\delta(x)$ 变化缓慢，仍是较好的近似解。

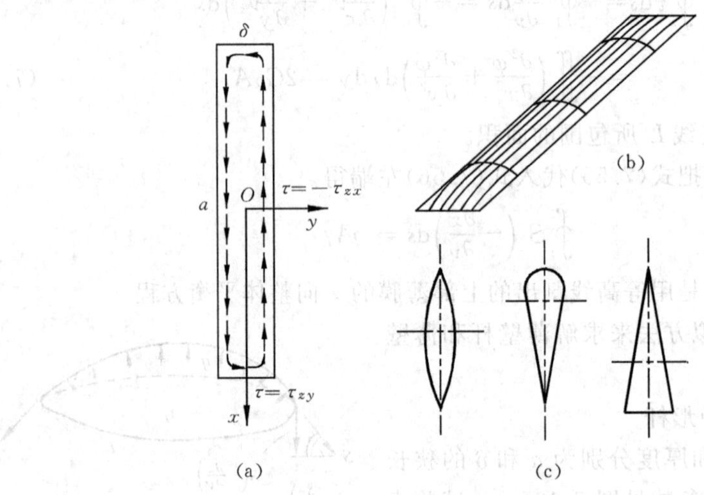

图 7-10 狭长矩形杆的扭转

例 7.4 开口薄壁杆

薄膜比拟试验表明，可以把各种开口薄壁杆件(如图 7-11)看作由若干狭长矩形

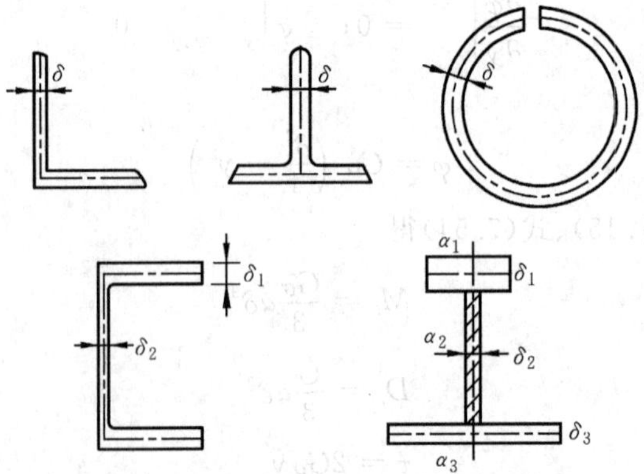

图 7-11 开口薄壁杆

杆拼接而成。例如,工字杆由上、下翼缘和中间腹板共三根狭长矩形杆组成,三根矩形杆的厚度可以不等。扭转时,组成开口薄壁杆件的各矩形杆的扭角 α 完全相同,所以薄壁杆的总刚度等于各部分刚度之和,于是由式(7.60)得

$$D_t = \frac{G}{3}\sum_{i=1}^{n} a_i\delta_i^3 \tag{7.63}$$

其中 a_i 和 δ_i 是第 i 根矩形杆的中心线长度和截面厚度。代入式(7.15)得杆的扭角为

$$\alpha = \frac{M_t}{D_t} = \frac{3M_t}{G\sum a_i\delta_i^3} \tag{7.64}$$

第 i 矩形杆中的最大剪应力为

$$\tau_i = \frac{M_t}{D_t} = \frac{3M_t\delta_i}{\sum a_i\delta_i^3} \tag{7.65}$$

对于开口弧形截面薄壁杆,以上诸式中的 a_i 应取为截面的弧长。

应该指出,在中心线弯折或拼接表面的凹侧存在应力集中,应加圆角过渡。胡斯(Huth,J. H.)用差分法求得应力集中系数 τ_{max}/τ_i 和过渡圆角相对大小 ρ/δ_i 的关系曲线,如图 7-12 所示(引自参考文献[8])。

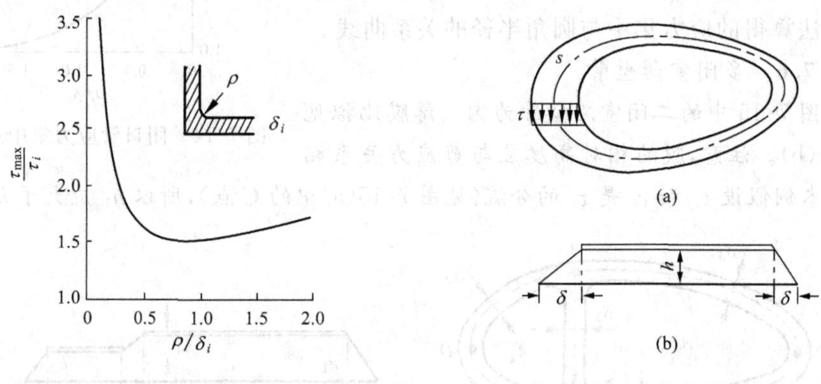

图 7-12 圆角应力集中系数

图 7-13 闭口薄壁管

例 7.5 闭口薄壁管

考虑图 7-13(a)的变厚度薄壁管。薄膜比拟见图 7-13(b),图中忽略了薄膜略微向上拱的曲率,简化成斜截锥形。若把内孔平板的高度 h 当作孔边处的应力函数值 $\bar{\varphi}$,则图 7-13(b)就是应力函数 φ 的分布图。由图可见,外法向梯度 $\partial\varphi/\partial\nu = -h/\delta$。用 A 表示厚度中心线所包围的面积,则由式(7.27)得

$$M_t = 2V = 2Ah$$

或

$$h = \bar{\varphi} = \frac{M_t}{2A} \tag{7.66}$$

利用式(7.54)和式(7.66)得

$$\tau = -\frac{\partial \varphi}{\partial \nu} = \frac{h}{\delta} = \frac{M_t}{2A\delta} \tag{7.67}$$

可见,在闭口薄壁管中剪应力 τ 沿壁厚**均匀分布**,它的材料利用率要比 τ 沿壁厚线性分布的开口薄壁杆高得多。此外,在变厚薄壁管中剪应力 τ 与壁厚 δ 成反比,而它们的乘积

$$q = \tau\delta = \frac{M_t}{2A} = h \tag{7.68}$$

是常数。犹如在变径管道中流速与管截面面积成反比,但流过各截面的总流量不变一样,通常把 q 称为**剪流**。

扭角 α 可由环量公式(7.56)求得

$$\alpha = \frac{1}{2GA}\oint \tau \mathrm{d}s = \frac{M_t}{4GA^2}\oint \frac{\mathrm{d}s}{\delta(s)} \tag{7.69}$$

对等厚薄壁管有

$$\alpha = \frac{M_t s}{4GA^2\delta} \tag{7.70}$$

其中,s 是壁厚中心线的全长。

对于中心线有弯折的闭口薄壁管,例如矩形管,在截面的内凹角处有应力集中。图7-14给出胡斯用差分法算得的应力集中与圆角半径的关系曲线。

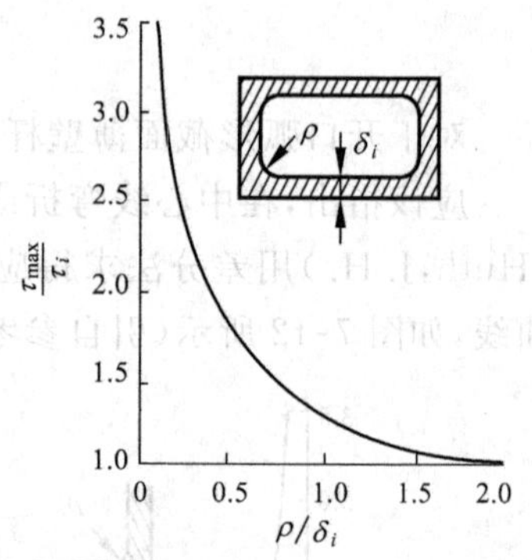

图7-14 闭口管应力集中系数

例7.6 多闭室薄壁管

以图7-15中的二闭室薄壁管为例。薄膜比拟见图7-15(b)。注意,膜的相对高度应与剪应力关系相一致。本例假设 τ_2 和 τ_3 是 τ_1 的分流(见图7-15(a)中的 C 点),所以 h_1 应大于 h_2。

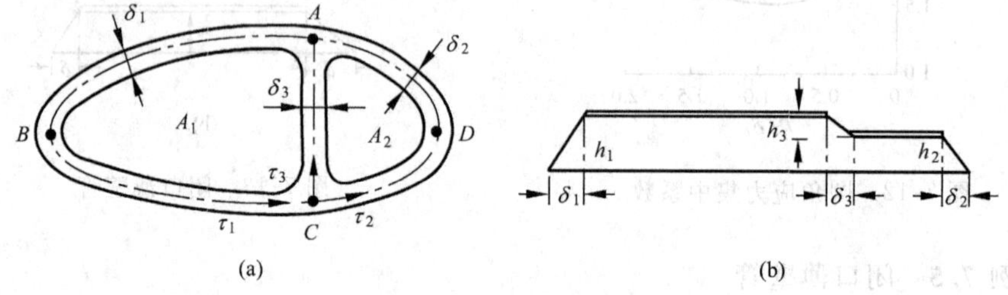

图7-15 多闭室薄壁管

由式(7.68)得通过各截面段的剪流

$$\left.\begin{aligned} \tau_1\delta_1 &= h_1 \\ \tau_2\delta_2 &= h_2 \\ \tau_3\delta_3 &= h_3 = h_1 - h_2 = \tau_1\delta_1 - \tau_2\delta_2 \end{aligned}\right\} \tag{7.71}$$

由式(7.27)得扭矩

$$M_t = 2V = 2\ (A_1 h_1 + A_2 h_2) = 2A_1\tau_1\delta_1 - 2A_2\tau_2\delta_2 \tag{7.72}$$

其中，A_1，A_2 为两孔(壁厚中心线包围的)面积。由环量公式(7.56)得

$$\oint_{ABCA}\tau \mathrm{d}s = \tau_1 s_1 + \tau_2 s_2 = 2G\alpha A_1 \tag{7.73}$$

$$\oint_{CDAC}\tau \mathrm{d}s = \tau_2 s_2 - \tau_3 s_3 = 2G\alpha A_2 \tag{7.74}$$

其中，s_1，s_2 和 s_3 为中心线$\overset{\frown}{ABC}$，$\overset{\frown}{CDA}$和$\overline{CA}$的长度。联立求解式(7.71)～式(7.74)可得

$$\left.\begin{aligned}
\tau_1 &= \frac{M_t}{N}\left[\delta_1 s_3\ (A_1 + A_2) + \delta_3 s_2 A_1\right] \\
\tau_2 &= \frac{M_t}{N}\left[\delta_1 s_3\ (A_1 + A_2) + \delta_3 s_1 A_2\right] \\
\tau_3 &= \frac{M_t}{N}\ (\delta_1 s_2 A_1 - \delta_2 s_1 A_2) \\
\alpha &= \frac{1}{2GA_1}\ (\tau_1 s_1 + \tau_3 s_3)
\end{aligned}\right\} \tag{7.75}$$

其中，$N=2\left[\delta_1\delta_3 s_2 A_1^2+\delta_2\delta_3 s_1 A_2^2+\delta_1\delta_2 s_3\ (A_1+A_2)^2\right]$。

当截面形状对隔板 AC 对称时，$\delta_1=\delta_2$；$s_1=s_2$；$A_1=A_2$。因而 $\tau_1=\tau_2$ 和 $\tau_3=0$，即扭矩完全由蒙皮$\overset{\frown}{ABCD}$承受，而隔板$\overline{AC}$仅起保持截面形状的作用。

7.5 较复杂的扭转问题

本节将简要地综述若干柱形杆(管)扭转问题中较复杂的情况和一般性知识。

1. 空心杆(轴)

空心杆是二连通域，设外周边为 Γ_1，内孔边为 Γ_2。这时要分两种情况来讨论。

(1) 内孔边是相应实心杆应力函数 φ 的等值线

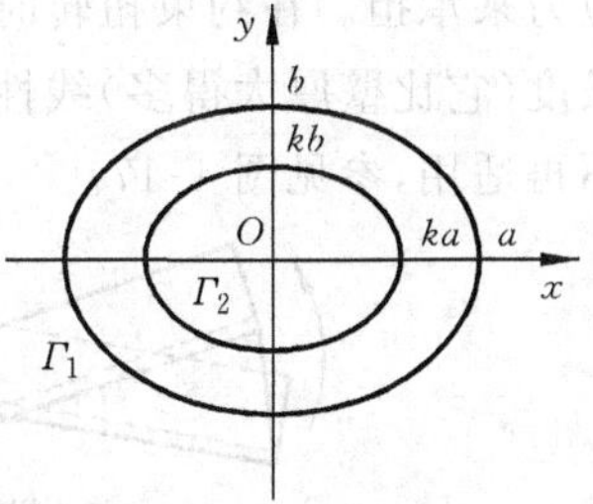

图 7-16 椭圆空心杆

这时可以先考虑以 Γ_1 为边界的实心杆，再假想用 Γ_2(它是应力函数 φ 的等值柱面)把实心杆分割成两个互相嵌套的内杆和外管。由于 φ 等值线是剪应力迹线，所以 Γ_2 左右两边的剪应力都沿 Γ_2 的切线方向，没有任何应力能穿过这杆和管的界面去影响另一部分的受力状态。因而抽去内杆后，外管(即空心杆)的刚度就等于以 Γ_1 为边界的总实心杆的刚度和以 Γ_2 为边界

的内杆刚度之差。

以椭圆空心杆(图7-16)为例,其内孔尺寸与外周尺寸之比为 k。由式(7.34)求得总实心杆和内杆的刚度分别为

$$D_0 = G\frac{\pi a^3 b^3}{a^2 + b^2}$$

$$D_i = k^4 D_0$$

于是椭圆空心杆的刚度为

$$D_t = D_0 - D_i = G\frac{\pi a^3 b^3}{a^2 + b^2}(1 - k^4) \tag{7.76}$$

(2) 内孔边不是实心杆应力函数 φ 的等值线

这时内杆和外管界面上有应力传递现象,抽去内杆将影响外层空心杆的应力状态,刚度叠加法不再适用。求解这类多连通域问题时必须考虑位移单值条件。详细讨论可以参见参考文献[1]。

2. 变截面杆

对于截面形状不变而尺寸缓慢变化的杆(例如锥度不大的圆锥轴),计算表明(对圆截面情况有精确解):等直杆的剪应力公式(例如椭圆杆的式(7.36))将能给出满足工程精度要求的近似解,只要几何参数取为计算截面处的尺寸。对于尺寸急剧变化的杆(例如在轴的凸肩附近),则在凹角处应加圆弧过渡段来缓和应力集中现象。工程上已用实验或数值计算方法给出一系列计算应力集中系数的曲线或经验公式,可查阅参考文献[13]。关于变径圆轴的理论分析可参阅参考文献[8]。

3. 约束扭转

自由扭转解的前提是允许截面自由翘曲。工程上,受扭杆的一端常嵌入墙内或焊在另一个基础件上,属于杆端截面不能自由翘曲的约束扭转情况。限制截面翘曲的约束反力是自平衡的轴向正应力。对于实心杆,根据圣维南原理,距杆端一至两倍截面尺寸处就可按自由扭转处理。但对于开口薄壁杆件,约束影响传得很远。例如图7-17中的槽钢,在自由扭转时属于开口薄壁杆件,扭矩只由沿壁厚线性分布的剪应力来承担。在约束扭转时左端的截面翘曲被限制,槽钢的两侧翼缘将形成沿翼缘长度(它比壁厚大得多)线性分布的弯曲正应力,刚度将显著增强。自由扭转公式将不再适用,参见图4-17。

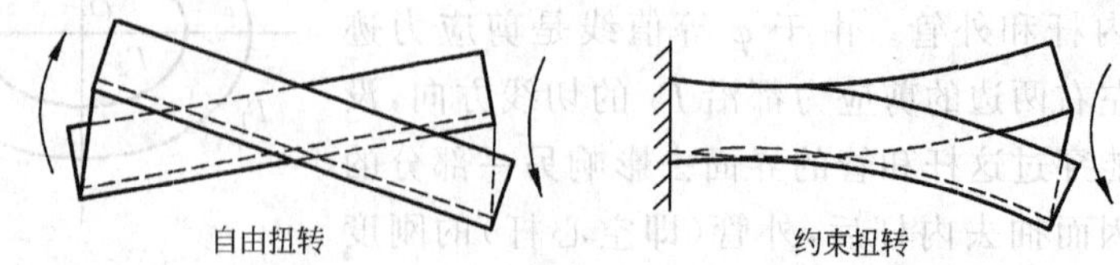

图7-17 约束扭转和自由扭转的区别

4. 其他说明

下面引进一些关于扭转问题的一般性结论,供工程应用参考。

(1) 自由扭转问题中的最大剪应力 τ_{max} 常发生在截面边界线上。而且往往在离截面形心最近的边界点上。有个别例外情况,例如图 7-18 所示的"圣维南钢轨",τ_{max} 发生在离形心较远的 F 点处。

(2) 在截面边界的内凹角处将产生应力集中。

(3) 扭转刚度总是正的。截面翘曲使刚度减小。在面积相等的各种实心凸形截面杆中,以截面无翘曲的圆杆刚度最大。

(4) 在工程计算中,其他边界曲线光滑的、凸形截面杆的扭转刚度,可近似地按面积相等而形状最为逼近的等效椭圆杆来计算。

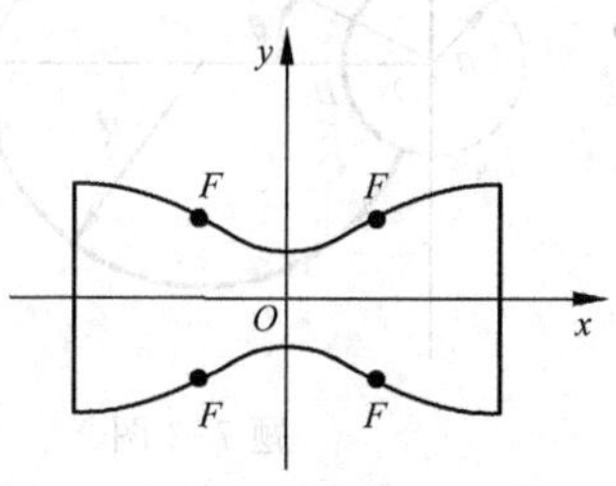

图 7-18　圣维南钢轨

习　题

7-1　用位移法导出圆轴扭转的剪应力和扭角公式。

7-2　半径为 a 的圆截面杆两端作用扭矩 M_z。试写出此杆的应力函数,并求出剪应力分量,最大剪应力及位移分量。

7-3　如图半径为 R 的圆杆,开一道半径为 a 的半圆槽,扭角为 α。根据大圆和小圆的边界方程可取

$$\begin{aligned}\varphi &= \frac{C}{4}(r^2-a^2)\left(1-\frac{2R\cos\theta}{r}\right)\\ &= \frac{C}{4}(x^2+y^2-a^2)\left(1-\frac{2Rx}{x^2+y^2}\right)\end{aligned}$$

(1) 试确定常数 C,并导出剪应力计算公式。

(2) 求最大剪应力大小及发生部位。

7-4　如图中正三角形截面杆的扭转应力函数可以取为

$$\varphi = m\left(x^2+y^2-\frac{x^3-3xy^2}{a}-\frac{4}{27}a^2\right)$$

求其应力分量和位移分量。

7-5　试比较边长为 a 的正方形截面杆与面积相等的圆截面杆,承受同样大小扭矩作用时所产生的最大剪应力及抗扭刚度。

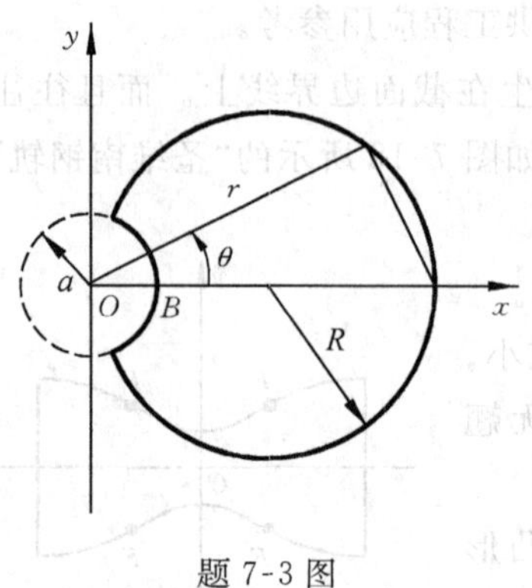

题 7-3 图

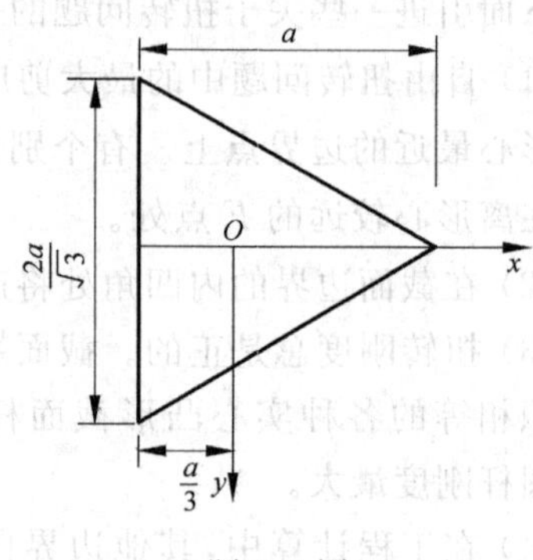

题 7-4 图

7-6 如图中边长为 a 的正方形截面杆承受扭矩 M_z。$ABCD$ 为与横截面成 $\pi/4$ 角的斜截面，E、F 分别为边 AD 及 AB 的中点。已知在扭矩 M_z 作用下，正方形横截面内各边中点的剪应力为

$$\tau=\frac{M_z}{0.208a^2}$$

求斜截面 $ABCD$ 上 E 点与 F 点处的正应力与剪应力。

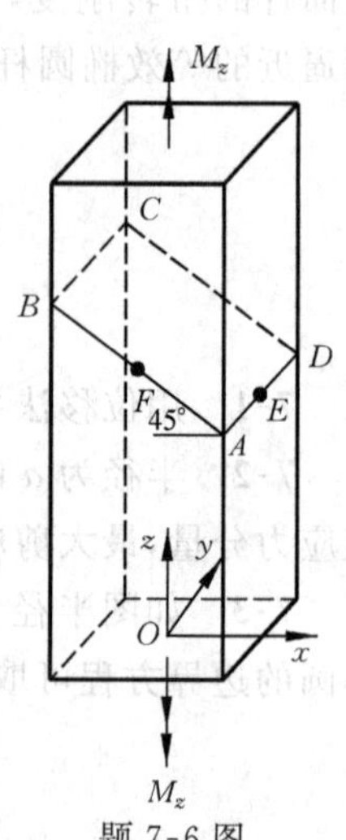

题 7-6 图

7-7 闭口薄壁杆，壁厚 δ 均匀，截面中线的长度为 S，所包围的面积为 A。另一开口薄壁杆，由上述薄壁杆沿纵向切开而成。设两杆受相同的扭矩，试求两杆的最大剪应力之比及扭角之比。

7-8 求图中所示薄壁构件的扭转刚度。材料剪切模量为 G。

7-9 图中所示均匀厚度的双闭室薄壁管，承受扭矩 M_z 作用，试求管壁中的剪应力及管的单位长度扭转角。

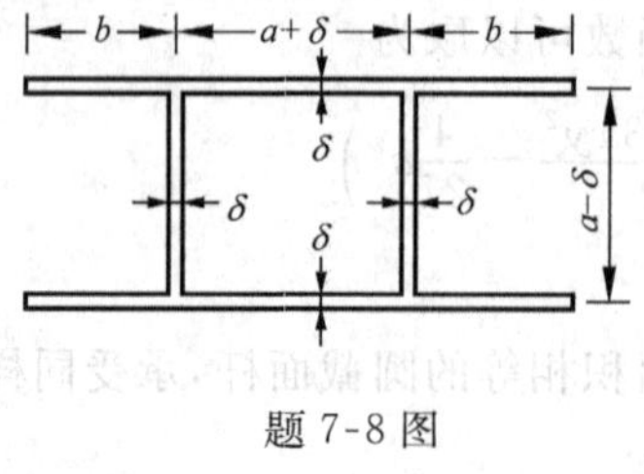

题 7-8 图

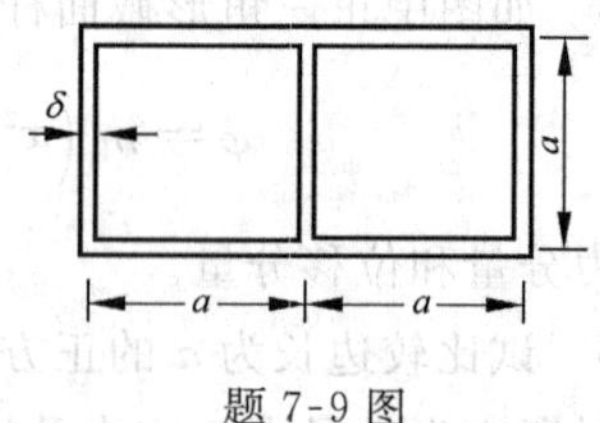

题 7-9 图

7-10　图中所示由两条抛物线围成的狭长对称截面杆件，在 y 处 $a=a_0\left(1-\dfrac{y^2}{b^2}\right)$。试求该截面的扭转刚度。

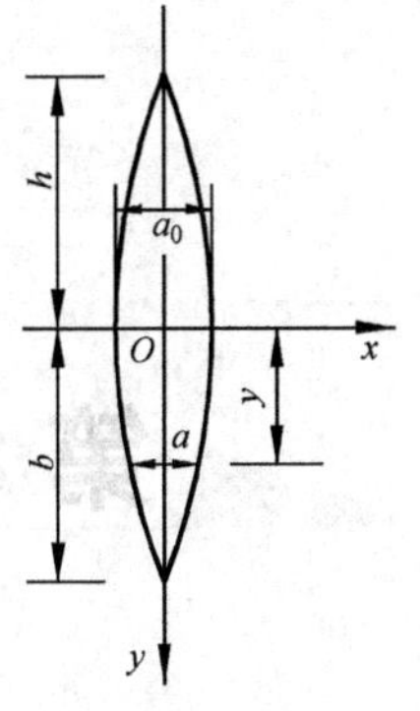

题 7-10 图

7-11　比较尺寸为 $2a\times a\times t$ 的薄壁箱形截面与直径为 a 的实心圆截面，在下列两种情况下，求箱形截面的壁厚 t：

(1) 在同样的扭矩下有相同的最大剪应力；

(2) 有相同的刚度。

第 8 章

板 壳 问 题

8.1　板壳问题概述

薄板和薄壳是工程中常用的结构部件，尤其是轻型薄壁结构和大跨度空间结构。例如，土木水利工程中的楼板、薄壳屋顶、拱坝，飞机蒙皮、船甲板、轿车外壳，锅炉与压力容器，各种输液、输气管道等。自然界中也存在许多板壳型物体，如树叶、鸡蛋壳、碳纳米管等。

通过板壳部件中的任意点总能找到一个尺寸最小方向，相应的最小尺寸称为该点处的**壁厚**或**厚度**。将各点处厚度的中点联系起来构成**中面**。中面为**平面**的部件称为**平板**，中面是**曲面**的部件称为**壳体**。根据中面的几何形状还可以进一步区分圆板、方板、环板和球壳、圆柱壳、回转壳等，见图 8-1。板壳部件的共同**几何特征**是：厚度 h 比中面最小尺寸 L 小得多，即 $h/L \ll 1$。通常将 $h/L \leqslant 1/5$ 的部件称为**薄板**或**薄壳**。

板壳部件可以承受垂直于中面的**横向载荷**和沿中面的**面内载荷**。对于平板部件，横向载荷导致弯曲应力，而面内载荷导致面内应力，两者互不耦合，因而可以分解为平板弯曲问题和平面应力问题，后者已在第 5 章中讨论过。在理想的支承条件下，壳体部件可以完全用沿壁厚均匀分布的面内应力（又称薄膜应力）来承担横向载荷，相应的分析称为**薄膜理论**或**无矩理论**。但在许多情况下壳内将同时存在薄膜应力和弯曲应力，相应的分析称为**弯曲理论**或**有矩理论**。

弯曲应力沿壁厚呈线性分布，此时外部载荷将主要由内、外表面附近的材料来承担；而薄膜应力沿壁厚均匀分布，外部载荷能同时由沿壁厚的全部材料来承担。所

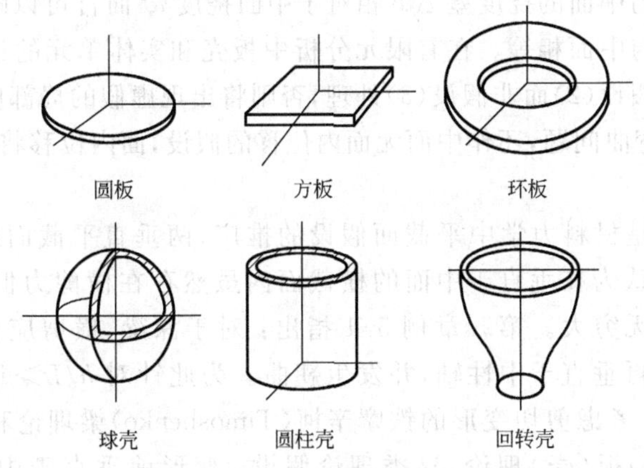

图 8-1 板壳部件

以后者的承载能力比前者强得多。能用薄膜应力来承受横向载荷是壳体部件承载效率高的根本原因。例如，为半径为 R 的圆柱形压力容器设计一个封头，一种方案采用靠弯曲应力承担载荷的圆平板，另一方案采用靠薄膜应力承担载荷的半球壳。若两者厚度 h 相同，且承受相同的压力，则平板封头中的最大应力将比球壳封头的大 1.5～2.5(R/h)倍[①]，若 $R/h=10$，则达 15～25 倍。

在横向载荷作用下，板壳的中面将产生垂直于中面的横向位移，称为**挠度** w。若最大挠度 w 小于板厚 $h/2$（对厚跨比 $h/L\leqslant 1/10$ 的薄板可以放大到 $w\leqslant h$），称为**小挠度**问题，可以按线性理论来处理。若 $w\geqslant h$，则称为**大挠度**问题，需要考虑几何非线性效应。

为了将三维弹性力学问题简化为二维问题，在薄板和薄壳的小挠度理论中引进如下**基尔霍夫**(Kirchhoff,G.)**假设**。

(1) 直法线假设：变形前垂直于中面的法线，变形后仍为直线并垂直于变形后的中面。

(2) 平面应力假设：板壳内与中面平行的各薄层均处于平面应力状态。又称层间无挤压假设。

(3) 法线无伸长假设：法线上各点的挠度都等于该法线与中面之交点的挠度。

取 z 为法向坐标，x,y 为面内坐标。由假设(3)得 $\varepsilon_z=0(\varepsilon_x,\varepsilon_y\neq 0)$，它等价于平面应变假设。因而是和平面应力假设(2)矛盾的，两者不可能同时满足三维广义胡克定理。事实上从应力状态来看，板壳内的法向正应力 σ_z 比面内应力分量 $\sigma_x,\sigma_y,\tau_{xy}$ 小得多，因而平面应力假设是正确的。假设(3)仅应用于几何关系：在确定与中面等距的平行面上各点变形后的位置时，由于法向应变 ε_z 和壁厚 h 都很小，所以由法向应

① 系数 1.5 和 2.5 分别对应于固支圆板和简支圆板（泊松比取 0.33）情况。

变导致的平行面与中面的挠度差 Δw 相对于中面挠度 w 而言可以略而不计，因而假设平行面的挠度与中面相等。在有限元分析中板壳和实体单元的过渡界面上，实体单元的位移应按假设(2)而非假设(3)处理，否则将出现虚假的局部应力。

(4) 对平板弯曲问题，还作中面无面内位移的假设，面内位移将由平面应力问题考虑。

直法线假设是材料力学中平截面假设的推广，两垂直平截面的交线就是直法线。直法线假设认为在垂直于中面的横截面内虽然存在横剪力但没有剪切变形，即假设剪切刚度无穷大。第 5 章例 5.1 指出：对于深梁，横剪应力的存在将导致变形后的截面不再垂直于中性轴，并发生翘曲。为此针对 $h/L>1/5$ 的中厚度梁、板、壳结构提出了考虑剪切变形的铁摩辛柯(Timoshenko)梁理论和赖斯纳-明特林(Reissner-Mindlin)板(壳)理论，这类理论假设：变形前垂直于中面的法线(平截面)，变形后仍为直线(平面)，但由于出现剪切变形不再垂直于变形后的中面。更深入的讨论请见参考文献[7,12]。这类理论在复合材料梁、板、壳结构中也有重要应用。

本章主要研究在给定载荷作用下板壳部件中的内力和变形。主要考虑工程中常见的小挠度、各向同性弹性材料和均匀壁厚情况。将不讨论当面内承压时出现的板壳稳定性问题。

8.2　薄板弯曲理论

本节导出薄板弯曲问题的基本方程和边界条件。

考虑图 8-2 中的薄板。取 x,y 为面内坐标，z 为法向坐标，向下为正。根据中面无面内位移假设 $u=v=0$，板的中面位移只有挠度 $w(x,y)$，它是平板弯曲问题的基本未知量。

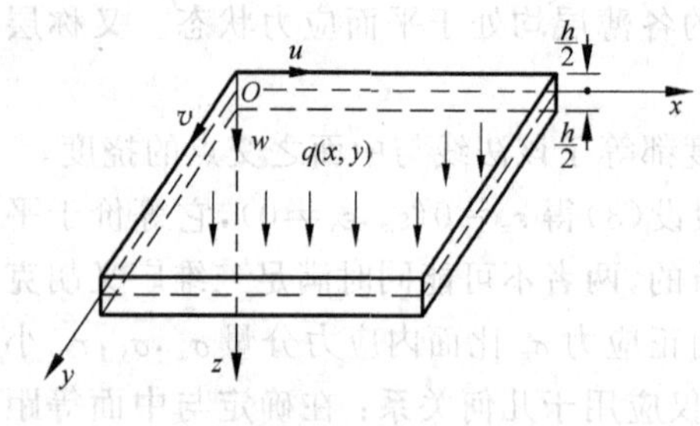

图 8-2　薄板弯曲问题

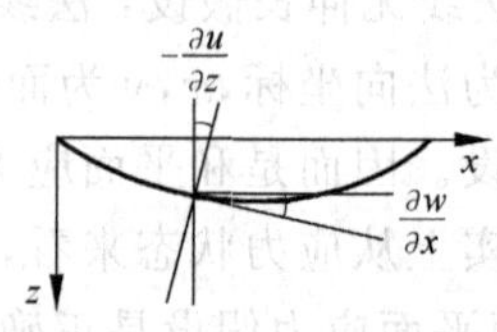

图 8-3　直法线假设

根据直法线假设(x-z 平面见图 8-3,y-z 平面类似)存在如下导数关系:

$$-\frac{\partial u}{\partial z}=\frac{\partial w}{\partial x};\quad -\frac{\partial v}{\partial z}=\frac{\partial w}{\partial y} \tag{8.1}$$

对 z 积分,根据中面无面内位移假设令积分常数为零,再应用法线无伸长假设求得距中面为 z 的平行面在变形后的面内位移:

$$u=-z\frac{\partial w}{\partial x};\quad v=-z\frac{\partial w}{\partial y} \tag{8.2}$$

代入应变公式得

$$\varepsilon_x=\frac{\partial u}{\partial x}=-z\frac{\partial^2 w}{\partial x^2};\quad \varepsilon_y=\frac{\partial v}{\partial y}=-z\frac{\partial^2 w}{\partial y^2};\quad \gamma_{xy}=\frac{\partial v}{\partial x}+\frac{\partial u}{\partial y}=-2z\frac{\partial^2 w}{\partial x\partial y} \tag{8.3}$$

根据高等数学的概念定义曲率 κ_x,κ_y 和扭率 κ_{xy}:

$$\kappa_x=-\frac{\partial^2 w}{\partial x^2};\quad \kappa_y=-\frac{\partial^2 w}{\partial y^2};\quad \kappa_{xy}=-\frac{\partial^2 w}{\partial x\partial y} \tag{8.4}$$

其中负号表明曲面两端向上弯曲时曲率为正(图 8-3)。代入式(8.3)得平行面面内应变与曲率的关系:

$$\varepsilon_x=z\kappa_x;\quad \varepsilon_y=z\kappa_y;\quad \gamma_{xy}=2z\kappa_{xy} \tag{8.5}$$

根据平面应力假设,代入平面应力胡克定律(5.4)得应力表达式:

$$\left.\begin{aligned}
\sigma_x&=\frac{E}{1-\nu^2}(\varepsilon_x+\nu\varepsilon_y)=-\frac{Ez}{1-\nu^2}\left(\frac{\partial^2 w}{\partial x^2}+\nu\frac{\partial^2 w}{\partial y^2}\right)=\frac{Ez}{1-\nu^2}(\kappa_x+\nu\kappa_y)\\
\sigma_y&=\frac{E}{1-\nu^2}(\varepsilon_y+\nu\varepsilon_x)=-\frac{Ez}{1-\nu^2}\left(\frac{\partial^2 w}{\partial y^2}+\nu\frac{\partial^2 w}{\partial x^2}\right)=\frac{Ez}{1-\nu^2}(\kappa_y+\nu\kappa_x)\\
\tau_{xy}&=\frac{E}{2(1+\nu)}\gamma_{xy}=-\frac{Ez}{1+\nu}\frac{\partial^2 w}{\partial x\partial y}=\frac{Ez}{1+\nu}\kappa_{xy}
\end{aligned}\right\} \tag{8.6}$$

式(8.6)表明,应力沿板厚呈线性分布,且中面上($z=0$)的应力为零,这与中面处处无面内位移的假设相符。

内力素是薄板和薄壳理论中的重要概念,它包括内力分量和内力矩分量。内力分量由作用在单位宽度板厚(壳厚)上的各应力分量沿厚度积分而得,包括作用于中面内的拉(压)力 N_x,N_y 和剪力 N_{xy} 以及垂直于中面的横剪力 Q_x,Q_y。内力矩分量则由各应力分量对法向坐标 z 的一次矩沿厚度积分而得,包括弯矩 M_x,M_y 和扭矩 M_{xy}。

将式(8.6)对 z 的一次矩沿厚度积分求得弯矩和扭矩(图 8-4):

$$\left.\begin{aligned}
M_x&=\int_{-h/2}^{h/2}\sigma_x z\,\mathrm{d}z=-D\left(\frac{\partial^2 w}{\partial x^2}+\nu\frac{\partial^2 w}{\partial y^2}\right)=D(\kappa_x+\nu\kappa_y)\\
M_y&=\int_{-h/2}^{h/2}\sigma_y z\,\mathrm{d}z=-D\left(\frac{\partial^2 w}{\partial y^2}+\nu\frac{\partial^2 w}{\partial x^2}\right)=D(\kappa_y+\nu\kappa_x)\\
M_{xy}&=M_{yx}=\int_{-h/2}^{h/2}\tau_{xy} z\,\mathrm{d}z=-D(1-\nu)\frac{\partial^2 w}{\partial x\partial y}=D(1-\nu)\kappa_{xy}
\end{aligned}\right\} \tag{8.7}$$

其中

$$D=\frac{Eh^3}{12(1-\nu^2)} \tag{8.8}$$

由于线性函数对坐标 z 反对称，将式(8.6)中的三个应力分量沿板厚积分所得到的中面内力 N_x,N_y,N_{xy} 均为零，它们已由平面应力问题考虑。和材料力学相似，板壳截面上的横剪应力 τ_{xz} 和 τ_{yz} 沿厚度呈抛物线分布，积分后得横剪力(图 8-5)：

$$Q_x=\int_{-h/2}^{h/2}\tau_{xz}\,\mathrm{d}z;\quad Q_y=\int_{-h/2}^{h/2}\tau_{yz}\,\mathrm{d}z \tag{8.9}$$

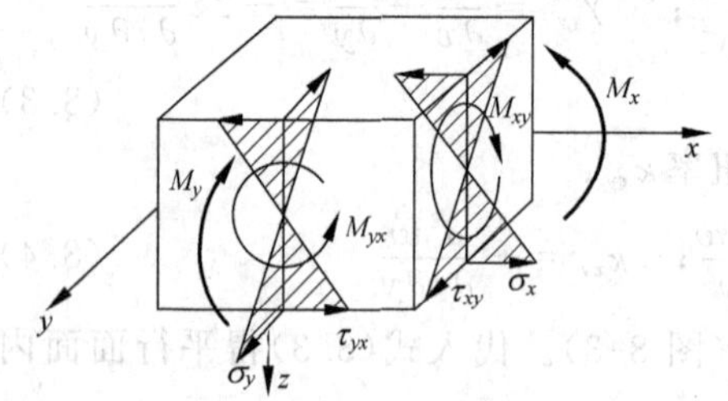

图 8-4　弯矩和扭矩

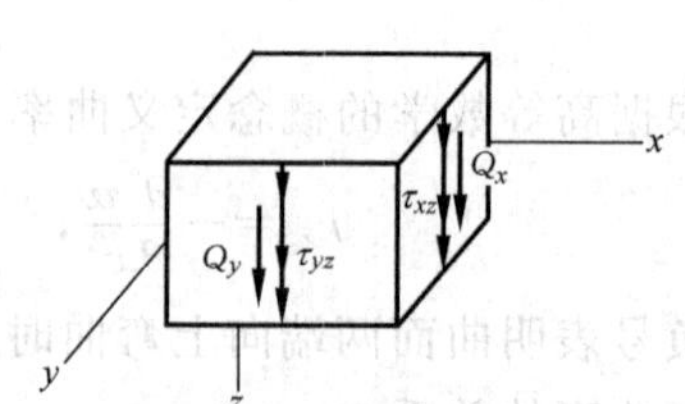

图 8-5　横剪力

上述弯矩(扭矩)是由单位宽度矩形截面上的线性分布应力分量积分而得，所以由弯矩(扭矩)求弯曲应力(扭转剪应力)的计算公式和材料力学一样。令宽度 $b=1$ 得到

上、下表面最大弯曲应力(扭转剪应力)：

$$\sigma_x\Big|_{z=\mp h/2}=\mp\frac{6M_x}{h^2};\quad \sigma_y\Big|_{z=\mp h/2}=\mp\frac{6M_y}{h^2};\quad \tau_{xy}\Big|_{z=\mp h/2}=\mp\frac{6M_{xy}}{h^2} \tag{8.10}$$

离中面 z 处的弯曲应力(扭转剪应力)：

$$\sigma_x\Big|_z=\frac{12M_x}{h^3}z;\quad \sigma_y\Big|_z=\frac{12M_y}{h^3}z;\quad \tau_{xy}\Big|_z=\frac{12M_{xy}}{h^3}z \tag{8.11}$$

由横剪力求横剪应力的计算公式也同材料力学：

$$\tau_{xz}=\frac{3}{2h}\left(1-\frac{4z^2}{h^2}\right)Q_x;\quad \tau_{yz}=\frac{3}{2h}\left(1-\frac{4z^2}{h^2}\right)Q_y \tag{8.12}$$

为了推导平衡方程，画出板单元内力图，如图 8-6。图中弯矩和扭矩都按右手螺旋法则用双箭头矢量表示，忽略体力载荷。写出横向(z 方向)力平衡方程：

$$\left(Q_x+\frac{\partial Q_x}{\partial x}\mathrm{d}x\right)\mathrm{d}y-Q_x\mathrm{d}y+\left(Q_y+\frac{\partial Q_y}{\partial y}\mathrm{d}y\right)\mathrm{d}x-Q_y\mathrm{d}x+q\mathrm{d}x\mathrm{d}y=0$$

其中 q 为单位面积上的横向载荷。经过简化得

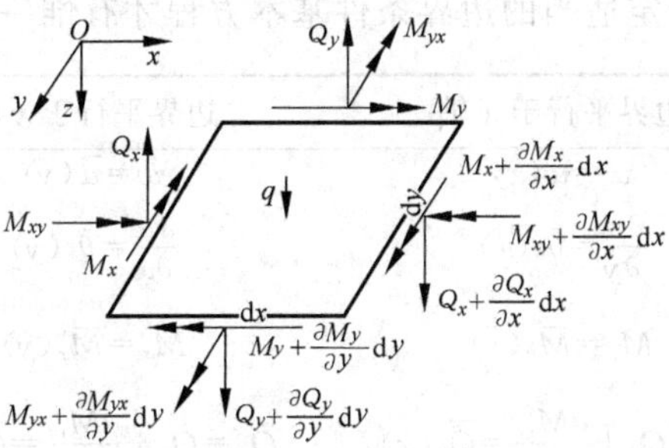

图 8-6 内力平衡图

$$\frac{\partial Q_x}{\partial x}+\frac{\partial Q_y}{\partial y}+q(x,y)=0 \tag{8.13}$$

类似地，分别写出对 y 和 x 轴的力矩平衡方程，经简化后得

$$\left.\begin{aligned}\frac{\partial M_x}{\partial x}+\frac{\partial M_{xy}}{\partial y}-Q_x=0\\\frac{\partial M_y}{\partial y}+\frac{\partial M_{xy}}{\partial x}-Q_y=0\end{aligned}\right\} \tag{8.14}$$

此式表明横剪力可以用力矩的导数表示，将式(8.7)代入得横剪力用挠度的表达式：

$$\left.\begin{aligned}Q_x&=-D\frac{\partial}{\partial x}\left(\frac{\partial^2 w}{\partial x^2}+\frac{\partial^2 w}{\partial y^2}\right)\\Q_y&=-D\frac{\partial}{\partial y}\left(\frac{\partial^2 w}{\partial x^2}+\frac{\partial^2 w}{\partial y^2}\right)\end{aligned}\right\} \tag{8.15}$$

利用式(8.14)消去横剪力，式(8.13)写成

$$\frac{\partial^2 M_x}{\partial x^2}+2\frac{\partial^2 M_{xy}}{\partial x\partial y}+\frac{\partial^2 M_y}{\partial y^2}=-q(x,y) \tag{8.16}$$

再将式(8.7)代入得到用挠度表示的横向平衡方程：

$$\frac{\partial^4 w}{\partial x^4}+2\frac{\partial^4 w}{\partial x^2\partial y^2}+\frac{\partial^4 w}{\partial y^4}=\frac{q(x,y)}{D} \tag{8.17}$$

这是**薄板弯曲问题的基本方程**，一旦给定横向载荷 q 和相关边界条件就可以解出挠度 w。代入式(8.7)和式(8.15)可得弯矩、扭矩和横剪力，再由式(8.11)和式(8.12)得到弯曲应力和剪应力。

引进调和算子

$$\nabla^2()=\left(\frac{\partial^2}{\partial x^2}+\frac{\partial^2}{\partial y^2}\right)() \tag{8.18}$$

方程(8.17)可写成

$$\nabla^2\nabla^2 w=q/D \tag{8.19}$$

数学上将这类四阶偏微分方程称为重调和方程。

在薄板周边必须给定适当的边界条件基本方程才有惟一解。以矩形板为例：

给定量	边界平行于 x 轴	边界平行于 y 轴	
挠度	$w=\bar{w}(x)$	$w=\bar{w}(y)$	(8.20)
转角	$\dfrac{\partial w}{\partial y}=\bar{\theta}_y(x)$	$\dfrac{\partial w}{\partial x}=\bar{\theta}_x(y)$	(8.21)
弯矩	$M_y=\bar{M}_y(x)$	$M_x=\bar{M}_x(y)$	(8.22)
等效横剪力	$\tilde{Q}_y\equiv Q_y+\dfrac{\partial M_{xy}}{\partial x}=\bar{\tilde{Q}}_y(x)$	$\tilde{Q}_x\equiv Q_x+\dfrac{\partial M_{xy}}{\partial y}=\bar{\tilde{Q}}_x(y)$	(8.23)

需要作如下说明：

(1) 式(8.20)和式(8.21)是位移边界条件，式(8.22)和式(8.23)是力边界条件。每条边界允许给定两个边界条件，但不能同时给定挠度和等效剪力(或转角和弯矩)。

(2) 弯矩和等效剪力条件应利用式(8.7)和式(8.15)改写成挠度 w 的二阶、三阶导数形式。上述四个条件分别给定了挠度及其一、二、三阶导数在边界上的值。

(3) 在大多数情况下，上述条件右端给定的是常数或零。例如：

固支边(全部位移条件)：

$$w=0;\quad \frac{\partial w}{\partial y}\left(\text{或}\frac{\partial w}{\partial x}\right)=0 \tag{8.24}$$

自由边(全部力条件)：

$$M_y\ (\text{或}\ M_x)=0;\quad \tilde{Q}_y\ (\text{或}\ \tilde{Q}_x)=0 \tag{8.25}$$

简支边(混合边界条件)：

$$w=0;\quad M_y\ (\text{或}\ M_x)=0 \tag{8.26}$$

(4) 等效横剪力和角点集中力是板壳理论中的特殊概念。考察平行于 x 轴的边界面 CD，如图 8-7，其上原作用有弯矩 M_y、扭矩 M_{yx} 和横剪力 Q_y 三种内力素，对应地应给定三个边界条件。但是对四阶重调和方程，每边只能给两个条件。解决此矛盾的关键还在基尔霍夫提出的直法线假设。该假设认为横截面内没有剪切变形，因而每个微元在作刚体转动，作用于其上的扭矩 M_{yx} 可以静力等效地转换为由上下一对横剪力构成的力偶矩。图 8-7 中微元Ⅰ和Ⅱ的坐标分别为 x 和 $x+\mathrm{d}x$，其上的扭矩分别为 M_{yx} 和 $M_{yx}+(\partial M_{yx}/\partial x)\mathrm{d}x$。若取微元宽度(即等效力偶矩的力臂) $\mathrm{d}x=1$，则两微元的等效横剪力值就等于上述扭矩值，在微元左边向下，右边向上。在两微元的界面处左微元的右剪力和右微元的左剪力方向相反，主部相互抵消，只剩下向下的增量 $\partial M_{yx}/\partial x$。如

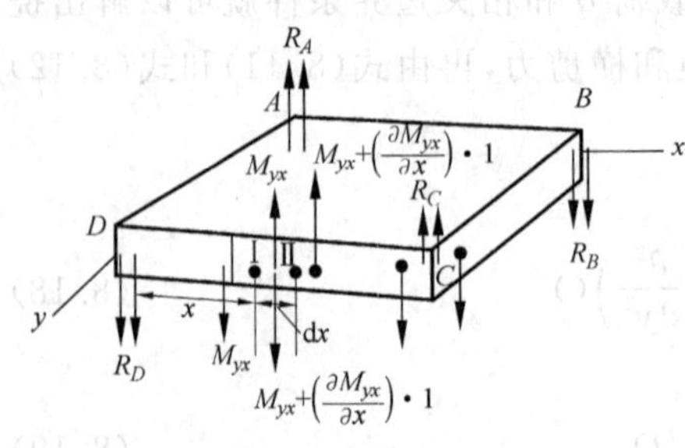

图 8-7 等效横剪力和角点力

此向左右延拓,CD 边界面上的扭转 M_{yx} 最终转化为沿边界分布的向下横剪力$\partial M_{yx}/\partial x$ 以及右角点 C 处的向上横剪力$-M_{yx}\Big|_C$ 和左角点 D 处的向下横剪力 $M_{yx}\Big|_D$。同样处理 BC 边界面,得到分布的向下横剪力$\partial M_{xy}/\partial y$ 以及前角点 C 处的向上横剪力$-M_{xy}\Big|_C$ 和后角点 B 处的向下横剪力 $M_{xy}\Big|_B$。将 BC 和 CD 两边在 C 点处的同向横剪力叠加得到角点力 $R_C=-2M_{xy}\Big|_C$,其他角点也类似,但 R_A、R_C 向上而 R_B、R_D 处向下。最后将扭矩转化来的横剪力与原作用于边界上的横剪力叠加得到**等效横剪力**:

$$\left.\begin{aligned}\tilde{Q}_x &= Q_x + \frac{\partial M_{xy}}{\partial y} \quad (\text{界面平行于 } x)\\ \tilde{Q}_y &= Q_y + \frac{\partial M_{xy}}{\partial x} \quad (\text{界面平行于 } y)\end{aligned}\right\} \tag{8.27}$$

和四个**角点集中力**:

$$\left.\begin{aligned}R_A &= -2M_{xy}\Big|_A; \quad R_B = 2M_{xy}\Big|_B\\ R_C &= -2M_{xy}\Big|_C; \quad R_D = 2M_{xy}\Big|_D\end{aligned}\right\} \tag{8.28}$$

8.3 矩形板解例

矩形板有两种典型的求解方法:纳维(Navier,C. L. M. H.)提出的重三角级数解法和莱维(Levy,M.)提出的单三角级数解法。

1. 四边简支矩形板的重三角级数解

研究受任意横向载荷 $q(x,y)$作用的四边简支矩形板,如图 8-8。该问题的基本方程和边界条件为

$$\frac{\partial^4 w}{\partial x^4}+2\frac{\partial^4 w}{\partial x^2\partial y^2}+\frac{\partial^4 w}{\partial y^4}=\frac{q(x,y)}{D} \tag{8.17}$$

对 $x=0$ 和 $x=a$ 边界:

$$w=0;\quad \frac{\partial^2 w}{\partial x^2}=0 \tag{8.29}$$

对 $y=0$ 和 $y=b$ 边界:

$$w=0;\quad \frac{\partial^2 w}{\partial y^2}=0 \tag{8.30}$$

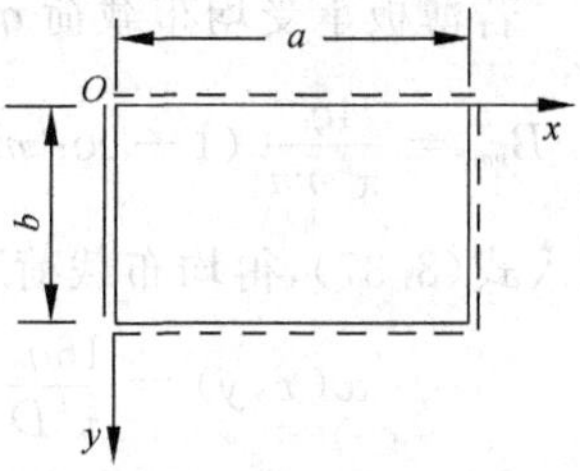

图 8-8 四边简支矩形板

纳维将挠度 w 取为如下满足边界条件的重三角级数:

$$w(x,y)=\sum_{m=1}^{\infty}\sum_{n=1}^{\infty}A_{mn}\sin\frac{m\pi x}{a}\sin\frac{n\pi y}{b} \tag{8.31}$$

其中 m,n 为正整数。为了确定系数 A_{mn},将上式代入基本方程(8.17)得到

$$D\pi^4\sum_{m=1}^{\infty}\sum_{n=1}^{\infty}A_{mn}\left(\frac{m^2}{a^2}+\frac{n^2}{b^2}\right)^2\sin\frac{m\pi x}{a}\sin\frac{n\pi y}{b}=q(x,y) \tag{8.32}$$

将已知载荷项也展成重三角级数：

$$q(x,y)=\sum_{m=1}^{\infty}\sum_{n=1}^{\infty}B_{mn}\sin\frac{m\pi x}{a}\sin\frac{n\pi y}{b} \tag{8.33}$$

将上式两边乘以 $\sin\frac{m\pi x}{a}\sin\frac{n\pi y}{b}$ 并分别对 x,y 积分，利用三角函数的如下正交性：

$$\left.\begin{aligned}&\int_0^a\sin\frac{m\pi x}{a}\sin\frac{k\pi x}{a}\mathrm{d}x=\begin{cases}0 & 若\ m\neq k\\ a/2 & 若\ m=k\end{cases}\\&\int_0^b\sin\frac{n\pi y}{b}\sin\frac{l\pi y}{b}\mathrm{d}y=\begin{cases}0 & 若\ n\neq l\\ b/2 & 若\ n=l\end{cases}\end{aligned}\right\} \tag{8.34}$$

就导出

$$B_{mn}=\frac{4}{ab}\int_0^a\int_0^b q(x,y)\sin\frac{m\pi x}{a}\sin\frac{n\pi y}{b}\mathrm{d}y\mathrm{d}x \tag{8.35}$$

一旦给定载荷分布函数 $q(x,y)$ 就能由上式确定 B_{mn}。

将式(8.33)代入式(8.32)，注意到三角级数各项相互独立(线性无关)，令等式两边同类项的对应系数相等可得

$$A_{mn}=\frac{B_{mn}}{\pi^4 D\,(m^2/a^2+n^2/b^2)^2} \tag{8.36}$$

再代入式(8.31)，就得到四边简支矩形板的挠度计算公式：

$$w(x,y)=\frac{1}{\pi^4 D}\sum_{m=1}^{\infty}\sum_{n=1}^{\infty}\frac{B_{mn}}{(m^2/a^2+n^2/b^2)^2}\sin\frac{m\pi x}{a}\sin\frac{n\pi y}{b} \tag{8.37}$$

其中 B_{mn} 与载荷分布函数直接相关，见式(8.35)。

例 8.1 均布载荷情况

若薄板承受均布载荷 q_0，由式(8.35)求得

$$B_{mn}=\frac{4q_0}{\pi^2 mn}(1-\cos m\pi)(1-\cos n\pi)=\begin{cases}16q_0/\pi^2 mn, & 若\ m,n\ 均是奇数\\ 0, & 若\ m\ 或\ n\ 是偶数\end{cases}$$

代入式(8.37)，得均布载荷下四边简支矩形板的挠度：

$$w(x,y)=\frac{16q_0}{\pi^4 D}\sum_{m=1}^{\infty}\sum_{n=1}^{\infty}\frac{1}{mn\,(m^2/a^2+n^2/b^2)^2}\sin\frac{m\pi x}{a}\sin\frac{n\pi y}{b} \tag{8.38}$$

对于方板情况，由上式可得到中点处的最大无量纲挠度为

$$\frac{w_{\max}}{h}=0.044\,\frac{q_0}{E}\left(\frac{a}{h}\right)^4 \tag{8.39}$$

它与方板“边厚比”的四次方成正比。

重三角级数解的挠度级数(8.39)收敛较快，若只取级数第一项作近似解可得

$$w_{\max}=\frac{16q_0}{\pi^6 D}\frac{a^4b^4}{(a^2+b^2)^2} \tag{8.40}$$

对方板情况，式(8.40)与精确解相比误差仅为2.5%。

求得挠度后，可由式(8.7)、式(8.15)计算弯矩和横剪力，再由式(8.10)～式(8.12)计算板中应力。遗憾的是，重三角级数解的应力级数收敛较慢。

例 8.2 集中力情况

若薄板在任意点(ξ,η)处受集中力F，可将其化为作用在面元$\mathrm{d}x\mathrm{d}y$上的局部均布力$q=F/\mathrm{d}x\mathrm{d}y$。代入式(8.35)积分，注意到除在$(\xi,\eta)$处有$q=F/\mathrm{d}x\mathrm{d}y$外，其余处处为零，于是得

$$B_{mn}=\frac{4F}{ab}\sin\frac{m\pi\xi}{a}\sin\frac{n\pi\eta}{b}$$

再代入式(8.37)，得到集中力作用下四边简支矩形板的挠度：

$$w(x,y)=\frac{4F}{\pi^4 abD}\sum_{m=1}^{\infty}\sum_{n=1}^{\infty}\frac{\sin\dfrac{m\pi\xi}{a}\sin\dfrac{n\pi\eta}{b}}{(m^2/a^2+n^2/b^2)^2}\sin\frac{m\pi x}{a}\sin\frac{n\pi y}{b} \tag{8.41}$$

2. 对边简支矩形板的单三角级数解

研究受任意横向载荷$q(x,y)$作用的对边简支矩形板，如图8-9。基本方程仍为(8.17)，在一对简支边界$x=0$和$x=a$处仍满足边界条件(8.29)。

莱维将挠度w取为如下能满足简支条件(8.29)的单三角级数：

$$w(x,y)=\sum_{m=1}^{\infty}Y_m(y)\sin\frac{m\pi x}{a} \tag{8.42}$$

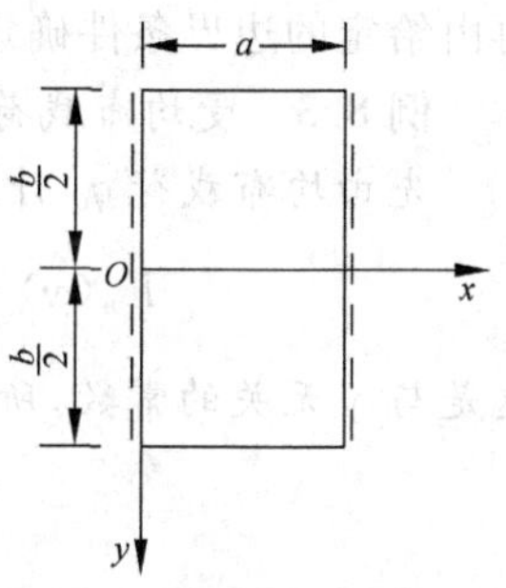

图 8-9 对边简支矩形板

其中m为正整数，$Y_m(y)$是与$\sin\dfrac{m\pi x}{a}$相应的待定函数。

将上式代入基本方程(8.17)得到

$$\sum_{m=1}^{\infty}\left[\frac{\mathrm{d}^4Y_m}{\mathrm{d}y^4}-2\left(\frac{m\pi}{a}\right)^2\frac{\mathrm{d}^2Y_m}{\mathrm{d}y^2}+\left(\frac{m\pi}{a}\right)^4Y_m\right]\sin\frac{m\pi x}{a}=\frac{q}{D} \tag{8.43}$$

将右端载荷项q/D也展为三角级数

$$q=\sum_{m=1}^{\infty}F_m(y)\sin\frac{m\pi x}{a} \tag{8.44}$$

利用三角函数的正交性，可得

$$F_m(y)=\frac{2}{a}\int_0^a q(x,y)\sin\frac{m\pi x}{a}\mathrm{d}x \tag{8.45}$$

将式(8.44)代入式(8.43)，令等式两边同类项的系数相等得

$$\frac{\mathrm{d}^4Y_m}{\mathrm{d}y^4}-2\left(\frac{m\pi}{a}\right)^2\frac{\mathrm{d}^2Y_m}{\mathrm{d}y^2}+\left(\frac{m\pi}{a}\right)^4Y_m=\frac{F_m(y)}{D} \tag{8.46}$$

这是个非齐次线性常微分方程，其通解为

$$Y_m(y)=A_m\operatorname{ch}\frac{m\pi y}{a}+B_m\operatorname{sh}\frac{m\pi y}{a}$$
$$+C_m\frac{m\pi y}{a}\operatorname{ch}\frac{m\pi y}{a}+D_m\frac{m\pi y}{a}\operatorname{sh}\frac{m\pi y}{a}+\tilde{Y}_m(y) \tag{8.47}$$

代入式(8.42)就得到**对边简支矩形板挠度的一般表达式**：

$$w=\sum_{m=1}^{\infty}\left[A_m\operatorname{ch}\frac{m\pi y}{a}+B_m\operatorname{sh}\frac{m\pi y}{a}+C_m\frac{m\pi y}{a}\operatorname{ch}\frac{m\pi y}{a}\right.$$
$$\left.+D_m\frac{m\pi y}{a}\operatorname{sh}\frac{m\pi y}{a}+\tilde{Y}_m(y)\right]\sin\frac{m\pi x}{a} \tag{8.48}$$

方括号中的前四项是方程(8.46)的齐次解，待定积分常数 A_m,B_m,C_m,D_m 由 $y=\pm b/2$ 处的边界条件来确定；最后项 $\tilde{Y}_m(y)$是特解，它与载荷函数 $F_m(y)$有关。

莱维解在 y 方向是常微分方程的精确解，因而精度和收敛性都比纳维解更好，而且它对 $y=\pm b/2$ 两边的边界条件未加限制，因而适用范围比纳维解更大。但其求解过程比纳维解复杂，首先要根据给定的载荷分布 $q(x,y)$找 m 个特解 $\tilde{Y}_m(y)$，然后再由给定的边界条件确定积分常数。

例 8.3 受均布载荷的四边简支矩形板

先由均布载荷 q_0 计算载荷函数，由式(8.45)得

$$F_m(y)=\frac{2}{a}\int_0^a q_0\sin\frac{m\pi x}{a}\mathrm{d}x=\frac{2q_0}{m\pi}(1-\cos m\pi)$$

这是与 y 无关的常数，所以代入方程(8.46)后，特解也可取为常数

$$\tilde{Y}_m(y)=\frac{2q_0a^4}{D\pi^5m^5}(1-\cos m\pi)$$

代入式(8.48)，注意到在均布载荷下挠度应是 y 的偶函数，因而 $B_m=C_m=0$。故

$$w=\sum_{m=1}^{\infty}\left[A_m\operatorname{ch}\frac{m\pi y}{a}+D_m\frac{m\pi y}{a}\operatorname{sh}\frac{m\pi y}{a}+\frac{2q_0a^4}{D\pi^5m^5}(1-\cos m\pi)\right]\sin\frac{m\pi x}{a} \tag{a}$$

代入板在 $y=\pm b/2$ 处的边界条件 $w=0$；$\partial^2w/\partial y^2=0$，得到求解常数 A_m 和 D_m 的代数方程：

$$\left.\begin{aligned}&A_m\operatorname{ch}\lambda_m+D_m\lambda_m\operatorname{sh}\lambda_m+\frac{4q_0a^4}{D\pi^5m^5}=0\\&(A_m+2D_m)\operatorname{ch}\lambda_m+D_m\lambda_m\operatorname{sh}\lambda_m=0\end{aligned}\right\}\quad 若\ m=1,3,5,\cdots$$

及

$$\left.\begin{aligned}&A_m\operatorname{ch}\lambda_m+D_m\lambda_m\operatorname{sh}\lambda_m=0\\&(A_m+2D_m)\operatorname{ch}\lambda_m+D_m\lambda_m\operatorname{sh}\lambda_m=0\end{aligned}\right\}\quad 若\ m=2,4,6,\cdots$$

其中 $\lambda_m=m\pi b/2a$。由此解得

$$\left.\begin{aligned}A_m&=-\frac{2(2+\lambda_m\operatorname{th}\lambda_m)q_0a^4}{D\pi^5m^5\operatorname{ch}\lambda_m}\\D_m&=-\frac{2q_0a^4}{D\pi^5m^5\operatorname{ch}\lambda_m}\end{aligned}\right\}\quad 若\ m=1,3,5,\cdots$$

$$A_m = D_m = 0 \qquad 若\ m = 2,4,6,\cdots$$

代回式(a)得均布载荷下的四边简支矩形板的挠度：

$$w = \frac{4q_0a^4}{D\pi^5}\sum_{m=1,3,5,\cdots}^{\infty}\frac{1}{m^5}\left(1-\frac{2+\lambda_m\,\text{th}\lambda_m}{2\,\text{ch}\lambda_m}\text{ch}\,\frac{2\lambda_m y}{b}+\frac{\lambda_m}{2\,\text{ch}\lambda_m}\frac{2y}{b}\text{sh}\,\frac{2\lambda_m y}{b}\right)\sin\frac{m\pi x}{a} \tag{8.49}$$

例 8.4 受对边弯矩的四边简支矩形板

图 8-10 中的四边简支矩形板在对边 $y=\pm b/2$ 上受分布弯矩 $f_1(x)$, $f_2(x)$ 作用。由于无横向载荷，特解 $\tilde{Y}_m(y)=0$。在对边 $y=\pm b/2$ 处的边界条件为

$$\left.\begin{aligned} &w = 0;\quad -D\frac{\partial^2 w}{\partial y^2} = f_1(x) \qquad 若\ y = \frac{b}{2}\\ &w = 0;\quad -D\frac{\partial^2 w}{\partial y^2} = f_2(x) \qquad 若\ y = -\frac{b}{2}\end{aligned}\right\} \tag{b}$$

为了便于分析，将边界弯矩分解成对称部分：

$$M'_y\Big|_{y=b/2} = M'_y\Big|_{y=-b/2} = \frac{1}{2}[f_1(x)+f_2(x)]$$

和反对称部分：

$$M'_y\Big|_{y=b/2} = -M'_y\Big|_{y=-b/2} = \frac{1}{2}[f_1(x)-f_2(x)]$$

并将两者均展成三角级数：

$$\left.\begin{aligned} &M''_y\Big|_{y=\pm b/2} = \sum_{m=1}^{\infty}E'_m\sin\frac{m\pi x}{a}\\ &M''_y\Big|_{y=\pm b/2} = \pm\sum_{m=1}^{\infty}E''_m\sin\frac{m\pi x}{a}\end{aligned}\right\} \tag{c}$$

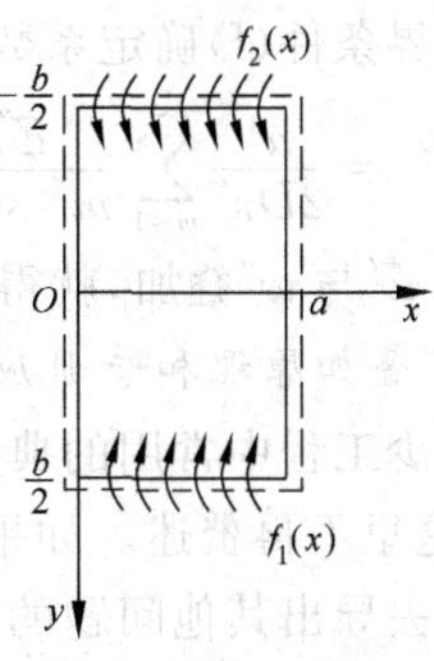

图 8-10 对边受弯的四边简支矩形板

其中各系数 E'_m 和 E''_m 可由给定的边界弯矩利用三角级数正交性(参见式(8.44)和式(8.45))求得。

对称情况下边界条件(b)写成

$$\left.\begin{aligned} &w'\Big|_{y=\pm b/2} = 0\\ &-D\frac{\partial^2 w'}{\partial y^2}\Big|_{y=\pm b/2} = \sum_{m=1}^{\infty}E'_m\sin\frac{m\pi x}{a}\end{aligned}\right\} \tag{d}$$

对称性要求挠度 w' 应为 y 的偶函数。故挠度公式(8.48)写成

$$w' = \sum_{m=1}^{\infty}\left(A_m\,\text{ch}\,\frac{m\pi y}{a}+D_m\frac{m\pi y}{a}\,\text{sh}\,\frac{m\pi y}{a}\right)\sin\frac{m\pi x}{a} \tag{e}$$

利用边界条件(d)，可确定系数

$$D_m = -\frac{E'_m}{2D}\frac{a^2}{m^2\pi^2}\frac{1}{\mathrm{ch}\lambda_m}$$

$$A_m = -D_m\lambda_m\ \mathrm{th}\lambda_m$$

代回式(e)得

$$w' = \frac{a^2}{2D\pi^2}\sum_{m=1}^{\infty}\frac{E'_m}{m^2\ \mathrm{ch}\lambda_m}\left(\lambda_m\ \mathrm{th}\lambda_m\ \mathrm{ch}\frac{m\pi y}{a} - \frac{m\pi y}{a}\mathrm{sh}\frac{m\pi y}{a}\right)\sin\frac{m\pi x}{a} \tag{8.50}$$

再看反对称情况，边界条件(b)写成

$$\left.w''\right|_{y=\pm b/2} = 0$$

$$\left.-D\frac{\partial^2 w''}{\partial y^2}\right|_{y=\pm b/2} = \pm\sum_{m=1}^{\infty}E''_m\sin\frac{m\pi x}{a} \tag{f}$$

反对称性要求挠度 w''应为 y 的奇函数。故挠度公式(8.48)写成

$$w' = \sum_{m=1}^{\infty}\left(B_m\ \mathrm{sh}\frac{m\pi y}{a} + C_m\frac{m\pi y}{a}\mathrm{ch}\frac{m\pi y}{a}\right)\sin\frac{m\pi x}{a} \tag{g}$$

利用边界条件(f)确定系数 B_m,C_m 后得到

$$w'' = \frac{a^2}{2D\pi^2}\sum_{m=1}^{\infty}\frac{E''_m}{m^2\ \mathrm{sh}\lambda_m}\left(\lambda_m\ \mathrm{cth}\lambda_m\ \mathrm{sh}\frac{m\pi y}{a} - \frac{m\pi y}{a}\mathrm{ch}\frac{m\pi y}{a}\right)\sin\frac{m\pi x}{a} \tag{8.51}$$

最后将 w'与 w''叠加，就得到满足边界条件(b)的挠度 w。

3. 叠加原理和手册应用

不少工程中常用的典型薄板问题都能在已经出版的手册[13~16]和专著[6]中找到解答，这里不再赘述。如果能灵活应用叠加原理，还可以进一步通过手册中给出的若干解答去导出其他问题的解答，以扩大手册的应用范围。

叠加原理有两种应用情况：

(1) **载荷叠加** 这是较简单的情况。例如，承受沿 x 方向梯形分布、y 方向均匀分布横向载荷的四边简支的矩形板。可以保持 y 向载荷分布，而把 x 方向的梯形载荷(情况 A)分解成均匀分布(情况 B)和三角分布(情况 C)两种载荷之和。先在手册中查出情况 B 和 C 的解，然后叠加，就得到情况 A 的解。横向载荷的叠加对应于特解的叠加，这时齐次解应保持不变，即情况 A 的边界条件应该原封不动地加到情况 B 和情况 C 上。

(2) **边界条件叠加** 这类问题的载荷并不复杂，但边界条件需用叠加原理才能实现。以一对边简支、另对边固支、受均布载荷 q_0 的矩形板为例来作说明，见图 8-11。

原问题(情况 A)可以分解为均布载荷下四边简支矩形板(情况 B，例 8.3)和一对边受弯矩的四边简支矩形板(情况 C，例 8.4)两个问题。情况 B 和 C 在对边 $y=\pm b/2$ 处都出现非零转角，若能让两者相互抵消，就能实现固支边界条件：

$$\left.w\right|_{y=\pm b/2} = 0;\quad \left.\frac{\partial w}{\partial y}\right|_{y=\pm b/2} = \left.\left(\frac{\partial w_B}{\partial y} + \frac{\partial w_C}{\partial y}\right)\right|_{y=\pm b/2} = 0 \tag{h}$$

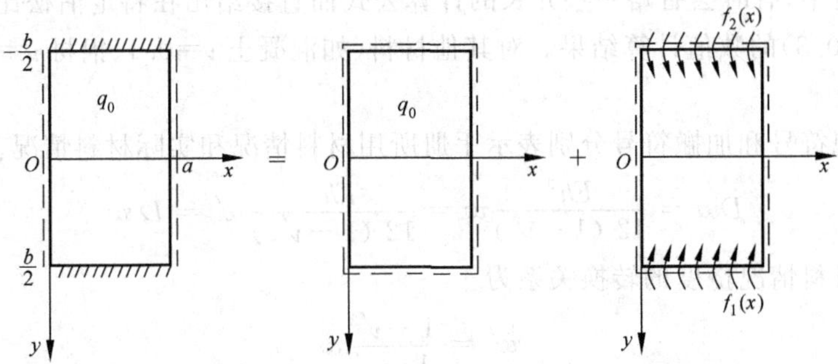

图 8-11 受均布载荷、一对边简支、另对边固支的矩形板

注意到载荷关于 x 轴对称，情况 B 和 C 的挠度解可分别由式(8.49)和式(8.50)导出。对 y 求导得到两者在边界 $y=b/2$ 处的转角分别为

$$\left.\frac{\partial w_B}{\partial y}\right|_{y=b/2}=\frac{2q_0a^3}{D\pi^4}\sum_{m=1,3,5,\cdots}^{\infty}\frac{1}{m^4}\frac{\lambda_m-\mathrm{sh}\lambda_m\mathrm{ch}\lambda_m}{\mathrm{ch}^2\lambda_m}\sin\frac{m\pi x}{a}$$

$$\left.\frac{\partial w_C}{\partial y}\right|_{y=b/2}=-\frac{a}{2D\pi}\sum_{m=1}^{\infty}\frac{E'_m}{m}\frac{\lambda_m+\mathrm{sh}\lambda_m\mathrm{ch}\lambda_m}{\mathrm{ch}^2\lambda_m}\sin\frac{m\pi x}{a}$$

代入固支条件(h)可解得

$$E'_m=\begin{cases}\dfrac{4q_0a^2}{\pi^3m^3}\dfrac{\lambda_m-\mathrm{sh}\lambda_m\,\mathrm{ch}\lambda_m}{\lambda_m+\mathrm{sh}\lambda_m\,\mathrm{ch}\lambda_m}, & m=1,3,5,\cdots\\ 0, & m=2,4,6,\cdots\end{cases}\tag{i}$$

代回式(8.50)，并与式(8.49)叠加，就得到受均布载荷、一对边简支、另对边固支的矩形板的挠度

$$w=\frac{4q_0a^4}{D\pi^5}\sum_{m=1,3,5,\cdots}^{\infty}\frac{1}{m^5}\left(1-\frac{\lambda_m\,\mathrm{ch}\lambda_m+\mathrm{sh}\lambda_m}{\lambda_m+\mathrm{sh}\lambda_m\,\mathrm{ch}\lambda_m}\mathrm{ch}\frac{m\pi y}{a}\right.$$
$$\left.+\frac{\mathrm{sh}\lambda_m}{\lambda_m+\mathrm{sh}\lambda_m\,\mathrm{ch}\lambda_m}\frac{m\pi y}{a}\mathrm{sh}\frac{m\pi y}{a}\right)\sin\frac{m\pi x}{a}\tag{8.52}$$

将式(i)代入式(c)可求得固支边上的弯矩为

$$\left.M'_y\right|_{y=\pm b/2}=\frac{4q_0a^2}{\pi^3}\sum_{m=1,3,5,\cdots}^{\infty}\frac{1}{m^3}\frac{\lambda_m-\mathrm{sh}\lambda_m\mathrm{ch}\lambda_m}{\lambda_m+\mathrm{sh}\lambda_m\mathrm{ch}\lambda_m}\sin\frac{m\pi x}{a}\tag{8.53}$$

边界条件的叠加对应于齐次解的叠加，这时特解应与原题相同。在情况 B 中已经包含了特解和部分齐次解，所以情况 C 中应令横向载荷 $q=0$，而非 q_0，只用边界弯矩来调整齐次解，否则特解就放大了一倍。

由式(8.49)和式(8.52)可以看到：无论简支边或固支边，抗弯刚度与挠度之积 Dw 的计算公式都与泊松比无关。这是因为若把 Dw 作为基本未知量，薄板方程 $\nabla^4(Dw)=0$ 和简支、固支边界条件中的 $Dw=0$；$\partial(Dw)/\partial x=0$ 或 $\partial(Dw)/\partial y=0$；$\partial^2(Dw)/\partial^2x=0$ 或 $\partial^2(Dw)/\partial^2y=0$ 均与泊松比无关，所以解出的 Dw 也与泊松比无

关。在手册中，有时会省略一些冗长的计算公式而直接给出在特定泊松比下（例如取钢材的 $\nu=0.3$）的数值计算结果。对其他材料（如混凝土 $\nu=0.1$、铝材 $\nu=0.33$）可作如下转换。

用常规符号和加撇符号分别表示手册所用材料情况和实际材料情况。由

$$Dw=\frac{Eh^3}{12\,(1-\nu^2)}w=\frac{Eh^3}{12\,(1-\nu'^2)}w'=D'w'$$

导得不同材料情况挠度的转换关系为

$$w'=\frac{1-\nu'^2}{1-\nu^2}w \tag{8.54}$$

这也是转角和曲率的转换关系。

不同材料情况的弯矩公式为

$$M_x=-\frac{\partial^2(Dw)}{\partial x^2}-\nu\frac{\partial^2(Dw)}{\partial^2 y};\quad M_y=-\frac{\partial^2(Dw)}{\partial^2 y}-\nu\frac{\partial^2(Dw)}{\partial x^2} \tag{j}$$

$$M'_x=-\frac{\partial^2(Dw)}{\partial x^2}-\nu'\frac{\partial^2(Dw)}{\partial^2 y};\quad M'_y=-\frac{\partial^2(Dw)}{\partial^2 y}-\nu'\frac{\partial^2(Dw)}{\partial x^2} \tag{k}$$

由式(j)解出 $\partial^2(Dw)/\partial^2 x=0$ 和 $\partial^2(Dw)/\partial^2 y=0$，代入式(k)导得弯矩转换关系：

$$\left.\begin{aligned}M'_x&=\frac{1}{1-\nu^2}\left[(1-\nu\nu')M_x+(\nu'-\nu)M_y\right]\\M'_y&=\frac{1}{1-\nu^2}\left[(1-\nu\nu')M_y+(\nu'-\nu)M_x\right]\end{aligned}\right\} \tag{8.55}$$

再由式(8.15)可得横剪力转换关系：

$$Q'_x=Q_x;\quad Q'_y=Q_y \tag{8.56}$$

8.4 圆板和环板

求解圆板和环板弯曲问题时采用极坐标系更为方便（图 8-12）。在第 5 章中已经导出直角坐标和极坐标的如下转换关系：

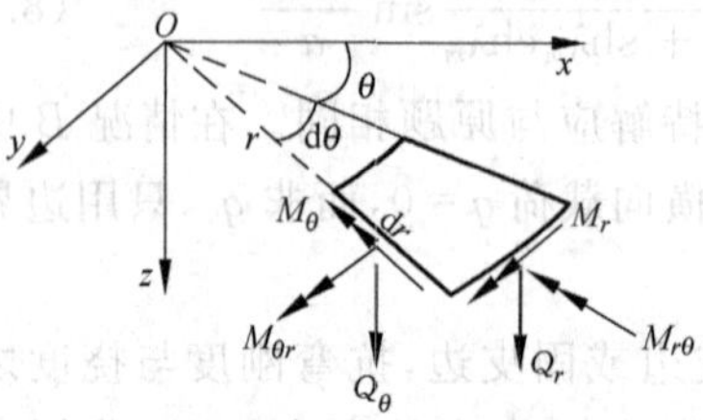

图 8-12 圆板的微元

$$\left.\begin{aligned}&\frac{\partial^2()}{\partial x^2}\Rightarrow\frac{\partial^2()}{\partial r^2};\quad\frac{\partial^2()}{\partial^2 y}\Rightarrow\frac{1}{r}\frac{\partial()}{\partial r}+\frac{1}{r^2}\frac{\partial^2()}{\partial\theta^2}\\&\frac{\partial^2()}{\partial x\partial y}\Rightarrow\frac{1}{r}\frac{\partial^2()}{\partial r\partial\theta}-\frac{1}{r^2}\frac{\partial()}{\partial\theta};\\&\nabla^2()\Rightarrow\frac{\partial^2()}{\partial r^2}+\frac{1}{r}\frac{\partial()}{\partial r}+\frac{1}{r^2}\frac{\partial^2()}{\partial\theta^2}\end{aligned}\right\} \tag{8.57}$$

由式(8.19)、式(8.18)经过上述转换导得极坐标系中的薄板弯曲微分方程：

$$\left(\frac{\partial^2}{\partial r^2}+\frac{1}{r}\frac{\partial}{\partial r}+\frac{1}{r^2}\frac{\partial^2}{\partial\theta^2}\right)\left(\frac{\partial^2 w}{\partial r^2}+\frac{1}{r}\frac{\partial w}{\partial r}+\frac{1}{r^2}\frac{\partial^2 w}{\partial\theta^2}\right)=\frac{q(r,\theta)}{D} \tag{8.58}$$

由式(8.7)和式(8.15)导得弯矩、扭矩和横剪力的表达式(正向见图 8-12)：

$$\left.\begin{aligned}
M_r &= -D\left[\frac{\partial^2 w}{\partial r^2}+\nu\left(\frac{1}{r}\frac{\partial w}{\partial r}+\frac{1}{r^2}\frac{\partial^2 w}{\partial\theta^2}\right)\right]\\
M_\theta &= -D\left[\left(\frac{1}{r}\frac{\partial w}{\partial r}+\frac{1}{r^2}\frac{\partial^2 w}{\partial\theta^2}\right)+\nu\frac{\partial^2 w}{\partial r^2}\right]\\
M_{r\theta} &= M_{\theta r} = -D(1-\nu)\left(\frac{1}{r}\frac{\partial^2 w}{\partial r\partial\theta}-\frac{1}{r^2}\frac{\partial w}{\partial\theta}\right)\\
Q_r &= -D\frac{\partial}{\partial r}(\nabla^2 w)\\
Q_\theta &= -D\frac{1}{r}\frac{\partial}{\partial\theta}(\nabla^2 w)
\end{aligned}\right\} \tag{8.59}$$

由于内力素计算应力分量的公式和矩形板的相同，只需把(8.10)～(8.12)诸式中的下标 x,y 分别改为 r,θ。

取圆板中心为坐标原点，板边 $r=a$ 处的边界条件为

(1) **固支边**

$$w=0;\quad \frac{\partial w}{\partial r}=0 \tag{8.60}$$

(2) **简支边**(带外加分布弯矩)

$$w=0;\quad M_r=\overline{M}_r \tag{8.61}$$

(3) **自由边**

$$M_r=0;\quad \widetilde{Q}_r=Q_r+\frac{1}{r}\frac{\partial M_{r\theta}}{\partial\theta}=0 \tag{8.62}$$

其中出现的内力素可通过式(8.59)用挠度 w 来表示。$\widetilde{Q}_r$ 是等效横剪力，由于圆板边界光滑，不会出现角点集中力。

对于实心圆板，在板中心 $r=0$ 处可以给出如下条件：

(1) 中心挠度 w 有界； (8.63)

(2) 当中心无集中力时，中心弯矩 M_r、M_θ 有界； (8.64)

(3) 当中心有集中力时，从板中心取出半径为 r 的小圆板(图 8-13)，由其 z 向平衡条件 $2\pi rQ_r+P+\pi r^2 q=0$ 可以定出横剪力

$$Q_r=-\frac{P}{2\pi r}-\frac{qr}{2} \tag{8.65}$$

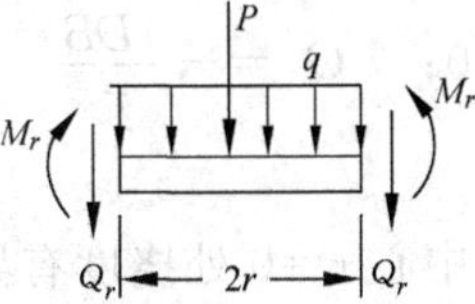

图 8-13 中心小圆板的平衡

对**轴对称载荷**情况 $q=q(r)$，由于圆(环)板几何上也轴对称，所以其变形将是轴对称的，挠度 w 对 θ 的各阶导数均为零。圆板弯曲问题的基本方程(8.58)简化为欧拉型常微分方程

$$\left(\frac{d^2}{dr^2}+\frac{1}{r}\frac{d}{dr}\right)\left(\frac{d^2 w}{dr^2}+\frac{1}{r}\frac{dw}{dr}\right)=\frac{q(r)}{D} \tag{8.66}$$

其特征方程为

$$(k-2)(k-2)(k-0)(k-0)=0$$

它有 $k=2$ 和 $k=0$ 两个二重根，通解为

$$w=Ar^2+Br^2\ln\frac{r}{a}+C\ln\frac{r}{a}+D+\hat{w}(r) \tag{8.67}$$

其中 a 为圆板的半径，$\hat{w}(r)$为方程的特解，常数 A,B,C,D 由板的边界条件决定。

将方程(8.66)改写成

$$\frac{1}{r}\frac{d}{dr}\left\{\frac{1}{r}\frac{d}{dr}\left[\frac{1}{r}\frac{d}{dr}\left(r\frac{dw}{dr}\right)\right]\right\}=\frac{q(r)}{D} \tag{8.68}$$

当载荷 $q=q(r)$给定时，不难由上式积分出方程的特解 $\hat{w}(r)$。

例 8.5 受均布载荷及中心集中力的固支圆板

图 8-14 中半径为 a 的固支圆板承受均布载荷 $q=q_0$ 和中心集中力 P。将 q_0 代入式(8.68)，积分后得到特解：

$$\hat{w}(r)=\frac{q_0}{64D}r^4$$

代入式(8.67)得挠度：

$$w=Ar^2+Br^2\ln\frac{r}{a}+C\ln\frac{r}{a}+K+\frac{q_0}{64D}r^4 \tag{8.69}$$

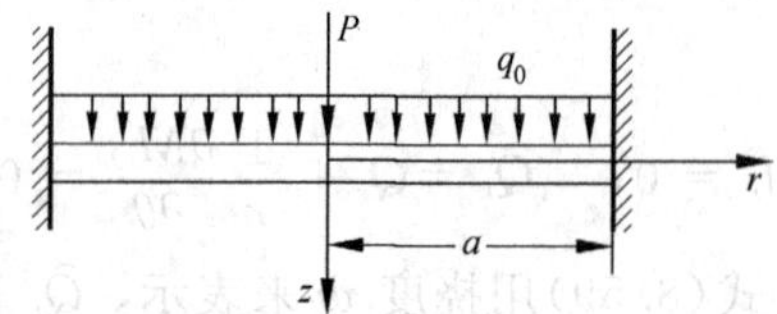

图 8-14 受均载、中心集中力的固支圆板

将挠度代入内力素式(8.59)得

$$\left.\begin{aligned}
M_r &=-D\left[2(1+\nu)A+(3+\nu)B+2(1+\nu)B\ln\frac{r}{a}-\frac{1-\nu}{r^2}C\right]-\frac{(3+\nu)q_0 r^2}{16}\\
M_\theta &=-D\left[2(1+\nu)A+(1+3\nu)B+2(1+\nu)B\ln\frac{r}{a}+\frac{1-\nu}{r^2}C\right]-\frac{(1+3\nu)q_0 r^2}{16}\\
M_{r\theta} &=0;\quad Q_r=-\frac{4DB}{r}-\frac{q_0 r}{2};\quad Q_\theta=0
\end{aligned}\right\} \tag{8.70}$$

根据板中心 $r=0$ 处挠度有界的条件定出常数 $C=0$。将式(8.70)中 Q_r 式与中心条件(8.65)比较，可定出积分常数 $B=P/8\pi D$。

在板边 $r=a$ 处的固支条件为

$$w\Big|_{r=a}=0;\quad \frac{\partial w}{\partial r}\Big|_{r=a}=0 \tag{a}$$

将 B、C 代入式(8.69),并利用条件(a)可解得

$$A=-\frac{P}{16\pi D}-\frac{q_0}{32D}a^2;\quad K=\left(\frac{P}{16\pi D}+\frac{q_0}{64D}a^2\right)a^2$$

将 A、B、C、K 代入式(8.69)及式(8.70),最终得到板的挠度和弯矩:

$$\left.\begin{aligned}
w&=\frac{q_0}{64D}(a^2-r^2)^2+\frac{P}{8\pi D}\left[\frac{1}{2}(a^2-r^2)+r^2\ln\frac{r}{a}\right]\\
M_r&=\frac{q_0}{16}\left[(1+\nu)a^2-(3+\nu)r^2\right]-\frac{P}{4\pi}\left[1+(1+\nu)\ln\frac{r}{a}\right]\\
M_\theta&=\frac{q_0}{16}\left[(1+\nu)a^2-(1+3\nu)r^2\right]-\frac{P}{4\pi}\left[\nu+(1+\nu)\ln\frac{r}{a}\right]
\end{aligned}\right\} \tag{8.71}$$

上式表明:(1)均布载荷与集中力共同作用所产生的挠度就等于各载荷单独作用所产生的挠度之和。(2)在中心集中力作用下中心挠度有界,但中心弯矩为无穷大。

例 8.6 内边受均布横剪力的简支环板

图 8-15 中的外边简支环板,内边受均布横剪力 Q_0。内、外半径分别为 b 和 a。

环板在内边界 $r=b$ 处的边界条件为

$$Q_r=-Q_0;\quad M_r=0 \tag{b}$$

在外边界 $r=a$ 处的简支条件为

$$w=0;\quad M_r=0 \tag{c}$$

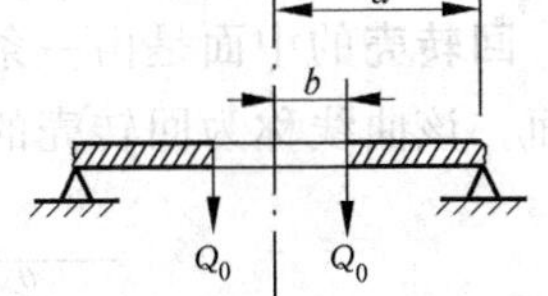

图 8-15 内边受均布横剪力的简支环板

环板和圆板的通解相同,区别在于要将圆板中心条件改为内边的边界条件。将式(8.69)和式(8.70)代入上述边界条件(b)和(c),令 $q_0=0$(无分布载荷),并注意到环板无中心挠度的限制,常数 C 不为零,可得确定诸积分常数的方程:

$$Q_0=\frac{4DB}{b}$$

$$2(1+\nu)A+(3+\nu)B+2(1+\nu)B\ln\frac{b}{a}-\frac{1-\nu}{b^2}C=0$$

$$Aa^2+K=0$$

$$2(1+\nu)A+(3+\nu)B-\frac{1-\nu}{a^2}C=0$$

由此解得

$$\begin{aligned}
A&=\frac{Q_0 b}{8D}\left(\frac{2b^2}{a^2-b^2}\ln\frac{b}{a}-\frac{3+\nu}{1+\nu}\right);\quad B=\frac{Q_0 b}{4D}\\
C&=\frac{Q_0 b}{2D}\frac{1+\nu}{1-\nu}\frac{a^2b^2}{a^2-b^2}\ln\frac{b}{a};\quad K=\frac{Q_0 ba^2}{8D}\left(\frac{3+\nu}{1+\nu}-\frac{2b^2}{a^2-b^2}\ln\frac{b}{a}\right)
\end{aligned} \tag{d}$$

代回式(8.69)就得到内边受均布横剪力的简支环板的挠度：

$$w=\frac{Q_0 b}{4D}\left\{(a^2-r^2)\left[\frac{3+\nu}{2(1+\nu)}-\frac{b^2}{a^2-b^2}\ln\frac{b}{a}\right]+r^2\ln\frac{r}{a}+\frac{2a^2b^2}{a^2-b^2}\frac{1+\nu}{1-\nu}\ln\frac{b}{a}\ln\frac{r}{a}\right\} \tag{8.72}$$

若令 $b\to 0$，环板成实心圆板。环板内边上的分布横剪力合成为中心集中力 $P=2\pi bQ_0$，即 $Q_0 b=P/2\pi$，代入式(d)，并注意当 $b\to 0$ 时 $b^2\ln\dfrac{b}{a}\to 0$，则得

$$\left.\begin{aligned}&A=-\frac{P}{16\pi D}\frac{3+\nu}{1+\nu};\quad B=\frac{P}{8\pi D}\\&C=0;\quad K=\frac{Pa^2}{16\pi D}\frac{3+\nu}{1+\nu}\end{aligned}\right\} \tag{e}$$

代回式(8.69)，令 $q_0=0$，就得到受中心集中力 P 的简支圆板的挠度：

$$w=\frac{P}{8\pi D}\left[\frac{3+\nu}{2(1+\nu)}(a^2-r^2)+r^2\ln\frac{r}{a}\right] \tag{8.73}$$

8.5 回转壳的薄膜理论

回转壳的中面是由一条平面曲线(包括直线)绕与其共面的轴线旋转而成的回转曲面。该曲线称为回转壳的**子午线**或**母线**。取出回转壳的微元，如图 8-16。图中 φ 坐标沿子午线方向，θ 坐标沿平行圆方向，z 坐标沿主法线方向，并指向回转轴，三者构成正交曲线坐标系。平行圆平面与回转轴正交，交点就是其圆心，平行圆半径记为 r_0。回转曲面的第一主曲率半径 R_1 就是子午线的曲率半径，沿主法线方向；第二主曲率半径 R_2 也沿主法线方向，等于回转轴到壳体中面间的主法线长度。R_2 与平行圆半径的关系是

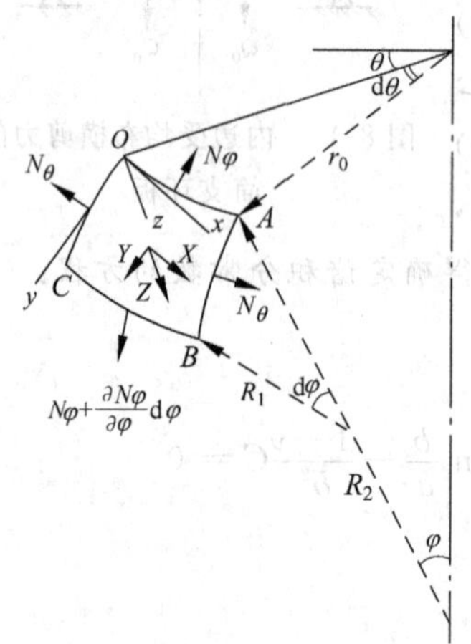

图 8-16 回转壳微元的薄膜平衡

$$r_0=R_2\sin\varphi \tag{8.74}$$

微元 $OABC$ 的弧长和面积分别为

$$\left.\begin{aligned}\overset{\frown}{OA}&=r_0\mathrm{d}\theta=R_2\sin\varphi\mathrm{d}\theta\\\overset{\frown}{OC}&=R_1\mathrm{d}\varphi\\\mathrm{d}A&=R_1R_2\sin\varphi\mathrm{d}\varphi\mathrm{d}\theta\end{aligned}\right\} \tag{8.75}$$

图中的局部坐标 x 沿环向(平行圆切线、θ 增加的方向)，y 沿切向(子午线切线、φ 增加的方向)，z 沿主法线的负方向。X,Y,Z 是微元所受的单位面积上的分布载荷，它们的正向与局部坐标 x,y,z 相同。

薄膜理论是最简单的薄壳理论，又称**无矩理论**。它只考虑壳体用沿壁厚均匀分布的薄膜应力来承受外载荷，而弯矩、扭矩、横剪力均为零的状态，这时原含八阶偏微分的薄壳理论基本方程退化为四阶偏微分方程，而且在适当的边界条件下可以化为静定问题。薄膜理论又是最实用的薄壳理论，因为薄膜应力状态是承受外载最有效的形式，而且许多典型壳体结构的大部分区域都处于薄膜应力状态，而局部的有矩应力状态可以通过叠加原理来修正(详见8.6节讨论)。在薄壳中出现纯薄膜状态是有条件的：除了法向分布载荷外，任何载荷和约束(支承条件)都必须作用在中面内，即沿中面切线方向，而且壳体中面应是光滑曲面。

本节讨论工程中最常见的轴对称载荷情况，即分布载荷的环向分量 $X=0$，其余分量与坐标 θ 无关($Y=Y(\varphi)$ 和 $Z=Z(\varphi)$)。由于回转壳本身是几何轴对称的，再加上轴对称边界条件，则回转壳的变形和应力状态也将是轴对称的，即

$$\left.\begin{aligned} &v=v(\varphi);\quad w=w(\varphi);\quad u=0\\ &\varepsilon_\varphi=\varepsilon_\varphi(\varphi);\quad \varepsilon_\theta=\varepsilon_\theta(\varphi);\quad \gamma_{\varphi\theta}=0\\ &N_\varphi=N_\varphi(\varphi);\quad N_\theta=N_\theta(\varphi);\quad N_{\varphi\theta}=N_{\theta\varphi}=0 \end{aligned}\right\}\tag{8.76}$$

下面来推导平衡方程。先看切向，由于平行圆半径随 φ 而变(见图8-16)，微元上、下边的长度分别为 r_0 和 $r_0+\dfrac{dr_0}{d\varphi}d\varphi$，作用于其上的薄膜力分别为 N_φ 和 $N_\varphi+\dfrac{dN_\varphi}{d\varphi}d\varphi$，于是切向平衡关系为

$$\begin{aligned} &-N_\varphi r_0\,d\theta+\left(N_\varphi+\frac{dN_\varphi}{d\varphi}d\varphi\right)\left(r_0+\frac{dr_0}{d\varphi}d\varphi\right)d\theta\\ &\quad-N_\theta R_1\cos\varphi d\varphi d\theta+YR_1r_0\,d\varphi d\theta=0 \end{aligned}\tag{a}$$

其中第三项来自环向薄膜力 N_θ：作用在微元左、右两侧面上的总薄膜力为 $N_\theta R_1 d\varphi$(图8-16)，由于左右两侧面间有夹角 $d\theta$(图8-17(a))，两边的薄膜力形成一个指向平行圆圆心的合力 $N_\theta R_1 d\varphi d\theta$，从纵向剖面来看(图8-17(b))该力垂直于回转轴，其切向分量就是式(a)中的第三项，其法向分量将进入如下法向平衡关系：

$$N_\varphi r_0\,d\varphi d\theta+N_\theta R_1\sin\varphi d\varphi d\theta+ZR_1r_0\,d\varphi d\theta=0\tag{b}$$

这里的第一项是由于微元上下两侧面间的夹角 $d\varphi$ 导致切向薄膜力 N_φ 形成的法向合力(图8-17(c))。(a)、(b)两式的左端最后项为分布载荷与微元面积的乘积。

化简(a)、(b)两式得到回转壳在切向和法向上的薄膜平衡方程：

$$\left.\begin{aligned} &\frac{d}{d\varphi}(N_\varphi r_0)-N_\theta R_1\cos\varphi+YR_1r_0=0\\ &N_\varphi r_0+N_\theta R_1\sin\varphi+ZR_1r_0=0 \end{aligned}\right\}\tag{8.77}$$

为了求回转壳在轴向的薄膜平衡方程将式(8.77)向轴向投影，第一式乘 $\sin\varphi$ 和第二式乘 $\cos\varphi$ 相加后得到

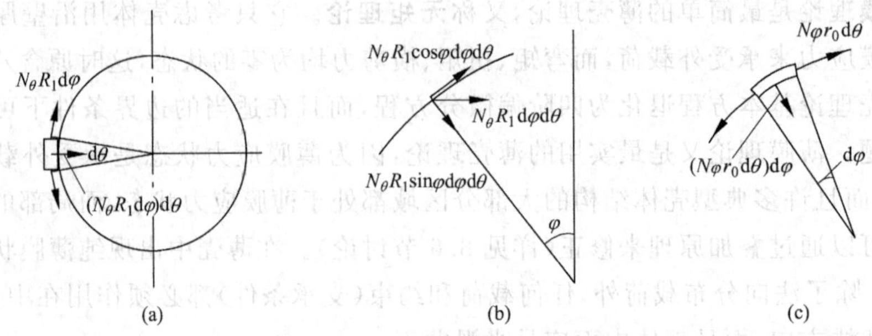

图 8-17 回转壳轴对称平衡关系

$$\frac{\mathrm{d}}{\mathrm{d}\varphi}(N_\varphi r_0)\sin\varphi + (N_\varphi r_0)\cos\varphi + (Y\sin\varphi + Z\cos\varphi)R_1 r_0 = 0$$

将前两项合并，再积分，即

$$\int_0^{2\pi}\int_0^{\varphi}\frac{\mathrm{d}}{\mathrm{d}\varphi}(N_\varphi r_0 \sin\varphi)\mathrm{d}\varphi\mathrm{d}\theta + \int_0^{2\pi}\int_0^{\varphi}(Y\sin\varphi + Z\cos\varphi)R_1 r_0 \mathrm{d}\varphi\mathrm{d}\theta = 0$$

积分后得到非常简单的关系：

$$\left.\begin{aligned} &2\pi r_0 N_\varphi \sin\varphi + P = 0 \\ &P = \int_0^{2\pi}\int_0^{\varphi}(Y\sin\varphi + Z\cos\varphi)R_1 r_0 \mathrm{d}\varphi\mathrm{d}\theta \end{aligned}\right\} \tag{8.78}$$

其实这就是回转壳整体的轴向薄膜平衡方程。考虑回转壳在平行圆 r_0 以上部分的整体平衡，如图 8-18。将作用在上部壳面上的分布载荷 Y 和 Z 向轴向投影，再沿曲面积分，就得到式(8.78)中的 P，它是外载在轴向的总合力。将作用在下端截面上的薄膜力 N_φ 向轴向投影，并沿圆周积分得到 $2\pi r_0 N_\varphi \sin\varphi$，它是内力在轴向的总合力。两者的平衡条件即(8.78)第一式。

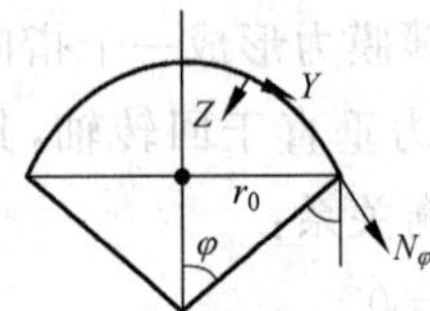

图 8-18 回转壳轴向整体平衡

式(8.78)和利用式(8.74)改写的(8.77)第二式一起组成了**回转壳轴对称薄膜理论的基本方程**：

$$\left.\begin{aligned} &2\pi r_0 N_\varphi \sin\varphi + P = 0 \\ &\frac{N_\varphi}{R_1} + \frac{N_\theta}{R_2} + Z = 0 \end{aligned}\right\} \tag{8.79}$$

它是一组简单的代数方程，载荷给定后，可由第一个轴向平衡方程解出 N_φ，再由第二个法向平衡方程解得 N_θ。相应薄膜应力为

$$\sigma_\varphi = \frac{N_\varphi}{h}; \quad \sigma_\theta = \frac{N_\theta}{h}; \quad \tau_{\varphi\theta} = 0 \tag{8.80}$$

现在来讨论应变和位移。图 8-19(a)中微元之 AB 边的原长为 $R_1\mathrm{d}\varphi$。两端点 A 和 B 的位移分别为 (v,w) 和 $\left(v + \frac{\mathrm{d}v}{\mathrm{d}\varphi}\mathrm{d}\varphi, w + \frac{\mathrm{d}w}{\mathrm{d}\varphi}\mathrm{d}\varphi\right)$。变形后，$B$ 点切向位移相对 A

点的增量$\frac{dv}{d\varphi}d\varphi$导致线元$AB$伸长，而挠度$w$(两端的挠度沿各自的法线向内移动，互不平行)又直接导致AB缩短了$w d\varphi$(图 8-19(b))，于是子午应变为

$$\varepsilon_\varphi = \frac{\frac{dv}{d\varphi}d\varphi - w d\varphi}{R_1 d\varphi} = \frac{1}{R_1}\frac{dv}{d\varphi} - \frac{w}{R_1} \tag{8.81a}$$

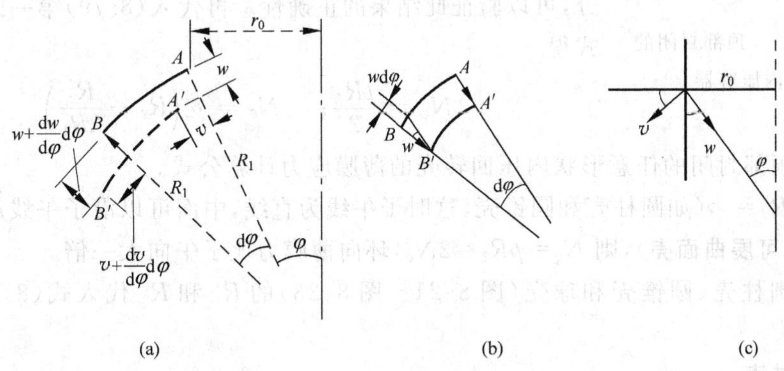

图 8-19 回转壳轴对称几何关系

平行圆的伸缩导致环向应变。图 8-19(c)表明，由位移v和w引起的平行圆半径的增量为$\Delta r_0 = v\cos\varphi - w\sin\varphi$，于是环向应变为

$$\varepsilon_\theta = \frac{\Delta r_0}{r_0} = \frac{v\cos\varphi - w\sin\varphi}{R_2 \sin\varphi} = \frac{v}{R_2}\cot\varphi - \frac{w}{R_2} \tag{8.81b}$$

为了求位移v，用R_1乘式(8.81a)减去R_2乘式(8.81b)以消去w，得到

$$\frac{dv}{d\varphi} - v\cot\varphi = R_1\varepsilon_\varphi - R_2\varepsilon_\theta \tag{c}$$

当由平衡方程(8.79)求出N_φ和N_θ后，代入胡克定律

$$\varepsilon_\varphi = \frac{1}{Eh}(N_\varphi - \nu N_\theta); \quad \varepsilon_\theta = \frac{1}{Eh}(N_\theta - \nu N_\varphi) \tag{8.82}$$

再代入式(c)右端可以得到一个已知的函数$f(\varphi)$：

$$f(\varphi) \equiv R_1\varepsilon_\varphi - R_2\varepsilon_\theta = \frac{1}{Eh}[N_\varphi(R_1 + \nu R_2) - N_\theta(R_2 + \nu R_1)] \tag{8.83}$$

于是式(c)可以写成

$$\frac{d}{d\varphi}\left(\frac{v}{\sin\varphi}\right) = \frac{f(\varphi)}{\sin\varphi}$$

积分后得到

$$v = \sin\varphi\left[\int \frac{f(\varphi)}{\sin\varphi}d\varphi + C\right] \tag{8.84a}$$

其中积分常数C由边界条件确定。再由式(8.81b)得挠度：

$$w = v\cot\varphi - \frac{R_2}{Eh}(N_\theta - \nu N_\varphi) \tag{8.84b}$$

例 8.7 内压回转壳

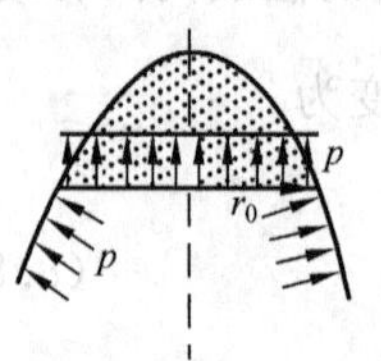

图 8-20 顶部封闭的内压容器

研究顶部封闭的内压回转壳。考虑到平行圆 r_0 以上壳体-流体部分的平衡(图 8-20),作用于上部壳体的内压($Z=-p$)在轴向的总合力 P 就等于平行圆面积 πr_0^2 上内压的总合力 $P=-\pi r_0^2 p$。若将 $Z=-p$ 代入(8.78)第二式中积分,可以验证此结果的正确性。再代入(8.79)第一式和第二式得

$$N_\varphi=\frac{pR_2}{2};\quad N_\theta=p\left(R_2-\frac{R_2^2}{2R_1}\right)\tag{8.85}$$

这就是顶部封闭的任意形状内压回转壳的薄膜应力计算公式。

若 $R_1=\infty$(如圆柱壳和圆锥壳,这时子午线为直线,中面可以沿子午线展开成平面,称为**可展曲面壳**),则 $N_\theta=pR_2=2N_\varphi$,环向薄膜力比子午向大一倍。

将圆柱壳、圆锥壳和球壳(图 8-21~图 8-23)的 R_1 和 R_2 代入式(8.85)可以得到

圆柱壳

$$N_\varphi=\frac{pr}{2};\quad N_\theta=pr\tag{8.86}$$

圆锥壳

$$N_\varphi=\frac{pr}{2\cos\alpha}=\frac{ps}{2}\tan\alpha;\quad N_\theta=2N_\varphi\tag{8.87}$$

球壳

$$N_\varphi=N_\theta=\frac{pr}{2}\tag{8.88}$$

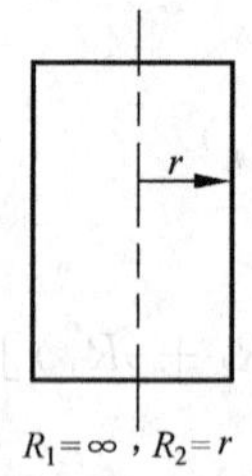

图 8-21 圆柱壳

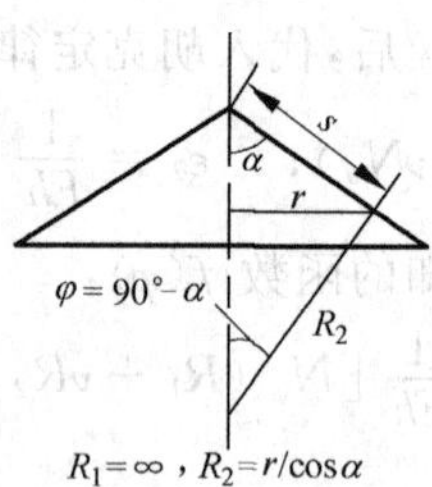

图 8-22 圆锥壳

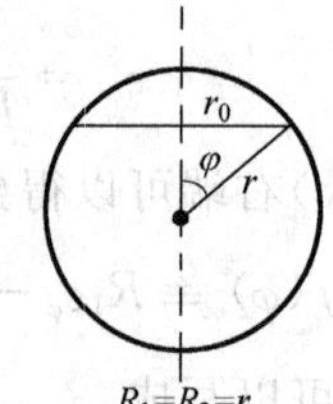

图 8-23 球壳

压力容器常用椭球封头。椭球壳的主曲率半径是(图 8-24):

$$\left.\begin{aligned}R_1&=\frac{a^2b^2}{(a^2\sin^2\varphi+b^2\cos^2\varphi)^{3/2}}=R_2^3\frac{b^2}{a^4}\\R_2&=\frac{a^2}{(a^2\sin^2\varphi+b^2\cos^2\varphi)^{1/2}}=\frac{(a^4y^2+b^4x^2)^{1/2}}{b^2}\end{aligned}\right\}\tag{8.89}$$

代入式(8.85)就得薄膜内力 N_φ 和 N_θ。

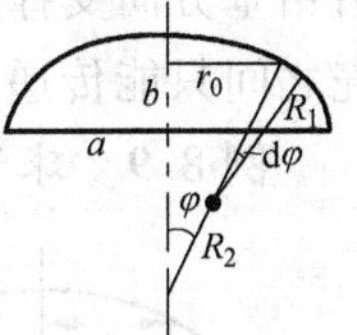

图 8-24 椭球壳

在椭球顶中心 $R_1=R_2\equiv R=a^2/b, N_\varphi=N_\theta=pR/2$，相当于球壳。在下边界大圆处 $R_1=b^2/a, R_2=a$，得

$$N_\varphi=\frac{pa}{2};\quad N_\theta=pa\left(1-\frac{a^2}{2b^2}\right) \tag{d}$$

所以当 $a>\sqrt{2}b$ 时(例如标准椭圆封头 $a=2b$)大圆处 N_θ 为负，将出现环向压应力。若壳体很薄(如啤酒厂的发酵容器)，在内压作用下大圆处会出现环向失稳的褶皱波形。

例 8.8 充液球罐

考察半径为 a、充满比重为 γ 之液体的球罐(图 8-25)。在平行圆 $A-A$(圆心角 φ_0)处用支承环支撑。球罐内壁的压力为

$$p=-Z=\gamma a(1-\cos\varphi) \tag{e}$$

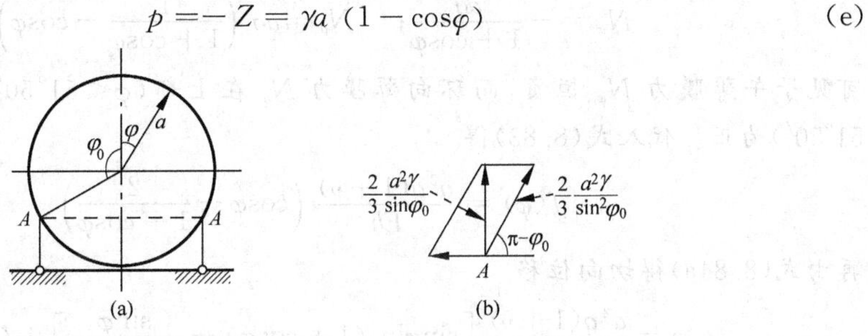

图 8-25 充液球罐

代入式(8-78)积分后得

$$P=-2\pi a^3\gamma\left[\frac{1}{6}-\frac{1}{2}\cos^2\varphi\left(1-\frac{2}{3}\cos\varphi\right)\right] \tag{f}$$

再代入式(8-79)得

$$N_\varphi=\frac{\gamma a^2}{6}\left(1-\frac{2\cos^2\varphi}{1+\cos\varphi}\right);\quad N_\theta=\frac{\gamma a^2}{6}\left(5-6\cos\varphi+\frac{2\cos^2\varphi}{1+\cos\varphi}\right) \tag{8.90a}$$

式(8.90a)仅适用于支承环以上壳体($\varphi<\varphi_0$)。在支承环处有支反力作用，其大小为液体总重量(忽略金属罐壁的重量)$-4\pi a^3\gamma/3$，负号表示反力向上。对下部壳体($\varphi>\varphi_0$)，加上支反力后式(f)成

$$P=-2\pi a^3\gamma\left[\frac{5}{6}-\frac{1}{2}\cos^2\varphi\left(1-\frac{2}{3}\cos\varphi\right)\right] \tag{g}$$

再代入式(8-79)得

$$N_\varphi=\frac{\gamma a^2}{6}\left(5+\frac{2\cos^2\varphi}{1-\cos\varphi}\right);\quad N_\theta=\frac{\gamma a^2}{6}\left(1-6\cos\varphi-\frac{2\cos^2\varphi}{1-\cos\varphi}\right) \tag{8.90b}$$

将 $\varphi=\varphi_0$ 代入式(8.90a)和式(8.90b)，可以发现支承环下部壳体的 N_φ 比上部壳体大了 $2\gamma a^2/3\sin^2\varphi_0$，这就是支反力沿切向的分量(图 8-25(b))。图中支承环是

沿铅垂方向支撑的，其水平分量必须由支承环本身通过其环向薄膜力来承担，而环与壳之间只能传递切向分量，否则壳中将出现局部的弯曲应力。

例 8.9　球形薄壳屋顶

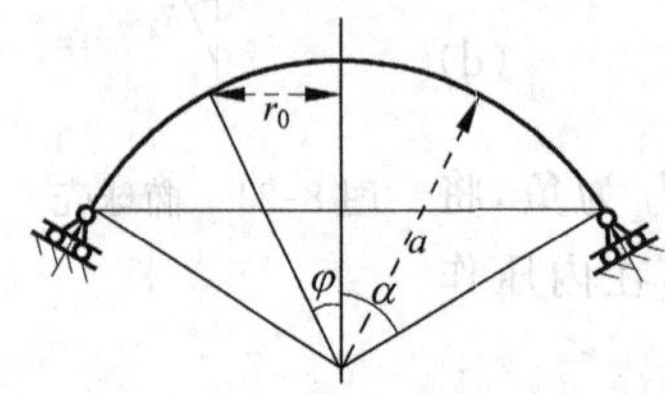

图 8-26　球形屋顶

单位曲面面积上受均布自重 q 的球形薄壳屋顶（见图 8-26），在下端边界沿中面的切线方向设置支承。几何参数为

$$R_1 = R_2 = a; \quad r_0 = a\sin\varphi$$

代入式(8-78)积分后得

$$P = \int_0^{\varphi} q\,(a\mathrm{d}\varphi)\,(2\pi a\sin\varphi) = 2\pi a^2 q\,(1-\cos\varphi) \tag{h}$$

再代入式(8-79)得

$$N_{\varphi} = -\frac{aq}{1+\cos\varphi}; \quad N_{\theta} = aq\left(\frac{1}{1+\cos\varphi} - \cos\varphi\right) \tag{8.91}$$

可见子午薄膜力 N_{φ} 恒负，而环向薄膜力 N_{θ} 在上部（$\varphi < 51°50'$）为负，下部（$\varphi > 51°50'$）为正。代入式(8.83)得

$$f(\varphi) = \frac{a^2 q(1+\nu)}{Eh}\left(\cos\varphi - \frac{2}{1+\cos\varphi}\right) \tag{i}$$

再由式(8.84a)得切向位移

$$v = \frac{a^2 q(1+\nu)}{Eh}\left[\sin\varphi\ln\,(1+\cos\varphi) - \frac{\sin\varphi}{1+\cos\varphi}\right] + C\sin\varphi \tag{8.92a}$$

利用边界条件：$\varphi=\alpha$ 处 $v=0$，可确定积分常数：

$$C = \frac{a^2 q(1+\nu)}{Eh}\left[\frac{1}{1+\cos\alpha} - \ln\,(1+\cos\alpha)\right] \tag{8.92b}$$

将式(8.91)、式(8.92a)、式(8.92b)代入式(8.84b)即可求得挠度 w。下端边界 $\varphi=\alpha$ 处，利用 $v=0$ 的条件，可得

$$w\Big|_{\varphi=\alpha} = -\frac{a}{Eh}(N_{\theta} - \nu N_{\varphi}) = \frac{a^2 q}{Eh}\left(\cos\alpha - \frac{1+\nu}{1+\cos\alpha}\right) \tag{8.93}$$

8.6　圆柱壳的轴对称有矩理论

圆柱壳结构在工程中有广泛应用。例如，众多的压力容器、锅炉和管道，储液罐，火箭筒体，潜艇艇身等。一般说，圆柱壳内主要承受薄膜应力状态，但在几何形状或载荷不连续的部位以及与其他部件连接的部位也会出现较严重的弯曲应力状态。本节以圆柱壳为例讲述薄壳理论中“边缘效应解”的重要概念。

采用圆柱坐标系：轴向坐标 x，环向坐标 φ，径向坐标 z（指向圆心为正），如

图 8-27。轴向主曲率 $1/R_1=0$，环向主曲率 $1/R_2=1/R$，其中 R 为圆柱壳中面的半径。环向的弧长为 $\mathrm{d}s=R\mathrm{d}\varphi$。

为了建立平衡方程，取出图 8-27 所示瓦形微元。微元面上承受外压 Z。由轴对称条件可知，面内剪力 $N_{x\varphi}=N_{\varphi x}=0$，扭矩 $N_{x\varphi}=N_{\varphi x}=0$，横剪力 $Q_\varphi=0$，且其他内力素（薄膜力 N_x,N_φ、弯矩 M_x,M_φ 和横剪力 Q_φ）均与坐标 φ 无关。

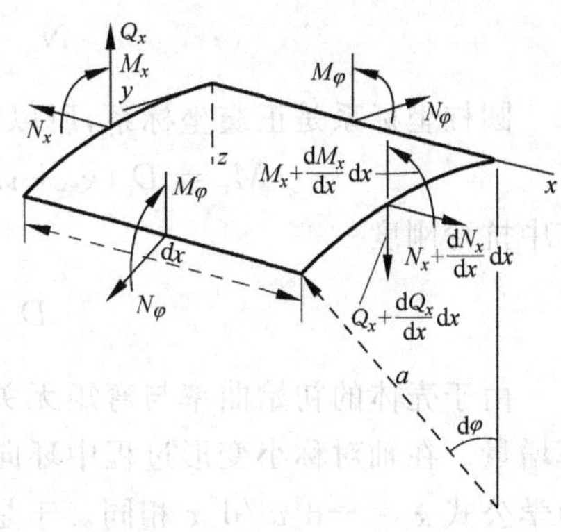

图 8-27 圆柱壳的微元

微元的六个平衡方程中三个自动满足，剩下 x 和 z 向的力平衡方程及绕 y 的力矩平衡方程：

$$\left.\begin{aligned}&\frac{\mathrm{d}N_x}{\mathrm{d}x}R\,\mathrm{d}x\mathrm{d}\varphi=0\\&\frac{\mathrm{d}Q_x}{\mathrm{d}x}R\,\mathrm{d}x\mathrm{d}\varphi+N_\varphi\mathrm{d}x\mathrm{d}\varphi+ZR\,\mathrm{d}x\mathrm{d}\varphi=0\\&\frac{\mathrm{d}M_x}{\mathrm{d}x}R\,\mathrm{d}x\mathrm{d}\varphi-Q_xR\,\mathrm{d}x\mathrm{d}\varphi=0\end{aligned}\right\}\tag{8.94}$$

由第一方程得 $N_x=\mathrm{const}$，该常数可以由轴向整体平衡条件确定。另两个方程简化为

$$\left.\begin{aligned}&\frac{\mathrm{d}Q_x}{\mathrm{d}x}+\frac{1}{R}N_\varphi=-Z\\&\frac{\mathrm{d}M_x}{\mathrm{d}x}-Q_x=0\end{aligned}\right\}\tag{8.95}$$

和材料力学的梁弯曲方程相比，仅在第一方程中多了 N_φ/R 项。由此导致在两个方程中出现三个未知量，成为静不定问题，需要与几何方程联立求解。

对轴对称情况，环向位移 $v=0$。圆柱壳的几何关系是

$$\varepsilon_x=\frac{\mathrm{d}u}{\mathrm{d}x};\quad \varepsilon_\varphi=-\frac{w}{R}\tag{8.96}$$

其中 u 和 w 分别为轴向和径向（向圆心为正）位移。

薄膜应力沿壁厚均匀分布，所以将平面应力状态的胡克定律乘上壁厚 h（即沿壁厚积分）就得到薄膜力与中面应变间的弹性关系

$$\left.\begin{aligned}N_x&=\frac{Eh}{1-\nu^2}(\varepsilon_x+\nu\varepsilon_\varphi)=\frac{Eh}{1-\nu^2}\left(\frac{\mathrm{d}u}{\mathrm{d}x}-\nu\frac{w}{R}\right)\\N_\varphi&=\frac{Eh}{1-\nu^2}(\varepsilon_\varphi+\nu\varepsilon_x)=\frac{Eh}{1-\nu^2}\left(-\frac{w}{R}+\nu\frac{\mathrm{d}u}{\mathrm{d}x}\right)\end{aligned}\right\}\tag{8.97}$$

将第一式乘 $-\nu$ 再与第二式相加得到

$$N_\varphi = -\frac{Ehw}{R} + \nu N_x \tag{8.98}$$

圆柱坐标系是正交坐标系，所以弯矩和曲率间的弹性关系与平板的式(8.7)相似

$$M_x = D(\kappa_x + \nu\kappa_\varphi);\quad M_\varphi = D(\kappa_\varphi + \nu\kappa_x) \tag{8.99}$$

其中抗弯刚度

$$D = \frac{Eh^3}{12(1-\nu^2)} \tag{8.100}$$

由于壳体的初始曲率与弯矩无关，式(8.99)中的 κ_x 和 κ_φ 是指由弯矩引起的曲率增量。在轴对称小变形过程中环向曲率保持不变，故 $\kappa_\varphi=0$；轴向曲率变化与材料力学公式 $\kappa_x=-\mathrm{d}^2w/\mathrm{d}^2x$ 相同。于是，式(8.99)写成

$$M_x = -D\frac{\mathrm{d}^2w}{\mathrm{d}^2x};\quad M_\varphi = \nu M_x \tag{8.101}$$

将(8.95)第二式代入第一式，得

$$\frac{\mathrm{d}^2M_x}{\mathrm{d}^2x} + \frac{1}{R}N_\varphi = -Z \tag{8.102}$$

再把式(8.98)和式(8.101)代入，对等厚壳情况有

$$D\frac{\mathrm{d}^4w}{\mathrm{d}^4x} + \frac{Eh}{R^2}w = Z + \frac{\nu}{R}N_x \tag{8.103}$$

其中含 N_x 项是常数，所以可移到方程右端看作等效载荷。对均匀压力情况，由轴向整体平衡条件得到 $N_x=-ZR/2$，式(8.103)右端成 $Z(1-\nu/2)$。工程材料的泊松比 $\nu=0.1\sim0.3$，所以该项的影响约为 5%～15%，而且使实际载荷减小。通常将其略而不计，于是圆柱壳的**边缘效应**求解**方程**为

$$\frac{\mathrm{d}^4w}{\mathrm{d}^4x} + 4\beta^4w = \frac{Z}{D} \tag{8.104}$$

其中，$\beta^4=3(1-\nu^2)/R^2h^2$。

这是一个常系数的四阶常微分方程，其通解为

$$w = \mathrm{e}^{\beta x}(C_1\cos\beta x + C_2\sin\beta x) + \mathrm{e}^{-\beta x}(C_3\cos\beta x + C_4\sin\beta x) + f(x) \tag{8.105}$$

其中 C_1,C_2,C_3,C_4 是积分常数，由边界条件确定。右端前两项为齐次解，第一项随 x 增加而振荡递增，第二项振荡衰减。最后一项是特解。

例 8.10 受边界弯矩与横剪力的长圆柱壳

考虑左端受均布弯矩 M_0 和横剪力 Q_0 的长圆柱壳，如图 8-28。表面压力 $Z=0$，因而特解 $f(x)=0$。当圆柱壳长度超过边缘效应衰减长度时，称为**长壳**。此时，两端的边界条件互不影响，壳体右端的挠度 $w=0$，为此通解(8.105)中的递增项应为零，即 $C_1=C_2=0$。于是有

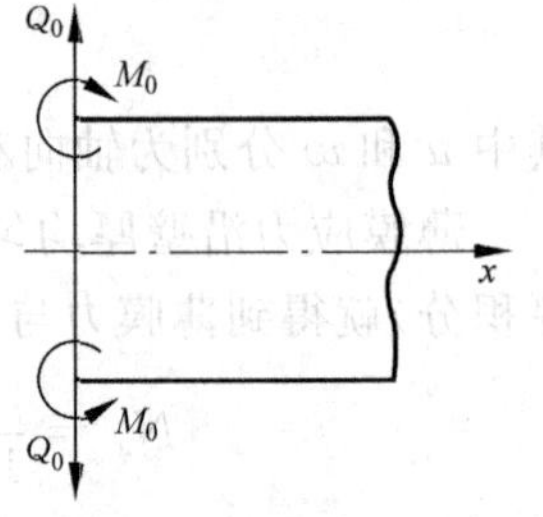

图 8-28 边界弯矩与横剪力情况

$$w = e^{-\beta x}(C_3\cos\beta x + C_4\sin\beta x) \tag{a}$$

代入 $x=0$ 处的边界条件

$$\left.\begin{aligned} M_x\Big|_{x=0} &= -D\frac{d^2 w}{d^2 x} = M_0 \\ Q_x\Big|_{x=0} &= -D\frac{d^3 w}{d^3 x} = Q_0 \end{aligned}\right\} \tag{b}$$

求得 $$C_3 = -\frac{1}{2\beta^3 D}(Q_0 + \beta M_0);\quad C_4 = \frac{M_0}{2\beta^2 D} \tag{c}$$

代回式(a)得到 w 的最终表达式

$$w = \frac{e^{-\beta x}}{2\beta^3 D}[\beta M_0(\sin\beta x - \cos\beta x) - Q_0\cos\beta x] \tag{8.106}$$

引入如下四个衰减函数：

$$\left.\begin{aligned} \varphi(\beta x) &= e^{-\beta x}(\cos\beta x + \sin\beta x);\quad \theta(\beta x) = e^{-\beta x}\cos\beta x \\ \psi(\beta x) &= e^{-\beta x}(\cos\beta x - \sin\beta x);\quad \zeta(\beta x) = e^{-\beta x}\sin\beta x \end{aligned}\right\} \tag{8.107}$$

它们的衰减规律如图 8-29。

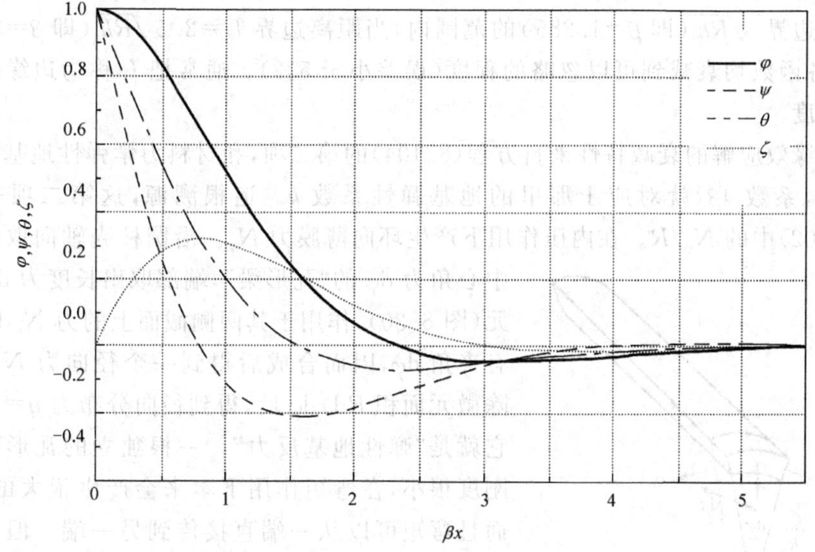

图 8-29 四个衰减函数

它们对 x 的导数(右上角加撇)和 $x=0$ 处的边界值(左下角加零)是

$$\left.\begin{aligned} &\varphi' = -2\beta\zeta;\quad \psi' = -2\beta\theta;\quad \theta' = -\beta\varphi;\quad \zeta' = \beta\psi \\ &\varphi_0 = 1;\qquad \psi_0 = 1;\qquad \theta_0 = 1;\qquad \zeta_0 = 0 \end{aligned}\right\} \tag{d}$$

于是由式(8.106)和式(d)导得挠度、转角、弯矩、横剪力的表达式：

$$
\left.\begin{aligned}
w &= -\frac{1}{2\beta^3 D}\left[\beta M_0 \psi(\beta x) + Q_0 \theta(\beta x)\right] \\
\frac{\mathrm{d}w}{\mathrm{d}x} &= \frac{1}{2\beta^2 D}\left[2\beta M_0 \theta(\beta x) + Q_0 \varphi(\beta x)\right] \\
M_x &= \frac{1}{\beta}\left[\beta M_0 \varphi(\beta x) + Q_0 \zeta(\beta x)\right] \\
Q_x &= -\left[2\beta M_0 \zeta(\beta x) - Q_0 \psi(\beta x)\right]
\end{aligned}\right\} \tag{8.108}
$$

挠度和转角的最大值都发生在 $x=0$ 的边界上：

$$
w_{\max} = -\frac{1}{2\beta^3 D}(\beta M_0 + Q_0); \quad \left(\frac{\mathrm{d}w}{\mathrm{d}x}\right)_{\max} = \frac{1}{2\beta^2 D}(2\beta M_0 + Q_0) \tag{8.109}
$$

边缘效应解(8.105)和(8.108)在工程应用中具有十分重要的意义，其精度为 $\sqrt{h/R}$ 量级，即壳体越薄，厚径比越小，精度越高。该解可以推广应用于子午线变化比较缓慢的其他回转薄壳（如球壳、圆锥壳、椭球壳、抛物线壳等），只要把其中的半径 R 改为第二主曲率半径 R_2。

图 8-29 表明，边缘效应解具有迅速衰减的特性。四个衰减函数的最大值都出现在距离边界 $\sqrt{Rh}$（即 $\beta=1.285$）的范围内，当距离边界 $L=2.5\sqrt{Rh}$（即 $\beta=3.213$）远时，各函数均衰减到可以忽略的程度（误差小于 5%）。通常把 L 称为边缘效应的**衰减长度**。

边缘效应解的衰减特性来自方程(8.104)的第二项，和材料力学弹性地基梁的方程相比，系数 $4\beta^4$ 就对应于那里的地基弹性系数 k。追根溯源，这第二项来自方程(8.102)中的 N_φ/R。在内压作用下产生环向薄膜力 N_φ。沿圆柱壳轴向取出一个中心角为 $\mathrm{d}\varphi$ 的"瓦形梁"，端部取出长度为 $\mathrm{d}x$ 的微元（图 8-30），作用于其两侧截面上的力 $N_\varphi \mathrm{d}x$ 之间有夹角 $\mathrm{d}\varphi$，因而合成后得到一个径向力 $N_\varphi \mathrm{d}x\mathrm{d}\varphi$，除微元面积 $R\mathrm{d}x\mathrm{d}\varphi$ 后，得到径向分布力 $q=N_\varphi/R$，它就是"弹性地基反力"。一根独立的瓦形梁抗弯刚度很小，在弯矩作用下本来会产生很大的挠度，而且弯矩可以从一端直接传到另一端。但是这里的瓦形梁是圆柱壳的一部分，圆柱壳的环向薄膜刚度很大，径向有很小的位移就会导致很大的环向薄膜力 N_φ 和很强的"弹性地基反力"q，因此弯矩引起的挠度因受到很强的薄膜刚度限制而迅速衰减，形成了边缘效应现象。

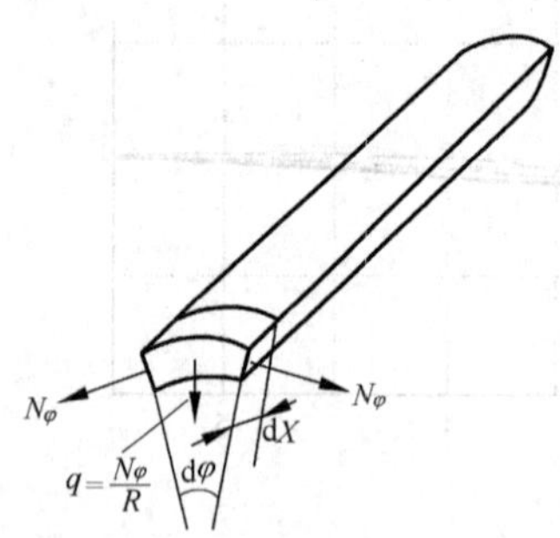

图 8-30　环向力的弹性地基效应

例 8.11　球形和椭球形封头压力容器

考虑图 8-31 中的球形封头压力容器。它由圆柱形筒体加两端**半球封头**所组成。半径为 R，壁厚为 h，承受内压 p。圆柱壳和球壳在内压下薄膜力和径向位移的薄膜

解为

$$\left.\begin{aligned}&\text{柱壳：}N_x=\frac{pR}{2};\quad N_\theta=pR;\quad w_1=\frac{pR^2}{Eh}\left(1-\frac{\nu}{2}\right)\\&\text{球壳：}N_\varphi=N_\theta=\frac{pR}{2};\quad w_2=\frac{pR^2}{Eh}\left(\frac{1-\nu}{2}\right)\end{aligned}\right\}\tag{8.110}$$

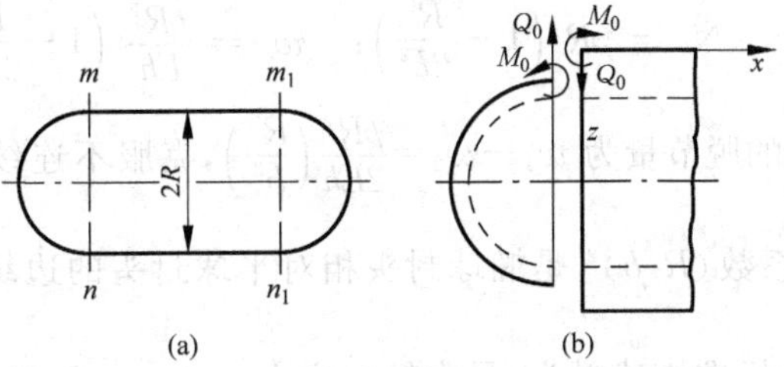

图 8-31 球形封头压力容器

可见 $w_2<w_1$，在球壳与圆柱壳的连接处薄膜解出现脱节现象，称为**总体结构不连续性**。这类不连续性经常出现在壳体子午线的斜率或曲率突变处，壳体两部分的厚度或材料突变处，载荷突变处，壳体与其他部件连接处等。筒体与平板封头或圆锥壳封头的连接处是子午线斜率突变的例子，本例是曲率突变的例子。

为了克服不连续性，在连接界面的球壳侧和圆柱壳侧分别加大小相等、方向相反的一对弯矩 M_0 和一对横剪力 Q_0，调整它们的大小以达到变形连续，即两侧位移和转角都相等。由于本例中球壳的第二主曲率半径和壁厚等于圆柱壳的 R 和 h，半球封头在连接界面处的切线又沿圆柱壳的轴向，所以球壳和圆柱壳的边缘效应解相同。当加上一对 Q_0 使两侧位移相等时，两侧转角也自然相等，因而不再需要加弯矩，即 $M_0=0$。

由(8.108)第一式求得 Q_0 引起的边界位移为 $Q_0/2\beta^3D$，于是两侧位移连续条件要求

$$2\left(\frac{Q_0}{2\beta^3D}\right)=w_1-w_2=\frac{pR^2}{2Eh}\tag{a}$$

由此解得

$$Q_0=\frac{pR^2\beta^3D}{2Eh}=\frac{p}{8\beta}\tag{b}$$

代回式(8.108)得总体结构不连续处的边缘效应：

$$w=\frac{Q_0}{2\beta^3D}\theta(\beta x)=\frac{pR^2}{4Eh};\quad M_x=-\frac{Q_0}{\beta}\zeta(\beta x)=-\frac{pRh}{8\sqrt{3(1-\nu^2)}}\zeta(\beta x)\tag{c}$$

最大轴向应力是 $(\sigma_x)_{\max}=\dfrac{pR}{2h}+\dfrac{3}{4}\dfrac{pR}{h\sqrt{3(1-\nu^2)}}\zeta\left(\dfrac{\pi}{4}\right)=1.293\dfrac{pR}{2h}$，比薄膜解大 30%，发生在圆柱壳的外表面和球壳的内表面。

最大环向应力$(\sigma_\theta)_{\max}=\frac{pR}{h}-\frac{Ew}{R}-\frac{6\nu}{h^2}M_x=1.032\frac{pR}{h}$，只比薄膜解大了3%，发生在圆柱壳的$\beta x=1.85$处。半球封头是边缘效应最小的封头。

将半球封头改为**椭球封头**，长轴半径a等于圆柱壳半径R，短轴半径为b。连接界面处椭球封头的薄膜解为

$$N_\varphi=\frac{pR}{2};\quad N_\theta=pR\left(1-\frac{R^2}{2b^2}\right);\quad w_2=\frac{pR^2}{Eh}\left(1-\frac{R^2}{2b^2}-\frac{\nu}{2}\right)\qquad(8.111)$$

薄膜解在界面处的脱节量为$w_1-w_2=\frac{pR^2}{2Eh}\left(\frac{R^2}{b^2}\right)$，克服不连续性需要的横剪力为$Q_0=\frac{p}{8\beta}\left(\frac{R^2}{b^2}\right)$，其中系数$(R/b)^2$是椭球封头相对半球封头的边缘效应弯曲应力放大系数。对$b=R/2$的标准椭球封头，最大轴向应力$(\sigma_x)_{\max}=2.172\frac{pR}{2h}$，比薄膜解增加了1.2倍；最大环向应力$(\sigma_\theta)_{\max}=1.128\frac{pR}{h}$，比薄膜解大13%。

例8.12 受内压的固支短圆柱壳

考虑图8-32中受内压p的两端固支短圆柱壳，其半径、厚度和长度分别为a、h和l。当壳体长度小于边缘效应衰减长度，即$l<2.5\sqrt{Rh}$时，壳体两端的边界相互干扰，称为**短壳**。通解(8.105)中描述沿$-x$方向衰减之边缘效应的递增项不再为零，通解可改写为

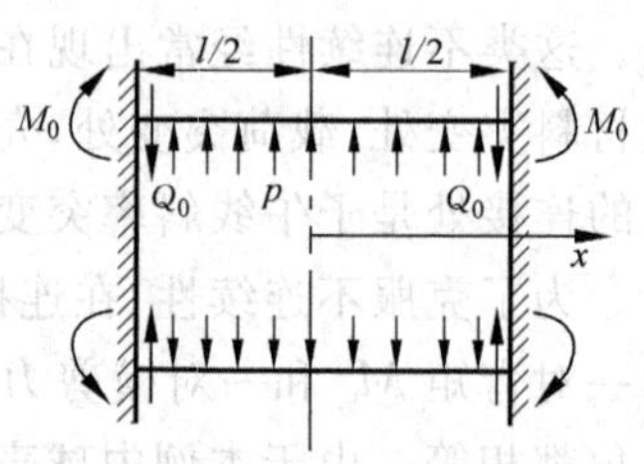

图8-32 受内压的固支短圆柱壳

$$\begin{aligned}w&=e^{\beta x}(C_1'\cos\beta x+C_2'\sin\beta x)+e^{-\beta x}(C_3'\cos\beta x+C_4'\sin\beta x)+f(x)\\&=C_1\sin\beta x\,\mathrm{sh}\beta x+C_2\sin\beta x\,\mathrm{ch}\beta x+C_3\cos\beta x\,\mathrm{sh}\beta x+C_4\cos\beta x\,\mathrm{ch}\beta x+f(x)\end{aligned}\qquad(8.112)$$

其中，$\mathrm{sh}\beta x$和$\mathrm{ch}\beta x$为双曲正弦和双曲余弦函数，C_1，C_4项是坐标x的对称函数，C_2，C_3项为反对称函数。对受内压情况，特解

$$f(x)=-\frac{pR^2}{Eh}\qquad\text{(a)}$$

将坐标x的原点取在壳体中间。于是，壳体左右两边的变形和应力状态对称，必须令$C_2=C_3=0$。解式(8.112)简化为

$$w=C_1\sin\beta x\,\mathrm{sh}\beta x+C_4\cos\beta x\,\mathrm{ch}\beta x-\frac{pR^2}{Eh}\qquad\text{(b)}$$

解除固支端约束，用弯矩M_0和横剪力Q_0来代替。两端$x=\pm l/2$处的边界条件为

$$-D\frac{d^2w}{dx^2}=M_0;\qquad -D\frac{d^3w}{dx^3}=Q_0\qquad\text{(c)}$$

将式(b)代入得

$$\begin{aligned}C_1\cos\alpha\,\mathrm{ch}\alpha-C_4\sin\alpha\,\mathrm{sh}\alpha&=-\frac{M_0}{2\beta^2D}\\(C_1-C_4)\cos\alpha\,\mathrm{sh}\alpha-(C_1+C_4)\sin\alpha\,\mathrm{ch}\alpha&=\frac{Q_0}{2\beta^3D}\end{aligned}\tag{d}$$

其中 $\alpha=\beta l/2$。由此解出 C_1 和 C_4,代回式(b)的齐次解部分,得到在两端对称弯矩 M_0 和横剪力 Q_0 作用下挠度的边缘效应解:

$$\begin{aligned}w=&-\frac{1}{\beta^3D}\Big[\frac{\beta M_0(\cos\alpha\,\mathrm{sh}\alpha+\sin\alpha\,\mathrm{ch}\alpha)+Q_0\sin\alpha\,\mathrm{sh}\alpha}{\sin2\alpha+\mathrm{sh}2\alpha}\sin\beta x\,\mathrm{sh}\beta x\\&+\frac{\beta M_0(\cos\alpha\,\mathrm{sh}\alpha-\sin\alpha\,\mathrm{ch}\alpha)+Q_0\cos\alpha\,\mathrm{ch}\alpha}{\sin2\alpha+\mathrm{sh}2\alpha}\cos\beta x\,\mathrm{ch}\beta x\Big]\end{aligned}\tag{8.113}$$

由此可进一步求得转角、环向薄膜力、弯矩和横剪力的解:

$$\begin{aligned}\frac{\mathrm{d}w}{\mathrm{d}x}=&-\frac{1}{\beta^2D}\Big[\frac{2\beta M_0\cos\alpha\,\mathrm{sh}\alpha+Q_0(\sin\alpha\,\mathrm{sh}\alpha+\cos\alpha\,\mathrm{ch}\alpha)}{\sin2\alpha+\mathrm{sh}2\alpha}\cos\beta x\,\mathrm{sh}\beta x\\&+\frac{2\beta M_0\sin\alpha\,\mathrm{ch}\alpha+Q_0(\sin\alpha\,\mathrm{sh}\alpha-\cos\alpha\,\mathrm{ch}\alpha)}{\sin2\alpha+\mathrm{sh}2\alpha}\sin\beta x\,\mathrm{ch}\beta x\Big]\end{aligned}\tag{8.114}$$

$$\begin{aligned}N_\varphi=Eh\frac{w}{R}=&-4\beta R\Big[\frac{\beta M_0(\cos\alpha\,\mathrm{sh}\alpha+\sin\alpha\,\mathrm{ch}\alpha)+Q_0\sin\alpha\,\mathrm{sh}\alpha}{\sin2\alpha+\mathrm{sh}2\alpha}\sin\beta x\,\mathrm{sh}\beta x\\&+\frac{\beta M_0(\cos\alpha\,\mathrm{sh}\alpha-\sin\alpha\,\mathrm{ch}\alpha)+Q_0\cos\alpha\,\mathrm{ch}\alpha}{\sin2\alpha+\mathrm{sh}2\alpha}\cos\beta x\,\mathrm{ch}\beta x\Big]\end{aligned}\tag{8.115}$$

$$\begin{aligned}M_x=&\frac{2}{\beta}\Big[\frac{\beta M_0(\cos\alpha\,\mathrm{sh}\alpha+\sin\alpha\,\mathrm{ch}\alpha)+Q_0\sin\alpha\,\mathrm{sh}\alpha}{\sin2\alpha+\mathrm{sh}2\alpha}\cos\beta x\,\mathrm{ch}\beta x\\&-\frac{\beta M_0(\cos\alpha\,\mathrm{sh}\alpha-\sin\alpha\,\mathrm{ch}\alpha)+Q_0\cos\alpha\,\mathrm{ch}\alpha}{\sin2\alpha+\mathrm{sh}2\alpha}\sin\beta x\,\mathrm{sh}\beta x\Big]\end{aligned}\tag{8.116}$$

$$M_\varphi=\nu M_x$$

$$\begin{aligned}Q_x=&2\Big[\frac{2\beta M_0\sin\alpha\,\mathrm{ch}\alpha+Q_0(\sin\alpha\,\mathrm{sh}\alpha-\cos\alpha\,\mathrm{ch}\alpha)}{\sin2\alpha+\mathrm{sh}2\alpha}\cos\beta x\,\mathrm{sh}\beta x\\&-\frac{2\beta M_0\cos\alpha\,\mathrm{sh}\alpha+Q_0(\sin\alpha\,\mathrm{sh}\alpha+\cos\alpha\,\mathrm{ch}\alpha)}{\sin2\alpha+\mathrm{sh}2\alpha}\sin\beta x\,\mathrm{ch}\beta x\Big]\end{aligned}\tag{8.117}$$

将 $x=\pm l/2$ 代入,得到两端的位移和转角为

$$\left.\begin{aligned}w\Big|_{x=\pm\frac{l}{2}}&=-\frac{2\beta R^2}{Eh}[\beta M_0\chi_2(2\alpha)+Q_0\chi_1(2\alpha)]\\\frac{\mathrm{d}w}{\mathrm{d}x}\Big|_{x=\pm\frac{l}{2}}&=\mp\frac{2\beta^2R^2}{Eh}[2\beta M_0\chi_3(2\alpha)+Q_0\chi_2(2\alpha)]\end{aligned}\right\}\tag{8.118}$$

其中

$$\chi_1(2\alpha)=\frac{\mathrm{ch}2\alpha+\cos2\alpha}{\mathrm{sh}2\alpha+\sin2\alpha};\quad\chi_2(2\alpha)=\frac{\mathrm{sh}2\alpha-\sin2\alpha}{\mathrm{sh}2\alpha+\sin2\alpha};\quad\chi_3(2\alpha)=\frac{\mathrm{ch}2\alpha-\cos2\alpha}{\mathrm{sh}2\alpha+\sin2\alpha}\tag{8.119}$$

它们的值列于表 8-1。

表 8-1 函数χ_1,χ_2,χ_3的值

2α	$\chi_1(2\alpha)$	$\chi_2(2\alpha)$	$\chi_3(2\alpha)$
0.2	5.000	0.0068	0.100
0.4	2.502	0.0268	0.200
0.6	1.674	0.0601	0.300
0.8	1.267	0.1065	0.400
1.0	1.033	0.1670	0.500
1.2	0.890	0.2370	0.596
1.4	0.803	0.3170	0.689
1.6	0.755	0.4080	0.775
1.8	0.735	0.5050	0.855
2.0	0.738	0.6000	0.925
2.5	0.802	0.8220	1.045
3.0	0.893	0.9770	1.090
3.5	0.966	1.0500	1.085
4.0	1.005	1.0580	1.050
4.5	1.017	1.0400	1.027
5.0	1.017	1.0300	1.008

式(8.113)～式(8.119)适用于两端受任意对称弯矩M_0和横剪力Q_0的情况。回到两端固支的情况，此时要求两端边缘效应解的挠度等于薄膜解挠度的负值，且两端的转角为零，利用式(8.118)和式(a)求得

$$\left.\begin{aligned} M_0 &= -\frac{p\chi_2(2\alpha)}{2\beta^2(\chi_2^2(2\alpha)-2\chi_1(2\alpha)\chi_3(2\alpha))} \\ Q_0 &= \frac{p\chi_3(2\alpha)}{\beta(\chi_2^2(2\alpha)-2\chi_1(2\alpha)\chi_3(2\alpha))} \end{aligned}\right\} \tag{8.120}$$

对于端部固支的长圆柱壳，上述三个函数值都趋于1.0。式(8.120)简化为

$$M_0=\frac{p}{2\beta^2};\quad Q_0=-\frac{p}{\beta} \tag{8.121}$$

习 题

8-1 试以位移形式给出图中矩形板的边界条件：

(1) 一对边简支，另一对边为固支边和自由边。

(2) 四边自由，仅在四个角点有垂直支承。

8-2 试说明下列平板挠度方程所对应的边界条件及面载荷，板的边长为a,b：

(1) $w=Cxy(x-a)(y-b)$

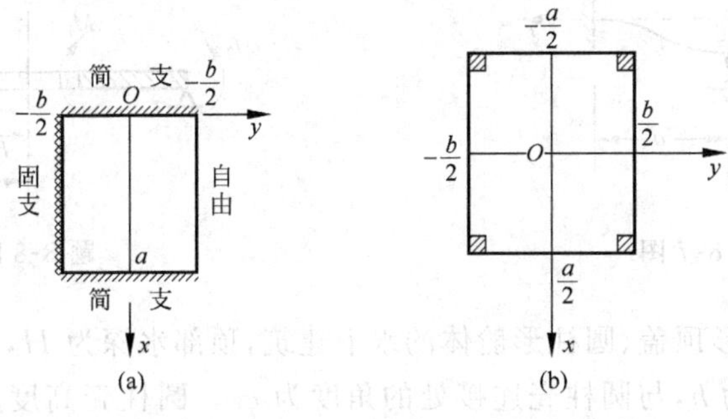

题 8-1 图

(2) $w=C(x-a)^2(y-b)^2$

(3) $w=C\sin\frac{\pi x}{a}\sin\frac{\pi y}{b}$

8-3 采用重三角级数求四边简支矩形板在正弦载荷

$$q=q_0\sin\frac{\pi x}{a}\sin\frac{\pi y}{b}\quad(0\leqslant x_1\leqslant a,0\leqslant x_2\leqslant b)$$

作用下的挠度。

8-4 图示矩形薄板 $OABC$,OA 边与 BC 边简支,OC 边与 AB 边自由。板不受横向载荷,但在两个简支边上受大小相等、方向相反的均布弯矩 M。试证,为了将薄板弯成柱面,即 $w=f(x)$,必须在自由边上施以均布弯矩 νM。并求板的挠度、内力与反力。

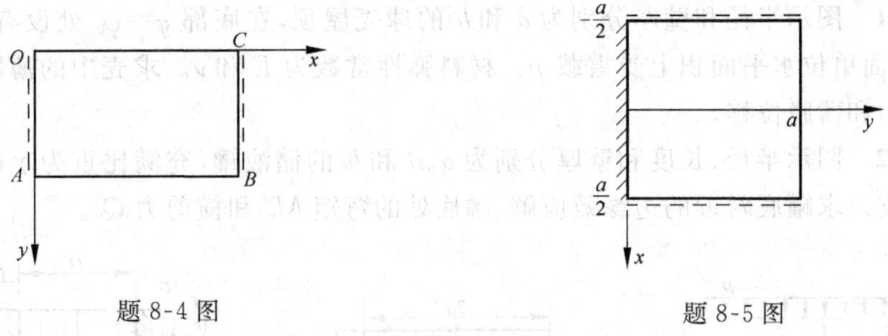

题 8-4 图　　　　题 8-5 图

8-5 图示已知上下对边简支,左边固支,右边自由的方板,边长为 a,受均布载荷 p。试用单三角级数法取一项求最大挠度。

8-6 一半径为 a 的周边简支圆板,在边缘处受均匀分布弯矩 M 作用,求板的挠度。

8-7 图示半径为 a 的周边固支圆薄板,中心处有连杆支座。设连杆支座发生沉陷 ζ,求薄板的挠度与内力。

8-8 图示环状圆板,外半径为 a,内半径为 b,外周简支、作用弯矩 M_2,内周自由、作用弯矩 M_1。求板的挠曲面方程与内力。

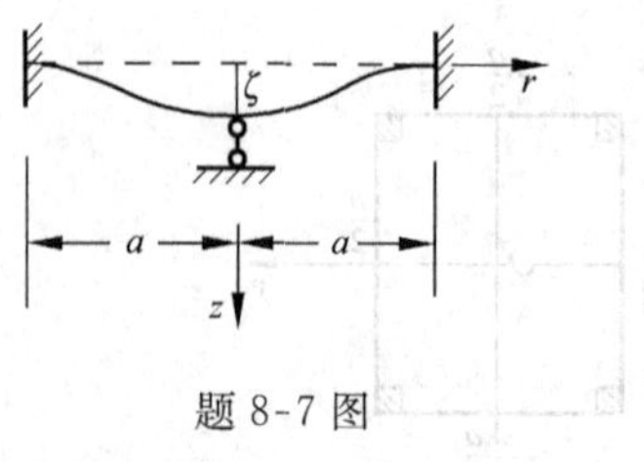

题 8-7 图

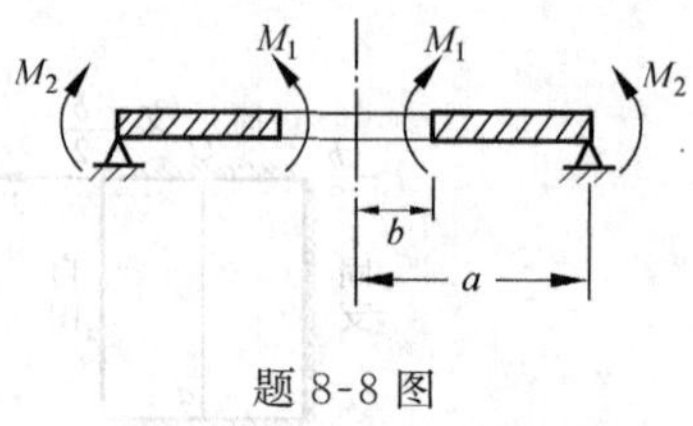

题 8-8 图

8-9 图示球形顶盖、圆柱形舱体的水下建筑，顶部水深为 H，水的比重为 γ。球壳半径为 a，壁厚为 h，与圆柱壳连接处的角度为 φ_0。圆柱壳高度为 L，壁厚也是 h。建筑内为一个大气压。求球顶和舱体中的薄膜应力。

8-10 图示半顶角和壁厚分别为 α 和 h 的圆锥形屋顶，在半径为 a 的底部设有切向铰支座，屋面单位面积自重为 p。材料弹性常数为 E 和 ν。求壳中的薄膜内力、支座反力和薄膜位移。

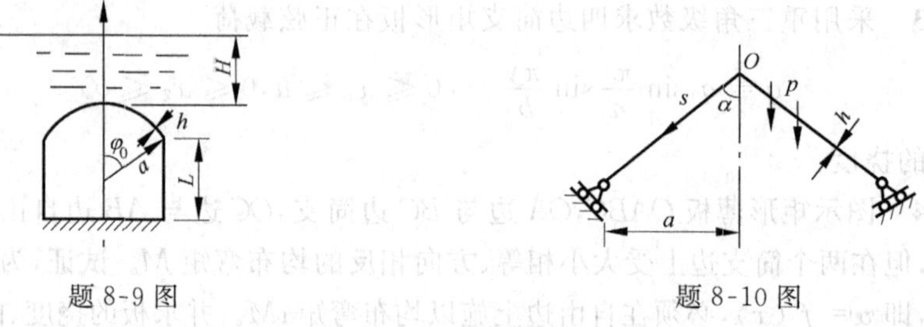

题 8-9 图　　题 8-10 图

8-11 图示半径和壁厚分别为 a 和 h 的球壳屋顶，在底部 $\varphi=\varphi_0$ 处设有切向铰支座，屋面单位水平面积上受雪载 p。材料弹性常数为 E 和 ν。求壳中的薄膜内力、支座反力和薄膜位移。

8-12 图示半径、长度和壁厚分别为 a、d 和 h 的储液罐，充满比重为 γ 的液体，底部固支。求罐底附近的边缘效应解、罐底处的弯矩 M_0 和横剪力 Q_0。

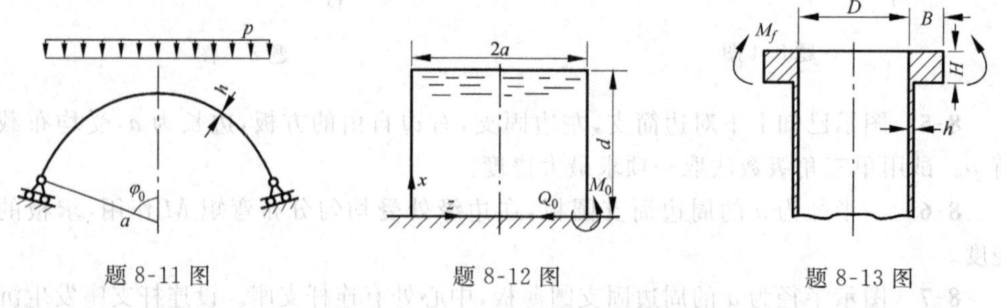

题 8-11 图　　题 8-12 图　　题 8-13 图

8-13 图示内径和壁厚分别为 D 和 h 的筒体与宽度和高度分别为 B 和 H 的法兰相连接，材料泊松比为 ν。法兰形心圆周单位长度上受弯矩 M_f 作用。求法兰的转角。

第 3 篇

能量原理与有限元法

第9章 能量原理

前面各章讨论了弹性力学问题的微分提法及其解法。微分提法以弹性体内的一个小微元为研究对象，考虑它的平衡、变形和材料性质，建立起一组弹性力学的基本微分方程，把弹性力学问题归结为在给定边界条件下求解这组偏微分方程的边值问题。人们利用偏微分方程的各种解法已经得到了许多简单弹性力学问题的解析解，而对于复杂问题则只能借助于数值解法来求解。

本章介绍弹性力学问题的变分提法及其解法。变分提法直接处理整个弹性系统，考虑该系统的能量关系，建立相应的泛函变分方程，把弹性力学问题归结为在给定约束条件下求泛函极(驻)值的变分原理。在弹性力学中，泛函和弹性系统的能量有关，所以变分原理又称为能量原理，相应的各种变分解法称为能量法。变分原理是许多数值解法的基础。

9.1 应变能和应变余能

弹性体的应变能 U 和应变余能 U_c 定义为

$$U=\int_V W\mathrm{d}V,\quad W=\int_0^{\varepsilon_{ij}}\sigma_{ij}\,\mathrm{d}\varepsilon_{ij} \tag{9.1}$$

$$U_c=\int_V W_c\mathrm{d}V,\quad W_c=\int_0^{\varepsilon_{ij}}\varepsilon_{ij}\,\mathrm{d}\sigma_{ij} \tag{9.2}$$

其中 W 称为**应变能密度**，W_c 称为**应变余能密度**。U 和 U_c 分别是物体应变状态和应力状态的单值泛函，与变形历史无关。对于线弹性材料，将胡克定理代入式(9.1)和

式(9.2)可得

$$W=\frac{1}{2}D_{ijkl}\varepsilon_{ij}\varepsilon_{kl}\,,\quad W_c=\frac{1}{2}C_{ijkl}\sigma_{ij}\sigma_{kl} \tag{9.3}$$

即

$$W=W_c=\frac{1}{2}\sigma_{ij}\varepsilon_{ij} \tag{9.4}$$

式中 $D_{ijkl}=C_{ijkl}^{-1}$。虽然对线弹性材料有 $W=W_c$,但由于自变量不同,$W(\varepsilon_{ij})$ 和 $W_c(\sigma_{ij})$ 仍为两种不同的能量函数。

考虑应力应变关系为非线性的一般情况(如图 9-1 所示),W 为曲边三角形 OAP 的面积,W_c 为曲边三角形 OBP 的面积。由图 9-1 可知,应变能和应变余能满足**互余关系**:

$$W+W_c=\sigma_{ij}\varepsilon_{ij} \tag{9.5}$$

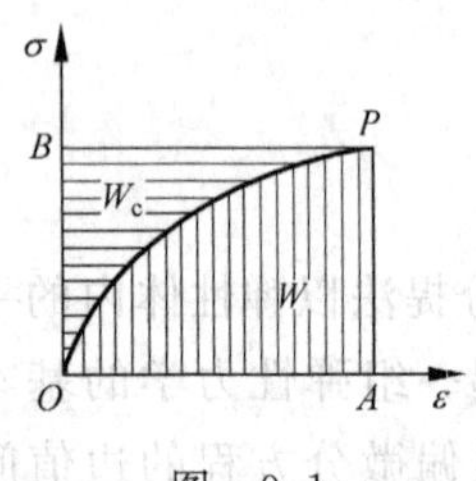

图 9-1

其中 $\sigma_{ij}\varepsilon_{ij}$ 称为**全功**,它对应于图 9-1 中矩形 $OAPB$ 的面积。

由式(9.1)和式(9.2)可知,如果给定 W 或 W_c 的具体表达式,则可导出应力应变关系:

$$\sigma_{ij}=\frac{\partial W}{\partial \varepsilon_{ij}} \tag{9.6}$$

$$\varepsilon_{ij}=\frac{\partial W_c}{\partial \sigma_{ij}} \tag{9.7}$$

9.2 虚位移原理和最小势能原理

物体几何约束(如支承条件)所允许的任意无限小位移称为**虚位移**,记为 δu_i。**外力在虚位移 δu_i 上所作的功(称为虚功)等于物体内部应力在虚应变 $\delta\varepsilon_{ij}$(与虚位移相协调,即满足几何方程 $\delta\varepsilon_{ij}=\frac{1}{2}(\delta u_{i,j}+\delta u_{j,i})$)上所作的功**,即

$$\int_V f_i\,\delta u_i\,\mathrm{d}V+\int_{S_\sigma}\bar{p}_i\,\delta u_i\,\mathrm{d}S=\int_V \sigma_{ij}\,\delta\varepsilon_{ij}\,\mathrm{d}V \tag{9.8}$$

这就是**虚位移原理**或**虚功原理**。

对式(9.8)的右端作变换:

$$\begin{aligned}\int_V \sigma_{ij}\,\delta\varepsilon_{ij}\,\mathrm{d}V&=\int_V \frac{1}{2}(\sigma_{ij}\,\delta u_{i,j}+\sigma_{ji}\,\delta u_{j,i})\,\mathrm{d}V\\&=\int_V \sigma_{ij}\,\delta u_{i,j}\,\mathrm{d}V\end{aligned} \tag{9.9}$$

对式(9.9)右端进行分部积分,并考虑到在位移边界 S_u 上虚位移 $\delta u_i=0$,

$\int_{S_u}\sigma_{ij}\nu_j\delta u_i\mathrm{d}S=0$，式(9.9)可进一步写为

$$\int_V \sigma_{ij}\delta\varepsilon_{ij}\,\mathrm{d}V=\int_{S_\sigma}\sigma_{ij}\nu_j\delta u_i\,\mathrm{d}S-\int_V\sigma_{ij,j}\delta u_i\,\mathrm{d}V \tag{9.10}$$

将式(9.10)代回式(9.8)，得

$$\int_V(\sigma_{ij,j}+f_i)\delta u_i\,\mathrm{d}V-\int_{S_\sigma}(\sigma_{ij}\nu_j-\bar{p}_i)\delta u_i\,\mathrm{d}S=0 \tag{9.11}$$

要使上式对一切可能的虚位移 δu_i 都成立，σ_{ij} 必须满足

$$\left.\begin{aligned}\sigma_{ij,j}+f_i&=0,\quad 在 V 中\\ \sigma_{ij}\nu_j&=\bar{p}_i,\quad 在 S_\sigma 上\end{aligned}\right\} \tag{9.12}$$

这就是平衡方程和力边界条件。类似地，从式(9.12)出发，也可以导出虚位移原理式(9.8)，因此对于问题的精确解来说，满足虚位移原理和满足平衡方程及力的边界条件是等效的。式(9.12)要求解在域 V 内任意点满足平衡方程，在力边界 S_σ 上的任意点处满足力边界条件，因此对复杂问题很难求解。虚位移原理只要求解在积分意义下满足式(9.8)，比较容易求解。如果式(9.8)的解不能逐点满足平衡方程和力边界条件，则为问题的近似解。

在虚位移原理中没有涉及物理方程，因此虚位移原理适用于各种本构关系，如非线性弹性和弹塑性问题。

例 9.1 用虚位移原理求图 9-2 所示简支梁的挠度。

解 梁有无穷多个自由度，把可能位移选为

$$w=\sum_{n=1}^{\infty}a_n\sin\frac{n\pi x}{l} \tag{9.13}$$

它满足两端位移边界条件，且含有无穷多个待定位移参数 a_n。由式(9.13)可得到梁内的弯矩为

$$M=EIw''=-EI\sum_{n=1}^{\infty}\left(\frac{n\pi}{l}\right)^2a_n\sin\frac{n\pi x}{l} \tag{9.14}$$

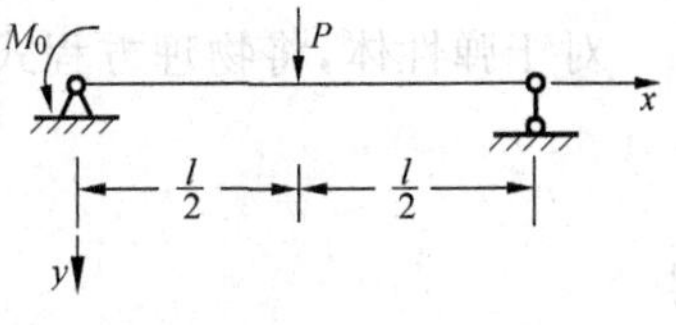

图 9-2

对式(9.13)取变分可得虚位移和梁中点的虚挠度为

$$\delta w=\sum_{m=1}^{\infty}\sin\frac{m\pi x}{l}\delta a_m,\quad \delta w\,|_{x=l/2}=\sum_{m=1}^{\infty}\sin\frac{m\pi}{2}\delta a_m \tag{9.15}$$

求导得

$$\delta w'=\sum_{m=1}^{\infty}\frac{m\pi}{l}\cos\frac{m\pi x}{l}\delta a_m,\quad \delta w'\,|_{x=0}=\sum_{m=1}^{\infty}\frac{m\pi}{l}\delta a_m \tag{9.16}$$

$$\delta w''=-\sum_{m=1}^{\infty}\left(\frac{m\pi}{l}\right)^2\sin\frac{m\pi x}{l}\delta a_m \tag{9.17}$$

梁的虚功方程为

$$\int_0^l M\delta w''\mathrm{d}x = -M_0\delta w'|_{x=0} + P\delta w|_{x=l/2} \tag{9.18}$$

将式(9.14)和式(9.17)代入式(9.18)的左端，得

$$\int_0^l M\delta w''\mathrm{d}x = EI\sum_{n=1}^{\infty}\sum_{m=1}^{\infty}\left(\frac{n\pi}{l}\right)^2\left(\frac{m\pi}{l}\right)^2\int_0^l \sin\frac{n\pi x}{l}\sin\frac{m\pi x}{l}\mathrm{d}x a_n\delta a_m \tag{9.19}$$

考虑到

$$\int_0^l \sin\frac{n\pi x}{l}\sin\frac{m\pi x}{l}\mathrm{d}x = \frac{l}{2}\delta_{mn} \tag{9.20}$$

式(9.19)可改写为

$$\int_0^l M\delta w''\mathrm{d}x = EI\sum_{m=1}^{\infty}\frac{m^4\pi^4}{2l^3}a_m\delta a_m \tag{9.21}$$

将式(9.15)、式(9.16)和式(9.21)代入式(9.18)，得

$$EI\sum_{m=1}^{\infty}\frac{m^4\pi^4}{2l^3}a_m\delta a_m = \sum_{m=1}^{\infty}\left(-M_0\frac{m\pi}{l} + P\sin\frac{m\pi}{2}\right)\delta a_m \tag{9.22}$$

由 δa_m 的任意性可得

$$a_m = \frac{2l^3}{EIm^4\pi^4}\left(-M_0\frac{m\pi}{l} + P\sin\frac{m\pi}{2}\right) \tag{9.23}$$

将式(9.23)代回式(9.13)可得到梁的挠度为

$$w = \sum_{n=1}^{\infty}\frac{2l^3}{EIn^4\pi^4}\left(-M_0\frac{n\pi}{l} + P\sin\frac{n\pi}{2}\right)\sin\frac{n\pi x}{l} \tag{9.24}$$

当 $n\to\infty$ 时式(9.24)给出了梁的位移精确解。一般只取式(9.24)的前几项就能得到较好的近似解。

对于弹性体，将物理方程式(9.6)代入虚位移原理方程式(9.8)中，并考虑到

$$\delta W(\varepsilon_{ij}) = \frac{\partial W}{\partial \varepsilon_{ij}}\delta\varepsilon_{ij} \tag{9.25}$$

得

$$\int_V f_i\delta u_i\mathrm{d}V + \int_{S_\sigma}\bar{p}_i\delta u_i\mathrm{d}S = \int_V \delta W\mathrm{d}V \tag{9.26}$$

在线弹性力学中，假定体积力 f_i 和边界上面力 $\bar{p}_i$ 的大小和方向都是不变的，因此式(9.26)可写为

$$\delta\Pi = 0 \tag{9.27}$$

式中

$$\Pi = U - \int_V f_i u_i\mathrm{d}V - \int_{S_\sigma}\bar{p}_i u_i\mathrm{d}S \tag{9.28}$$

为系统的**总势能**，它是弹性体的应变能和外力势能之和。式(9.27)表明，系统的总势能在真实平衡位置处取驻值。

如果系统在平衡位置处发生虚位移 δu_i（相应的虚应变为 $\delta\varepsilon_{ij}$），则应变能密度为

$$W^{*}=\frac{1}{2}D_{ijkl}(\varepsilon_{ij}+\delta\varepsilon_{ij})(\varepsilon_{kl}+\delta\varepsilon_{kl})=W+\delta W+W(\delta\varepsilon_{ij}) \tag{9.29}$$

式中

$$W(\delta\varepsilon_{ij})=\frac{1}{2}D_{ijkl}\delta\varepsilon_{ij}\delta\varepsilon_{kl} \tag{9.30}$$

此时系统的总势能为

$$\begin{aligned}\Pi^{*}&=\int_{V}W^{*}\,\mathrm{d}V-\int_{V}f_{i}(u_{i}+\delta u_{i})\,\mathrm{d}V-\int_{S_{\sigma}}\bar{p}_{i}(u_{i}+\delta u_{i})\,\mathrm{d}S\\&=\Pi+\delta\Pi+\delta^{2}\Pi\end{aligned} \tag{9.31}$$

式中

$$\begin{aligned}\delta^{2}\Pi&=\int_{V}W(\delta\varepsilon_{ij})\,\mathrm{d}V=\int_{V}\frac{1}{2}D_{ijkl}\delta\varepsilon_{ij}\delta\varepsilon_{kl}\,\mathrm{d}V\\&\geqslant 0\end{aligned} \tag{9.32}$$

u_i 是系统的真实位移,由式(9.27)可知式(9.31)右端的第二项为零,故有:

$$\Pi^{*}\geqslant\Pi \tag{9.33}$$

式(9.27)和式(9.33)表明,**在一切变形可能的状态中,真实状态的总势能最小**,这就是**最小势能原理**。

在最小势能原理中,需要计算系统的总势能。由式(9.28)可知,系统的总势能中包含有应变和应力,也就是包含有位移的一阶导数项。为了保证式(9.28)的第一项可以积分,位移函数 u_i 在求解域中必须是连续的,其一阶导数具有有限个不连续点但在域内是可积的。在这些不连续点附近,函数的二阶导数趋近于无穷,因此是不可积的。这样的函数称为具有 C_0 连续性的函数。一般地,如果泛函中出现的最高阶导数是 n 阶,则要求函数 u_i 本身以及直到其 $n-1$ 阶导数连续,其第 n 阶导数具有有限个不连续点但在域内是可积的。这样的函数称为具有 C_{n-1} 连续性的函数。

9.3 虚应力原理和最小余能原理

满足平衡方程和力边界条件的应力(即**静力可能**)的微小变化称为**虚应力**,记作 $\delta\sigma_{ij}$。显然,在力边界上 $\delta p_i=\delta\sigma_{ij}\nu_j=0$,而在位移边界上约束反力未定,$\delta p_i\neq 0$。如果位移是协调的(即在内部满足几何方程,在位移边界上等于给定位移),则位移边界处给定位移在虚反力上所作的余虚功等于应变在虚应力上的余虚功,即

$$\int_{S_u}\bar{u}_i\delta p_i\,\mathrm{d}S=\int_{V}\varepsilon_{ij}\delta\sigma_{ij}\,\mathrm{d}V \tag{9.34}$$

这就是**虚应力原理**或**余虚功原理**。可以证明,虚应力原理和几何方程及位移边界条件

$$\left.\begin{aligned} \varepsilon_{ij} &= \frac{1}{2}(u_{i,j} + u_{j,i}) \\ u_i &= \bar{u}_i \end{aligned}\right\} \tag{9.35}$$

是等效的。

与虚位移原理类似，在虚应力原理中没有涉及物理方程，因此它也适用于各种本构关系。但虚位移原理和虚应力原理所依赖的几何方程和平衡方程都是基于小变形理论的，因此它们不能直接应用于大变形问题中。

将式(9.7)代入式(9.34)中，并考虑到$\dfrac{\partial W_c}{\partial \sigma_{ij}}\delta\sigma_{ij} = \delta W_c(\sigma_{ij})$，得

$$\delta \Pi_c = 0 \tag{9.36}$$

式中

$$\Pi_c = U_c - \int_{S_u} \bar{u}_i p_i \,\mathrm{d}S \tag{9.37}$$

为系统的**总余能**。上式表明，在一切静力可能状态中，真实状态的总余能取驻值。按照与上节类似的过程可以证明**在一切静力可能状态中，真实状态的总余能最小**，这就是**最小余能原理**。

将系统的总势能(9.28)和总余能(9.37)相加，得

$$\begin{aligned} \Pi + \Pi_c &= U + U_c - \int_V f_i u_i \,\mathrm{d}V - \int_{S_\sigma} \bar{p}_i u_i \,\mathrm{d}S - \int_{S_u} \bar{u}_i p_i \,\mathrm{d}S \\ &= \int_V \sigma_{ij}\varepsilon_{ij} \,\mathrm{d}V - \int_V f_i u_i \,\mathrm{d}V - \int_{S_\sigma} \bar{p}_i u_i \,\mathrm{d}S - \int_{S_u} \bar{u}_i p_i \,\mathrm{d}S \end{aligned} \tag{9.38}$$

式中 $p_i|_{S_\sigma} = \bar{p}_i, u_i|_{S_u} = \bar{u}_i$。仿照式(9.10)的推导过程，对式(9.38)右端第一项进行分部积分，并利用平衡方程式(9.12)，得

$$\int_V \sigma_{ij}\varepsilon_{ij} \,\mathrm{d}V = \int_{S_\sigma} \bar{p}_i u_i \,\mathrm{d}S + \int_{S_u} \bar{u}_i \sigma_{ij} \nu_j \,\mathrm{d}S + \int_V f_i u_i \,\mathrm{d}V \tag{9.39}$$

将式(9.39)代入式(9.38)中，可得

$$\Pi + \Pi_c = 0 \tag{9.40}$$

假定在几何边界 S_u 上给定位移 $\bar{u}_i = 0$，并考虑到式(9.39)，系统的总势能和总余能为

$$\Pi = U - \int_V f_i u_i \,\mathrm{d}V - \int_{S_\sigma} \bar{p}_i u_i \,\mathrm{d}S = -U \tag{9.41}$$

$$\Pi_c = U_c \tag{9.42}$$

利用最小势能原理和最小余能原理可得

$$U^* \leqslant U, \quad U_c^* \geqslant U_c \tag{9.43}$$

式中 U_c^* 和 U^* 为系统静力可能状态的总余能和总势能。式(9.43)表明，利用最小势能原理得到的近似位移场的弹性变形能是真实位移场变形能的下界，即近似位移场在总体上偏小；而利用最小余能原理得到的近似应力场的弹性余能是真实应力场余

能的上界,即近似应力场在总体上偏大。当分别利用这两个原理求解同一问题时,可获得这个问题的上界和下界。

变分原理是有限单元法的重要理论基础。最小势能原理以位移为基本变量,要求位移场事先满足几何方程和给定位移边界条件。最小余能原理以应力为基本变量,要求应力场事先满足平衡方程和给定面力边界条件。这类变分原理是场变量已事先满足附加条件的自然变分原理,其优点是通常只有一个场函数,且泛函具有极值性。但是,对许多物理或力学问题,要求场函数事先满足全部附加条件是很困难的。例如对于板壳问题,势能泛函中包含场函数(挠度)的二阶导数,因此要求挠度函数在单元交界面上事先不仅要满足挠度的连续条件,而且要满足挠度法向导数的连续条件,这是很困难的。对此类问题,可采用适当的方法将场函数事先应满足的约束条件引入泛函中,使有附加约束条件的变分原理变成无附加条件的变分原理,这就是**约束变分原理**,或**广义变分原理**。这部分内容已超出了本书的范围,有兴趣的读者可参考相关书籍。

9.4 里 茨 法

弹性力学的微分提法和变分提法是等价的。满足微分方程和边界条件的函数将使泛函取极值或驻值,而使泛函取极值或驻值的函数就是待求问题的满足微分方程和边界条件的解答。但对于复杂问题,这样的精确解往往是很难找到的,因此只能设法寻求具有一定精度的近似解。

里茨法是从一组假定解中寻求满足泛函极值或驻值条件的最佳近似解。令未知函数的近似解由一族带有待定参数的完备试探函数来表示,即

$$u_i = \tilde{u}_i = \sum_{I=1}^{N} N_I a_{iI} \tag{9.44}$$

其中 a_{iI} 是待定参数,N_i 是满足给定位移边界条件的完备试探函数。完备的试探函数能够保证当取足够多的试探函数时近似解可以逼近精确解。将式(9.44)代入式(9.28)中得到用待定参数 a_{iI} 表示的系统总势能 $\Pi(a_{iI})$,由势能的极值条件得

$$\delta\Pi = \sum_{i=1}^{3}\sum_{I=1}^{N} \frac{\partial \Pi(a_{iI})}{\partial a_{iI}} \delta a_{iI} = 0 \tag{9.45}$$

变分 δa_{iI} 之间是独立的,它们的系数应分别等于零,即

$$\frac{\partial \Pi(a_{iI})}{\partial a_{iI}} = 0, \quad i = 1,2,3;\ I = 1,2,\cdots,N \tag{9.46}$$

这就是里茨法的求解方程,它的实质是用待定参数表示的近似平衡方程。对于线弹性问题,总势能 Π 是位移及其导数的二阶泛函。由式(9.44)可知,位移 u_i 及其

导数均为待定参数 a_{iI} 的线性函数，因而 $\Pi(a_{iI})$ 为 a_{iI} 的二次函数，式(9.46)成为关于待定参数 a_{iI} 的线性方程组。求解式(9.46)，得到 $3N$ 个待定参数，代回式(9.44)就得到逼近真实位移场的近似解，进一步可得到应变和应力。一般来说，应力场不能满足静力平衡条件。

9.5 加权残量法

加权残量法是求解微分方程近似解的有效方法。近似解(9.44)通常不能精确满足平衡方程和边界条件，因而式(9.12)的右端将产生非零的残量，分别用 R_i 和 $\bar{R}_i$ 表示

$$\left.\begin{aligned} \sigma_{ij,j}+f_i &= R_i, \quad \text{在 } V \text{ 中} \\ \sigma_{ij}\nu_j-\bar{p}_i &= \bar{R}_i, \quad \text{在 } S_\sigma \text{ 上} \end{aligned}\right\} \tag{9.47}$$

加权残量法允许平衡方程和边界条件在各点都存在残量，但要求这些残量在整个域中和边界上的加权积分为零，即要求满足残量方程：

$$\int_V R_i v_i \mathrm{d}V + \int_{S_u} \bar{R}_i \bar{v}_i \mathrm{d}S = 0 \tag{9.48}$$

式中 v_i 和 $\bar{v}_i$ 分别为域内和边界上的权函数。由此可导得一组代数方程，解出待定系数 a_{iI}，代回式(9.44)就可得到问题的近似解。

任何相互独立的完备函数集都可以作为权函数，选取不同的权函数就得到不同的加权残量法。为了简单起见，在下面的讨论中，假设近似函数精确满足边界条件，因此只考虑域内余量。权函数可以取为 N 个函数的线性组合，即

$$v_i = \sum_{I=1}^{N} W_I b_{iI} \tag{9.49}$$

式中 b_{iI} 为待定系数。将式(9.49)代入到式(9.48)中，考虑到待定系数 b_{iI} 的任意性，可得

$$\int_V R_i W_I \mathrm{d}V = 0 \tag{9.50}$$

常用的权函数有以下几种。

1. 配点法

权函数取为 Dirac-δ 函数：

$$W_I = \delta(x_i - x_{iI}), \quad I = 1,2,\cdots,N \tag{9.51}$$

将式(9.51)代入式(9.48)中，并利用 Dirac-δ 函数的性质可得

$$R_i(x_{iI}) = 0, \quad i = 1,2,3; \ I = 1,2,\cdots,N \tag{9.52}$$

这种方法相当于简单地强迫余量在域内的 N 个离散点(称为配点)上为零。上式共有 $3N$ 个方程，可以解出 $3N$ 个待定系数 a_{iI}。

2. 子域法

权函数在 N 个子域 V_I 内取为1，而在子域 V_I 外取为零：

$$W_I = \begin{cases} 1 & x_i \in V_I \\ 0 & x_i \notin V_I \end{cases} \quad I = 1,2,\cdots,N \tag{9.53}$$

子域法的实质是强迫残量在这 N 个子域 V_I 的积分为零。

3. 最小二乘法

最小二乘法要求调整近似函数中的参数 a_{iI}，使残量的均方和为最小，即

$$\frac{\partial}{\partial a_{iI}}\int_V R_i^2 \mathrm{d}V = 2\int_V R_i \frac{\partial R_i}{\partial a_{iI}} \mathrm{d}V = 0 \tag{9.54}$$

与式(9.48)相比，可知最小二乘法的权函数为

$$W_I = \frac{\partial R_i}{\partial a_{iI}}, \quad I = 1,2,\cdots,N \tag{9.55}$$

4. 伽辽金法

伽辽金法利用近似解的试探函数序列 N_I 作为权函数，即

$$W_I = N_I \tag{9.56}$$

相应的残量方程为

$$\int_V R_i N_I = 0, \quad i = 1,2,3;\ I = 1,2,\cdots,N \tag{9.57}$$

在许多情况下，伽辽金法得到的求解方程的系数矩阵是对称的，因而在用加权残量法建立有限元格式时主要采用伽辽金法。另外当存在相应的泛函时，伽辽金法与变分法往往给出同样的结果。

例 9.2 用各种加权残量法求解图 9-3 中弹性基础梁的挠度。

解 图示弹性基础梁的基本微分方程和边界条件为

$$\frac{\mathrm{d}^4 w}{\mathrm{d}x^4} + \alpha w + 1 = 0, \quad -1 \leqslant x \leqslant 1 \tag{9.58}$$

$$w(-1) = 0$$

$$w(1) = 0$$

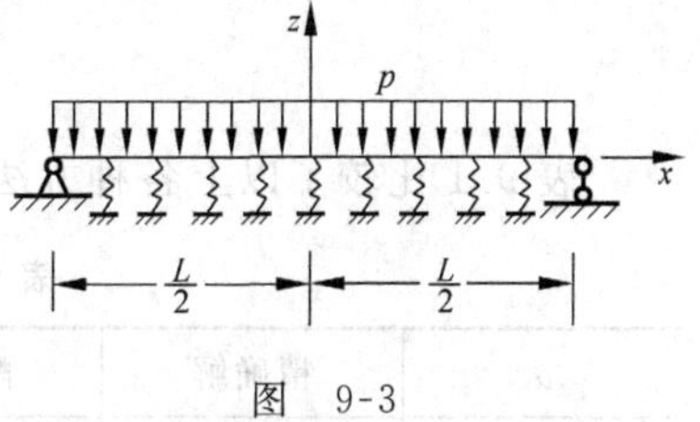

图 9-3

式(9.58)采用了无量纲形式，其中无量纲参数 x、w 和 M 应分别乘上系数 $L/2$、$pL^4/(16EI)$ 和 $pL^2/4$ 才是实际的坐标、挠度和弯矩。参数 $\alpha = kL^4/(16EI)$，k 为基础刚度系数，EI 为梁抗弯刚度。

作为一级近似，把近似函数取为当 $\alpha = k = 0$ 时的精确解：

$$w_1(x) = -\frac{a_1}{24}(5 - x^2)(1 - x^2) \tag{9.59}$$

式(9.59)满足边界条件，因此只有域内存在残量。把式(9.59)代入式(9.58)中，得到微分方程的残差为

$$R_1(x, a_1) = -a_1 - \alpha\frac{a_1}{24}(5 - x^2)(1 - x^2) + 1 \tag{9.60}$$

1. 配点法

要求在 $x=0$ 处残量为零，即

$$R_1(0,a_1)=-a_1-\frac{5\alpha}{24}a_1+1=0 \tag{9.61}$$

得

$$a_1=\left(1+\frac{5\alpha}{24}\right)^{-1} \tag{9.62}$$

2. 子域法

要求残量在区域中的积分为零：

$$\int_0^1 R_1\,\mathrm{d}x=-a_1-\frac{2\alpha}{15}a_1+1=0 \tag{9.63}$$

得

$$a_1=\left(1+\frac{2\alpha}{15}\right)^{-1} \tag{9.64}$$

3. 最小二乘法

$$\frac{\partial R_1}{\partial a_1}=-1-\frac{\alpha}{24}(5-x^2)(1-x^2) \tag{9.65}$$

由 $\int_0^1 R_1\frac{\partial R_1}{\partial a_1}\mathrm{d}x=0$ 得

$$a_1=\left(1+\frac{2\alpha}{15}\right)\left(1+\frac{4\alpha}{15}+\frac{62\alpha^2}{2835}\right)^{-1} \tag{9.66}$$

4. 伽辽金法

权函数取为 $N_1=-\frac{1}{24}(5-x^2)(1-x^2)$，由残量方程 $\int_0^1 R_1N_1\,\mathrm{d}x=0$ 得

$$a_1=\left(1+\frac{31\alpha}{189}\right)^{-1} \tag{9.67}$$

表 9.1 比较了以上各种方法得到的在 $x=0$ 处的挠度值和精确解。

表 9.1 加权残量法结果比较

α	精确解	配点法	子域法	最小二乘法	伽辽金法
1	0.1788	0.1724	0.1838	0.1832	0.1790
10	0.07836	0.06757	0.08929	0.08304	0.07891
100	0.01134	0.00954	0.01453	0.05818	0.01197
1000	0.001025	0.000995	0.001551	0.006068	0.001262

习　题

9-1 二维纯剪应力状态（$\sigma_{12}=\sigma_{21}=\tau,\sigma_1=\sigma_2=0$）和等值拉压状态（$\sigma_1'=\tau,\sigma_2'=-\tau,\sigma_{12}'=0$）是同一个应力状态，只是截面方向转了 45°角。试根据这两个状态能量相等的条

件，证明弹性常数 E,G,ν 满足关系 $G=\frac{E}{2(1+\nu)}$。

9-2　用虚位移原理计算在图中所示的结点 B 处，引起位移 u_1 和 u_2 所需的作用力 P_1 和 P_2。假定杆件截面面积均为 F，弹性模量为 E。

9-3　图中所示的两杆，长度均为 l，弹性模量及截面积分别为 E_1,F_1 及 E_2,F_2。用虚功原理求在力 P 作用下两杆铰接处的位移。

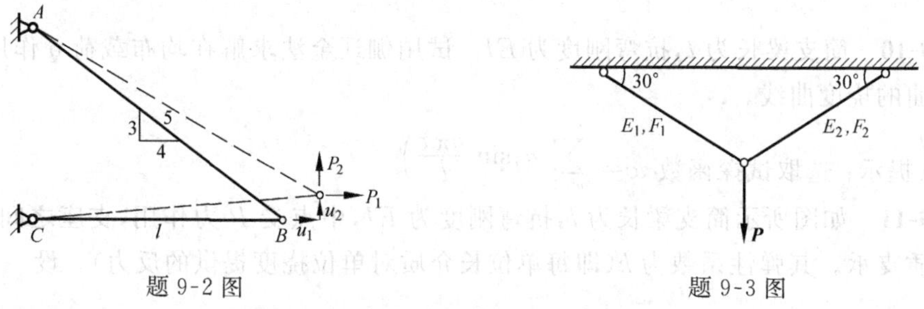

题 9-2 图　　题 9-3 图

9-4　试用虚位移原理求图中所示梁的挠度曲线，并求当 $a=l/2$ 时中点的挠度值。

9-5　用虚应力原理重解题 9-3。

9-6　如图所示梁，一端固定一端弹性支承。梁的抗弯刚度 EI 为常数，弹簧刚度为 k。梁上作用有分布载荷 $q(x)$，梁的中点作用有集中力 P，两端作用力偶 M。试用最小势能原理导出平衡方程、边界条件及中点处的连接条件。

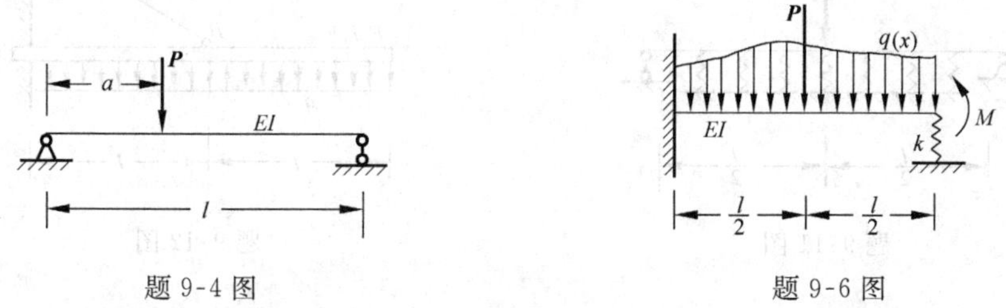

题 9-4 图　　题 9-6 图

9-7　试用最小势能原理导出弹性力学三维问题的平衡方程及边界条件。

9-8　长为 l 的弦被固定在不可动的支座 A、B 之间，受横向载荷 $q(x)$ 作用（如图所示）。假定弦的初始张力 T 足够大，横向载荷 $q(x)$ 引起的挠度很小，因而弦中各处的张力 T 均匀。考虑弦的拉伸变形能，用最小势能原理导出弦的平衡方程。

9-9　如图所示悬臂梁在自由端受集中载荷 P 作用。梁长为 l，抗弯刚度为 EI。试用最小势能原理取如下试探函数求梁的最大挠度。

(1) $w=a_2x^2+a_3x^3$；

(2) $w=a_1\left(1-\cos\frac{\pi x}{2l}\right)$。

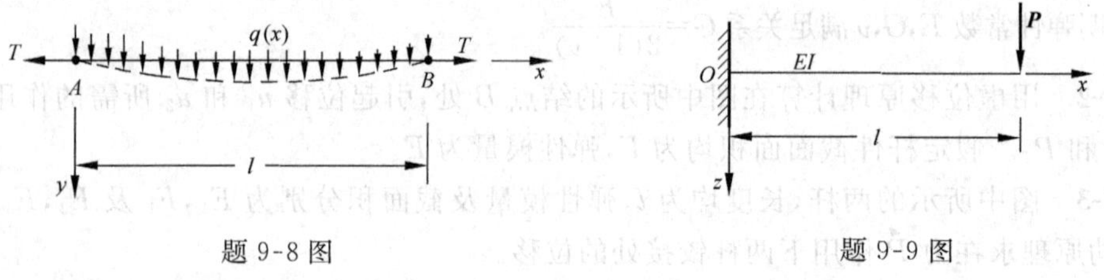

题 9-8 图　　题 9-9 图

9-10 简支梁长为 l,抗弯刚度为 EI。试用伽辽金法求解在均布载荷 q 作用下,梁弯曲的挠度曲线。

$\left(\text{提示：选取试探函数 } w=\sum\limits_{n=1}^{\infty} a_n \sin\dfrac{n\pi x}{l}\right)$

9-11 如图所示简支梁长为 l,抗弯刚度为 EI,中点受 P 力作用,支座之间由弹性介质支承。其弹性系数为 k(即每单位长介质对单位挠度提供的反力)。设

$$w=\sum_{n=1}^{\infty} a_n \sin\frac{n\pi x}{l}$$

试用里茨法求梁中点的挠度。

9-12 图中所示悬臂梁上 B 点有一拉杆作用以减低梁中的弯曲应力。试用最小余能原理求拉杆的内力。

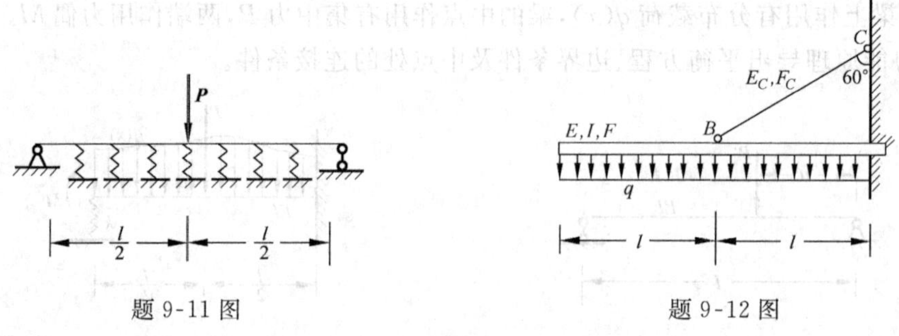

题 9-11 图　　题 9-12 图

9-13 试用加权残量法的配点法及伽辽金法,选用如下试探函数,计算受扭正方形截面杆($-a\leqslant x\leqslant a$,$-a\leqslant y\leqslant a$)中的最大剪应力。

(1) $\phi=A_1\cos\dfrac{\pi x}{2a}\cos\dfrac{\pi y}{2a}$;

(2) $\phi=A_1\cos\dfrac{\pi x}{2a}\cos\dfrac{\pi y}{2a}+A_2\cos\dfrac{3\pi x}{2a}\cos\dfrac{\pi y}{2a}+A_3\cos\dfrac{\pi x}{2a}\cos\dfrac{3\pi y}{2a}$。

第 10 章
有限单元法

求解微分方程的数值方法可以分为两大类。第一类是直接求解微分方程和相应定解条件的近似解，如有限差分法。另一类是首先建立和原微分方程及定解条件相等效的积分提法，再在此基础上建立近似解法，如加权残量法。若原问题具有某些特定的性质，则其等效积分提法可以归结为某个泛函的驻值问题。里茨法就属于这类方法，它将近似函数表示成一组试探函数的线性组合，利用泛函的驻值条件来确定待定系数。但是，试探函数是建立在整个求解域上的，对于几何形状复杂的问题，很难建立起符合要求的近似函数，因而这类方法只限于几何形状规则的问题。

有限单元法的基本思想是将连续体划分为有限个在结点处相连接的小单元，然后利用在各单元内假设的近似函数来分片逼近全求解域上的未知场函数。这些单元可以具有不同的形状，以不同的连接方式进行组合，因此很容易分析几何形状复杂的问题。例如，图 10-1(a)的结构可以用三角形单元来离散，如图 10-1(b)所示。

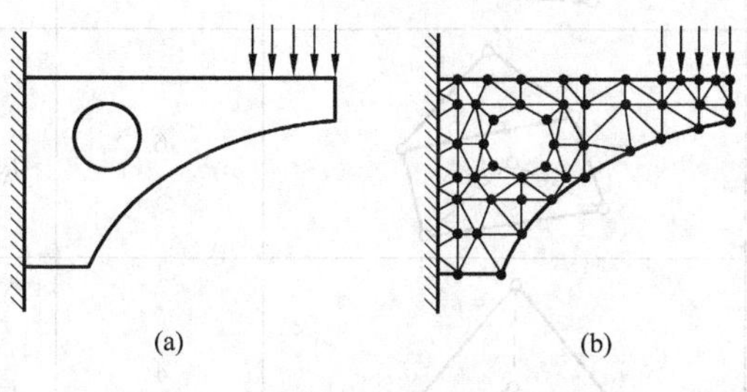

图 10-1　将连续体划分为有限单元

在有限元分析中，人们可以同时使用各种不同形状的单元来离散复杂结构。商用有限元软件一般都具有丰富的单元库供用户选用，包括线单元、面单元、实体单元和特殊单元等。

表10-1列出了一些常用的单元。

表10-1 常用单元

单元类型		形 状	单元结点数	应 用
线单元	轴力杆		2	桁架结构
	弯曲梁		2	弯曲问题
	杆-梁		2	拉压弯扭问题
面单元	4结点四边形		4	平面应力、平面应变、轴对称、薄板弯曲
	8结点四边形		6	平面应力、平面应变、薄板或壳弯曲
	3结点三角形		3	平面应力、平面应变、轴对称、薄板弯曲；尽可能使用四边形单元
	6结点三角形		6	平面应力、平面应变、薄板或壳弯曲；尽可能使用四边形单元
实体单元	六面体单元		8	实体结构，厚板
	五面体单元		6	实体结构，厚板尽可能使用六面体单元
	四面体单元		4	实体结构，厚板尽可能使用六面体单元

本章首先从最简单的单元(一维轴力杆单元)出发,讨论建立有限元求解方程的原理和步骤,进而给出有限单元法的一般格式,据此可推出任一种单元的表达格式。

10.1 轴力杆单元

1. 单元形函数

考虑一长为 L^e 的一维轴力杆单元,如图 10-2 所示。该单元有两个结点 i 和 j,它们的位移分别记为 u_i 和 u_j,因此该单元具有两个自由度。由这两个待定参数可惟一确定一个线性函数,因此单元内的位移场可以假定为

$$u(x)=a_1+a_2x \tag{10.1}$$

其中 a_1 和 a_2 为待定常数。位移场 $u(x)$ 在单元结点 i 和 j 处应等于单元的结点位移 u_i 和 u_j,即

$$\begin{aligned}u_i&=u(x_i)=a_1+a_2x_i\\u_j&=u(x_j)=a_1+a_2x_j\end{aligned} \tag{10.2}$$

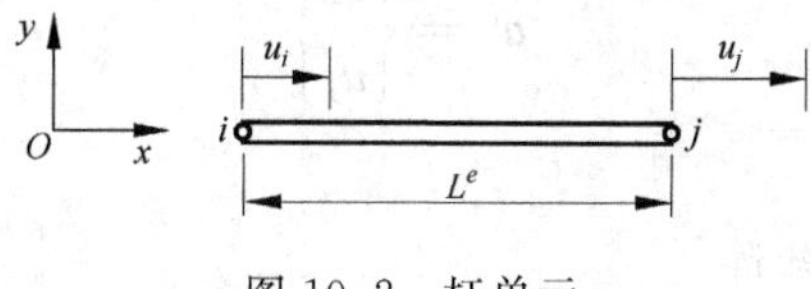

图 10-2　杆单元

由此可解得待定常数:

$$a_1=\frac{u_ix_j-u_jx_i}{x_j-x_i},\quad a_2=\frac{u_j-u_i}{x_j-x_i} \tag{10.3}$$

将式(10.3)代入式(10.1),并考虑到 $L^e=x_j-x_i$,得

$$u(x)=N_i(x)u_i+N_j(x)u_j \tag{10.4}$$

其中

$$N_i(x)=\frac{x_j-x}{L^e},\quad N_j(x)=\frac{x-x_i}{L^e} \tag{10.5}$$

称为单元的**形函数或插值函数**。插值函数具有如下性质:

(1) 我们要求位移函数 $u(x)$ 在单元结点处等于结点位移值,即 $u(x_\alpha)=u_\alpha,\alpha=i,j$,由式(10.4)可知,插值函数 $N_i(x)$ 在结点 i 处等于1,在结点 j 处等于 0(如图 10-3 所示),即

$$N_i(x_j)=\delta_{ij} \tag{10.6}$$

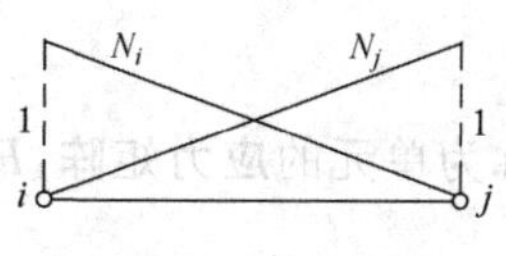

图 10-3　形函数

(2) 若单元发生刚体位移 u_0,则单元内任意点的位移均应等于 u_0。将此条件代入式(10.4)可得

$$
\begin{aligned}
u(x) &= [N_i(x) + N_j(x)]u_0 \\
&= u_0
\end{aligned}
\tag{10.7}
$$

因此插值函数必须满足条件:

$$
N_i(x) + N_j(x) = 1 \tag{10.8}
$$

由于相邻单元公共结点的结点位移相等,因此轴力杆单元的位移函数在单元间是连续的,这类单元称为**协调元**。轴力杆单元的位移函数 $u(x)$ 是线性的,其一阶导数 $\mathrm{d}u/\mathrm{d}x$ 在单元内为常数,因此它在单元间是不连续的,即轴力杆单元的位移函数具有 C_0 连续性。

式(10.4)可写成矩阵的形式:

$$
u(x) = \boldsymbol{N}^e \boldsymbol{a}^e \tag{10.9}
$$

式中

$$
\boldsymbol{N}^e = [N_i \quad N_j] \tag{10.10}
$$

称为**插值函数矩阵**或**形函数矩阵**,

$$
\boldsymbol{a}^e = \begin{Bmatrix} u_i \\ u_j \end{Bmatrix} \tag{10.11}
$$

称为单元**结点位移列阵**。

2. 应变矩阵与应力矩阵

轴力杆单元内任意点的应变为 $\varepsilon_x = \mathrm{d}u/\mathrm{d}x$。由式(10.4)可知

$$
\varepsilon_x = \frac{1}{L^e}(u_j - u_i) = \boldsymbol{B}^e \boldsymbol{a}^e \tag{10.12}
$$

式中

$$
\boldsymbol{B}^e = \frac{1}{L^e}[-1 \quad 1] \tag{10.13}
$$

称为单元的**应变矩阵**。

轴力杆单元内任意点的应力为 $\sigma_x = E\varepsilon_x$。由式(10.12)可知

$$
\sigma_x = \boldsymbol{S}^e \boldsymbol{a}^e \tag{10.14}
$$

式中

$$
\boldsymbol{S}^e = E^e \boldsymbol{B}^e = \frac{E^e}{L^e}[-1 \quad 1] \tag{10.15}
$$

称为单元的**应力矩阵**,E^e 为该单元材料的弹性模量。

3. 单元刚度阵与单元等效结点载荷

轴力杆单元的应变能为

$$U^e=\frac{1}{2}\int_{V_e}\sigma_x\varepsilon_x\,\mathrm{d}V=\frac{1}{2}\boldsymbol{a}^{e\mathrm{T}}\boldsymbol{K}^e\boldsymbol{a}^e \tag{10.16}$$

式中

$$\boldsymbol{K}^e=\int_0^{L^e}\boldsymbol{B}^{e\mathrm{T}}E^e\boldsymbol{B}^eA^e\mathrm{d}x=\frac{A^eE^e}{L^e}\begin{bmatrix}1 & -1\\ -1 & 1\end{bmatrix} \tag{10.17}$$

称为**单元刚度矩阵**,它可以进一步写成分块的形式:

$$\boldsymbol{K}^e=\begin{bmatrix}K_{ii}^e & K_{ij}^e\\ K_{ji}^e & K_{jj}^e\end{bmatrix} \tag{10.18}$$

轴力杆单元的外力势能为

$$V^e=-uF-\int_0^{L^e}uq(x)\mathrm{d}x \tag{10.19}$$

式中 F 为作用在单元内的集中力,$q(x)$ 为作用在单元内单位长度上的外力。将式(10.9)代入式(10.19),得

$$\begin{aligned}V^e&=-\boldsymbol{a}^{e\mathrm{T}}\boldsymbol{N}^{e\mathrm{T}}F-\int_0^{L^e}\boldsymbol{a}^{e\mathrm{T}}\boldsymbol{N}^{e\mathrm{T}}q(x)\mathrm{d}x\\&=-\boldsymbol{a}^{e\mathrm{T}}\boldsymbol{f}^e\end{aligned} \tag{10.20}$$

式中

$$\boldsymbol{f}^e=\begin{Bmatrix}f_{xi}^e\\ f_{xj}^e\end{Bmatrix}=\boldsymbol{N}^{e\mathrm{T}}F+\int_0^{L^e}\boldsymbol{N}^{e\mathrm{T}}q(x)\mathrm{d}x \tag{10.21}$$

为单元**等效结点载荷列阵**,它也包括其他相邻单元对该单元的作用力。

单元的总势能为

$$\Pi^e=\frac{1}{2}\boldsymbol{a}^{e\mathrm{T}}\boldsymbol{K}^e\boldsymbol{a}^e-\boldsymbol{a}^{e\mathrm{T}}\boldsymbol{f}^e \tag{10.22}$$

由势能的极值条件 $\partial\Pi^e/\partial\boldsymbol{a}^e=0$ 得

$$\boldsymbol{K}^e\boldsymbol{a}^e=\boldsymbol{f}^e \tag{10.23}$$

这就是单元的控制方程,它建立了单元的结点载荷和结点位移之间的关系。

4. 结构刚度阵和结构结点载荷列阵的集成

考虑图 10-4 所示的由两个单元组成的结构。它的左端固定,右端受载荷 $\boldsymbol{F}$ 的作用。两个单元的结点位移向量 $\boldsymbol{a}^1=[u_1\quad u_2]^\mathrm{T}$ 和 $\boldsymbol{a}^2=[u_2\quad u_3]^\mathrm{T}$ 与结构结点位移向量 $\boldsymbol{a}=[u_1\quad u_2\quad u_3]^\mathrm{T}$ 之间的关系分别为

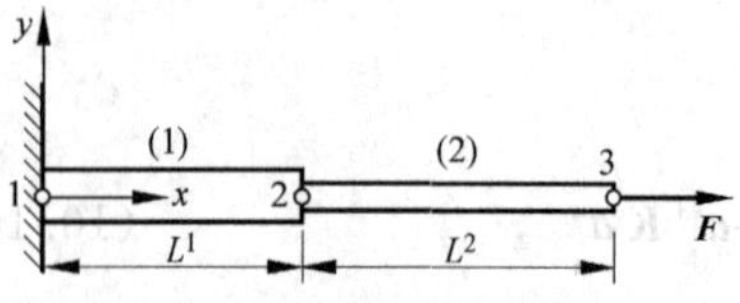

图 10-4　含两个杆单元的结构

$$a^1 = G^1 a,\quad a^2 = G^2 a \tag{10.24}$$

式中

$$G^1 = \begin{bmatrix} 1 & 0 & 0 \\ 0 & 1 & 0 \end{bmatrix},\quad G^2 = \begin{bmatrix} 0 & 1 & 0 \\ 0 & 0 & 1 \end{bmatrix} \tag{10.25}$$

由式(10.17)可知，两个单元的单元刚度阵和单元结点载荷列阵分别为

$$K^1 = \begin{bmatrix} k_1 & -k_1 \\ -k_1 & k_1 \end{bmatrix},\quad K^2 = \begin{bmatrix} k_2 & -k_2 \\ -k_2 & k_2 \end{bmatrix} \tag{10.26}$$

$$f^1 = \begin{Bmatrix} f_{xi}^1 \\ f_{xj}^1 \end{Bmatrix},\quad f^2 = \begin{Bmatrix} f_{xi}^2 \\ f_{xj}^2 \end{Bmatrix} \tag{10.27}$$

其中 $k_1=\dfrac{A^1E^1}{L^1}$，$k_2=\dfrac{A^2E^2}{L^2}$。单元结点力 f_{xi}^1、f_{xj}^1、f_{xi}^2 和 f_{xj}^2 的定义如图 10-5 所示，其中 f_{xi}^1 为未知的约束反力，$f_{xj}^1=-f_{xi}^2$，$f_{xj}^2=F$。

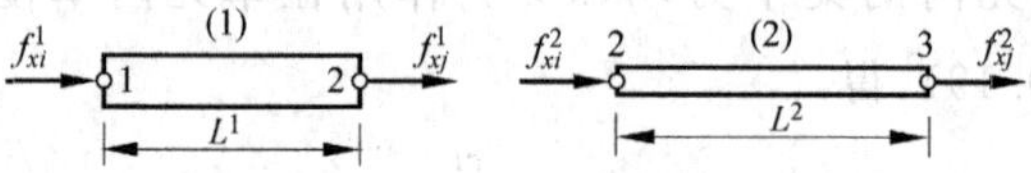

图 10-5　单元结点力

结构的总势能为

$$\Pi = \frac{1}{2}\sum_{e=1}^{2} a^{eT} K^e a^e - \sum_{e=1}^{2} a^{eT} f^e = \frac{1}{2} a^T K a - a^T P \tag{10.28}$$

式中

$$K = \sum_{e=1}^{2} G^{eT} K^e G^e,\quad P = \sum_{e=1}^{2} G^{eT} f^e \tag{10.29}$$

分别为**结构刚度阵**和**结构结点载荷列阵**。将式(10.25)代入式(10.29)得

$$K = \begin{bmatrix} k_1 & -k_1 & 0 \\ -k_1 & k_1 & 0 \\ 0 & 0 & 0 \end{bmatrix} + \begin{bmatrix} 0 & 0 & 0 \\ 0 & k_2 & -k_2 \\ 0 & -k_2 & k_2 \end{bmatrix} = \begin{bmatrix} k_1 & -k_1 & 0 \\ -k_1 & k_1+k_2 & -k_2 \\ 0 & -k_2 & k_2 \end{bmatrix} \tag{10.30}$$

$$P = \begin{bmatrix} P_1 \\ P_2 \\ P_3 \end{bmatrix} = \begin{bmatrix} f_{xi}^1 \\ f_{xj}^1 \\ 0 \end{bmatrix} + \begin{bmatrix} 0 \\ f_{xi}^2 \\ f_{xj}^2 \end{bmatrix} = \begin{bmatrix} f_{xi}^1 \\ 0 \\ F \end{bmatrix} \tag{10.31}$$

可见，结构刚度阵和结构结点载荷列阵是利用各单元的刚度阵和结点载荷列阵集成而得到的。单元结点转换矩阵 G^e 的作用是将单元刚度矩阵 K^e 和单元结点载荷

列阵 $\boldsymbol{f}^e$扩大到与结构刚度阵同阶，并将单元刚度阵和单元结点载荷列阵中的各元素按照单元结点的实际编码放置到扩大后的矩阵中，以便通过矩阵相加得到结构的刚度阵和结点载荷列阵。在实际编程中，这个集成过程并不是采用上述的矩阵相乘的方法完成的。在得到 $\boldsymbol{K}^e$和 $\boldsymbol{f}^e$的各元素后，只需按照各单元的结点自由度编号，将它们“对号入座”地叠加到结构刚度矩阵和结点载荷列阵的相应位置上即可实现。例如，单元 1 的结点 i 和 j 的编码分别为 1 和 2，因此 $\boldsymbol{K}^1$的各元素 K_{ii}^1、K_{ij}^1、K_{ji}^1和 K_{jj}^1将被分别叠加到结构刚度矩阵的 K_{11}、K_{12}、K_{21}和 K_{22}元素上。单元 2 的结点 i 和 j 的编码分别为 2 和 3，因此 $\boldsymbol{K}^2$的各元素 K_{ii}^2、K_{ij}^2、K_{ji}^2和 K_{jj}^2将被分别叠加到结构刚度矩阵的 K_{22}、K_{23}、K_{32}和 K_{33}元素上，如式(10.30)所示。结构结点载荷列阵的集成过程与此类似。

5. 有限元方程和位移边界条件的处理

根据最小势能原理，在所有能满足几何边界条件的结点位移中，真实结点位移使弹性体总势能取最小值。由结构总势能取极小值的条件 $\partial\Pi/\partial\boldsymbol{a}=0$ 可得

$$\boldsymbol{Ka} = \boldsymbol{P} \tag{10.32}$$

这就是有限元法的求解方程，它是以结构结点位移 $\boldsymbol{a}$ 为未知量，以 $\boldsymbol{K}$ 为系数矩阵的线性方程组，其中每一个方程表示一个结点在一个自由度方向的平衡条件，因而式(10.32)是弹性体所有结点平衡方程的集合。

最小势能原理是具有附加条件的变分原理，它要求场函数 u 满足几何方程和位移边界条件。由式(10.4)建立的近似函数在单元内部满足几何方程，在单元间满足连续条件，但在边界上不满足位移边界条件，因此必须将这个条件引入到有限元方程中，使最终求得的近似函数满足位移边界条件。

显然，如果弹性体的边界没有任何约束，则在外力作用下可能产生不确定的刚体位移，因此式(10.32)的解不惟一，也就是说结构刚度阵 $\boldsymbol{K}$ 是奇异的。只有当引入位移边界条件后才能消除刚体位移，使结构刚度阵 $\boldsymbol{K}$ 成为非奇异的，此时式(10.32)存在惟一解。

引入位移边界条件的方法有多种，这里采用直接代入法，即在方程(10.32)中将已知位移的自由度消去，得到一组修正方程，用以求解其他待定的结点位移。对图 10-4 所示的结构，其结点位移 u_1已知，因此可将方程(10.32)分成：

$$k_1(u_1 - u_2) = P_1 \tag{10.33}$$

和

$$\begin{bmatrix} -k_1 & k_1+k_2 & -k_2 \\ 0 & -k_2 & k_2 \end{bmatrix}\begin{bmatrix} u_1 \\ u_2 \\ u_3 \end{bmatrix} = \begin{bmatrix} P_2 \\ P_3 \end{bmatrix} \tag{10.34}$$

u_1是已知的,因此在上式中可将与 u_1 相关的项移到方程的右端,得

$$\begin{bmatrix} k_1+k_2 & -k_2 \\ -k_2 & k_2 \end{bmatrix} \begin{bmatrix} u_2 \\ u_3 \end{bmatrix} = \begin{bmatrix} P_2+k_1u_1 \\ P_3 \end{bmatrix} \tag{10.35}$$

求解式(10.35)可得

$$\begin{bmatrix} u_2 \\ u_3 \end{bmatrix} = \frac{1}{k_1k_2} \begin{bmatrix} k_2 & k_2 \\ k_2 & k_1+k_2 \end{bmatrix} \begin{bmatrix} P_2+k_1u_1 \\ P_3 \end{bmatrix} \tag{10.36}$$

将 $u_1=0$ 、$P_2=0$ 和 $P_3=F$ 代入式(10.36)得

$$u_2 = \frac{1}{k_1}F, \quad u_3 = \frac{k_1+k_2}{k_1k_2}F \tag{10.37}$$

将式(10.37)代入式(10.33)中可以求得约束反力为

$$P_1 = -F \tag{10.38}$$

得到各结点的位移后,利用式(10.12)、式(10.14)和式(10.23)可以求得各单元的应变、应力和结点力。例如,单元1的结点力为

$$\begin{bmatrix} f_{xi}^1 \\ f_{xj}^1 \end{bmatrix} = \begin{bmatrix} k_1 & -k_1 \\ -k_1 & k_1 \end{bmatrix} \begin{bmatrix} u_1 \\ u_2 \end{bmatrix} = \begin{bmatrix} -F \\ F \end{bmatrix} \tag{10.39}$$

单元1的应力为

$$\sigma_x^1 = \frac{E^1}{L^1} \begin{bmatrix} -1 & 1 \end{bmatrix} \begin{bmatrix} u_1 \\ u_2 \end{bmatrix} = \frac{F}{A_1} \tag{10.40}$$

6. 坐标变换

前面讨论的是一维轴力杆单元,只能分析如图10-4所示的一维结构。对于图10-6所示的二维结构,需要将一维轴力杆单元的结果通过坐标变换转换到二维空间中。

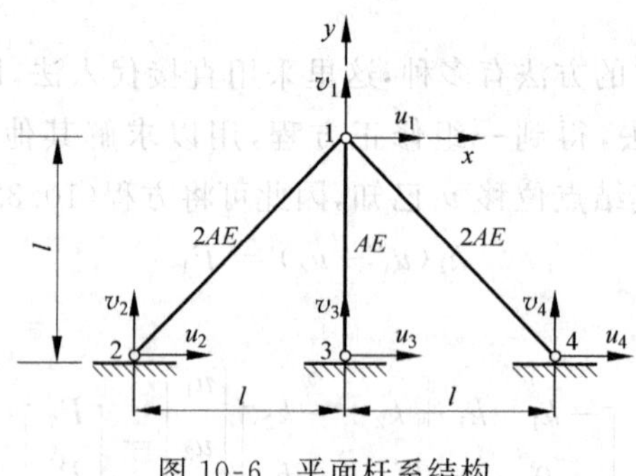

图10-6 平面杆系结构

考虑图 10-7 所示的二维杆单元。坐标系 xy 称为全局坐标系，$x'y'$ 称为单元局部坐标系，坐标轴 x 和 x' 之间的夹角记为 α。单元结点 i 在局部坐标系中的位移分量记为 u'_i，在全局坐标系中的位移分量记为 u_i 和 v_i，它们之间的关系为

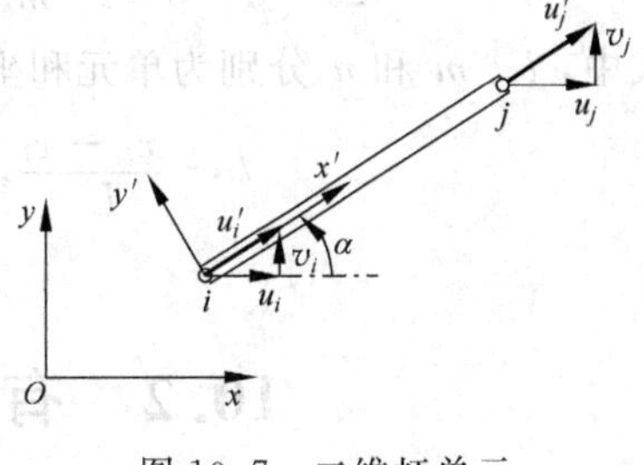

图 10-7 二维杆单元

$$\left.\begin{aligned} u'_i &= u_i\cos\alpha + v_i\sin\alpha \\ u'_j &= u_j\cos\alpha + v_j\sin\alpha \end{aligned}\right\} \tag{10.41}$$

写成矩阵的形式有

$$\boldsymbol{a}'^e = \boldsymbol{T}^e\boldsymbol{a}^e \tag{10.42}$$

式中

$$\boldsymbol{a}'^e = \begin{bmatrix} u'_i \\ u'_j \end{bmatrix},\quad \boldsymbol{T}^e = \begin{bmatrix} \cos\alpha & \sin\alpha & 0 & 0 \\ 0 & 0 & \cos\alpha & \sin\alpha \end{bmatrix},\quad \boldsymbol{a}^e = \begin{bmatrix} u_i \\ v_i \\ u_j \\ v_j \end{bmatrix} \tag{10.43}$$

其中矩阵 $\boldsymbol{T}^e$ 称为单元的**坐标变换矩阵**。

同理，利用坐标变换矩阵可以将单元结点力从局部系中变换到全局系中，即

$$\boldsymbol{f}'^e = \boldsymbol{T}^e\boldsymbol{f}^e \tag{10.44}$$

式中

$$\boldsymbol{f}'^e = \begin{bmatrix} f_{x'i} \\ f_{x'j} \end{bmatrix},\quad \boldsymbol{f}^e = \begin{bmatrix} f_{xi} \\ f_{yi} \\ f_{xj} \\ f_{yj} \end{bmatrix} \tag{10.45}$$

其中 $f_{x'i}$ 和 $f_{x'j}$ 为单元结点力在单元局部坐标系中的分量，f_{xi}、f_{yi}、f_{xj} 和 f_{yj} 为单元结点力在全局系中的分量。

式 (10.1)～式(10.23) 都是定义在单元局部坐标系中的。由式(10.22)可知，单元的势能为

$$\Pi^e = \frac{1}{2}\boldsymbol{a}'^{e\mathrm{T}}\boldsymbol{K}'^e\boldsymbol{a}'^e - \boldsymbol{a}'^{e\mathrm{T}}\boldsymbol{f}'^e \tag{10.46}$$

其中 $\boldsymbol{K}'^e$ 为单元局部坐标系中的刚度阵，由式(10.17)给出。将式(10.42)和式(10.44)代入式(10.46)，得

$$\Pi^e = \frac{1}{2}\boldsymbol{a}^{e\mathrm{T}}\boldsymbol{K}^e\boldsymbol{a}^e - \boldsymbol{a}^{e\mathrm{T}}\boldsymbol{f}^e \tag{10.47}$$

其中，$\boldsymbol{K}^e = \boldsymbol{T}^{e\mathrm{T}}\boldsymbol{K}'^e\boldsymbol{T}^e$，$\boldsymbol{f}^e = \boldsymbol{T}^{e\mathrm{T}}\boldsymbol{f}'^e$。

对于三维问题，可类似地将一维轴力杆单元的结果通过坐标变换转换到三维空间中，此时坐标变换矩阵 $\boldsymbol{T}^e$ 和单元结点位移向量 $\boldsymbol{a}^e$ 分别为

$$\boldsymbol{T}^e=\begin{bmatrix} l & m & n & 0 & 0 & 0 \\ 0 & 0 & 0 & l & m & n \end{bmatrix},\quad \boldsymbol{a}^e=[u_i \quad v_i \quad w_i \quad u_j \quad v_j \quad w_j]^{\mathrm{T}} \tag{10.48}$$

式中，l、m 和 n 分别为单元和坐标轴 x、y 和 z 夹角的余弦，即

$$l=\frac{x_j-x_i}{L_e},\quad m=\frac{y_j-y_i}{L_e},\quad n=\frac{z_j-z_i}{L_e} \tag{10.49}$$

10.2 有限单元法的一般格式

10.1节从一维轴力杆单元出发，讨论了建立有限元求解方程的原理和步骤。基于最小势能原理的有限单元法的一般步骤可归结为：

(1) **求解区域的离散**。将求解区域剖分为有限数目的单元，因而把连续的微分方程近似地化为离散的代数方程组。

(2) **选择单元的位移模式**。单元的位移模式也称为位移函数，是表示单元内任意点的位移随位置变化的函数式。它所包含的未知参数的个数与单元自由度数相等，一般取为多项式。利用单元的结点位移确定位移函数中的未知参数，并将单元位移函数用单元结点位移来表示。

(3) **建立单元刚度阵和单元等效结点载荷**。分别利用几何关系和物理关系将单元应变和应力表示为单元结点位移的函数，进而将单元总势能表示为单元结点位移的函数。利用最小势能原理建立单元的刚度方程，得到单元的刚度阵和单元等效结点载荷列阵。

(4) **集成结构刚度阵和结构结点载荷列阵，**建立有限元总体方程。

(5) **施加位移边界条件。**

(6) **求解有限元总体方程，得到结点位移。**

(7) **由单元的结点位移计算单元应变和应力。**

这里讨论的方法是以最小势能原理为基础的，基本未知量为结点的位移，因此称为位移法。下面以平面应力分析为例，总结有限元法的一般格式。

将平面区域离散为若干个 n 结点单元。与式(10.9)类似，单元内任意点 (x,y) 的位移 $\boldsymbol{u}=[u(x,y) \quad v(x,y)]^{\mathrm{T}}$ 可以近似为

$$\boldsymbol{u}\approx \boldsymbol{N}^e\boldsymbol{a}^e \tag{10.50}$$

式中

$$\boldsymbol{a}^e=\begin{Bmatrix} \boldsymbol{a}_i \\ \boldsymbol{a}_j \\ \vdots \end{Bmatrix} \tag{10.51}$$

为单元结点位移列阵，

$$\boldsymbol{a}_i = \begin{Bmatrix} u_i \\ v_i \end{Bmatrix} \tag{10.52}$$

为结点 i 的位移向量，

$$\boldsymbol{N}^e = [\boldsymbol{N}_i \quad \boldsymbol{N}_j \quad \cdots] \tag{10.53}$$

为单元的形函数矩阵，

$$\boldsymbol{N}_i = N_i \boldsymbol{I} \tag{10.54}$$

为结点 i 的形函数矩阵。$\boldsymbol{I}$ 为 2 阶单位矩阵，N_i 为结点 i 的形函数，它满足关系式

$$N_i(x_j, y_j) = \delta_{ij} \tag{10.55}$$

即当 $i=j$ 时，式(10.55)右端为 1，当 $i \neq j$ 时，右端为 0。

对于平面应力问题，任意点的应变 $\varepsilon = [\varepsilon_x \quad \varepsilon_y \quad \gamma_{xy}]^{\mathrm{T}}$ 为

$$\varepsilon = \boldsymbol{L}\boldsymbol{u} \tag{10.56}$$

式中算子矩阵 $\boldsymbol{L}$ 为

$$\boldsymbol{L} = \begin{bmatrix} \partial/\partial x & 0 \\ 0 & \partial/\partial y \\ \partial/\partial y & \partial/\partial x \end{bmatrix} \tag{10.57}$$

将式(10.50)代入到式(10.56)中，可以将单元内任意点的应变 $\varepsilon = [\varepsilon_x \quad \varepsilon_y \quad \gamma_{xy}]^{\mathrm{T}}$ 写成与式(10.12)类似的形式：

$$\varepsilon = \boldsymbol{B}^e \boldsymbol{a}^e \tag{10.58}$$

式中应变矩阵 $\boldsymbol{B}^e$ 为

$$\boldsymbol{B}^e = \boldsymbol{L}\boldsymbol{N}^e \tag{10.59}$$

单元内任意点的应力 $\boldsymbol{\sigma} = [\sigma_x \quad \sigma_y \quad \tau_{xy}]^{\mathrm{T}}$ 也可以写成与式(10.14)类似的形式：

$$\boldsymbol{\sigma} = \boldsymbol{S}^e \boldsymbol{a}^e \tag{10.60}$$

式中应力矩阵 $\boldsymbol{S}^e$ 为

$$\boldsymbol{S}^e = \boldsymbol{D}\boldsymbol{B}^e \tag{10.61}$$

$$\boldsymbol{D} = \frac{E}{1-\nu^2} \begin{bmatrix} 1 & \nu & 0 \\ \nu & 1 & 0 \\ 0 & 0 & (1-\nu)/2 \end{bmatrix} \tag{10.62}$$

单元的应变能(参见式(9.3))可以写成与式(10.16)类似的形式：

$$U_e = \frac{1}{2}\int_{\Omega^e} \varepsilon^{\mathrm{T}} \boldsymbol{D} \varepsilon \, \mathrm{d}V = \frac{1}{2} \boldsymbol{a}^{e\mathrm{T}} \boldsymbol{K}^e \boldsymbol{a}^e \tag{10.63}$$

其中单元刚度阵 $\boldsymbol{K}^e$ 为

$$\boldsymbol{K}^e = \int_{\Omega^e} \boldsymbol{B}^{e\mathrm{T}} \boldsymbol{D} \boldsymbol{B}^e \mathrm{d}V \tag{10.64}$$

单元的外力势能(参见式(9.28))可以写成与式(10.20)类似的形式

$$V^e = -\int_{\Omega^e} \boldsymbol{u}^{\mathrm{T}} \boldsymbol{f} \mathrm{d}V - \int_{A^e} \boldsymbol{u}^{\mathrm{T}} \bar{t} \mathrm{d}A = -\boldsymbol{a}^{e\mathrm{T}} \boldsymbol{f}^e \tag{10.65}$$

式中 $\boldsymbol{f}=[f_x \quad f_y]^{\mathrm{T}}$ 为单元内的体力密度,$\bar{\boldsymbol{t}}=[\bar{t}_x \quad \bar{t}_y]^{\mathrm{T}}$ 为边界上的面力密度。单元等效结点载荷 $\boldsymbol{f}^e$ 为

$$\boldsymbol{f}^e = -\int_{\Omega^e} N^{e\mathrm{T}} \boldsymbol{f} \mathrm{d}V - \int_{A^e} N^{e\mathrm{T}} \bar{t} \mathrm{d}A \tag{10.66}$$

由系统总势能

$$\Pi = \sum_e (U^e + V^e) \tag{10.67}$$

的极值条件可以得到系统的平衡方程为

$$\boldsymbol{K}\boldsymbol{a} = \boldsymbol{f} \tag{10.68}$$

其中

$$\boldsymbol{a} = [\boldsymbol{a}^{1\mathrm{T}} \quad \boldsymbol{a}^{2\mathrm{T}} \quad \cdots \quad \boldsymbol{a}^{N\mathrm{T}}], \quad \boldsymbol{K} = \sum_e \boldsymbol{G}^{e\mathrm{T}} \boldsymbol{K}^e \boldsymbol{G}^e, \quad \boldsymbol{P} = \sum_e \boldsymbol{G}^{e\mathrm{T}} \boldsymbol{f}^e \tag{10.69}$$

为了便于使用,将以上过程列于表10-2中。

表 10-2 有限元(位移法)的一般格式

单元位移	$\boldsymbol{u} \approx \boldsymbol{N}^e \boldsymbol{a}^e$
单元应变	$\varepsilon = \boldsymbol{B}^e \boldsymbol{a}^e, \quad \boldsymbol{B}^e = \boldsymbol{L}\boldsymbol{N}^e$
单元应力	$\boldsymbol{\sigma} = \boldsymbol{S}^e \boldsymbol{a}^e, \quad \boldsymbol{S}^e = \boldsymbol{D}\boldsymbol{B}^e$
单元应变能	$U_e = \frac{1}{2} \boldsymbol{a}^{e\mathrm{T}} \boldsymbol{K}^e \boldsymbol{a}^e, \quad \boldsymbol{K}^e = \int_{\Omega^e} \boldsymbol{B}^{e\mathrm{T}} \boldsymbol{D} \boldsymbol{B}^e \mathrm{d}V$
单元外力势能	$V^e = -\boldsymbol{a}^{e\mathrm{T}} \boldsymbol{f}^e, \quad \boldsymbol{f}^e = -\int_{\Omega^e} \boldsymbol{N}^{e\mathrm{T}} \boldsymbol{f} \mathrm{d}V - \int_{A^e} \boldsymbol{N}^{e\mathrm{T}} \bar{t} \mathrm{d}V$
单元平衡方程	$\boldsymbol{K}^e \boldsymbol{a}^e = \boldsymbol{f}^e$
系统平衡方程	$\boldsymbol{K}\boldsymbol{a} = \boldsymbol{f}$

10.3 二维常应变三角形单元

利用10.2节给出的有限元法的一般格式,可以导出各种单元的基本格式。在位移法中,单元位移场总是可以表示成式(10.50)的形式,但是不同单元的形函数是不同的。只要建立了单元的形函数 $N_i(x,y)$,重复式(10.50)~式(10.66) 即可导出单元的应变矩阵、应力矩阵、刚度矩阵和等效结点载荷等。

本节讨论三结点三角形单元。平面区域位于 xy 平面，被剖分成若干个三角形单元，如图 10-8 所示。

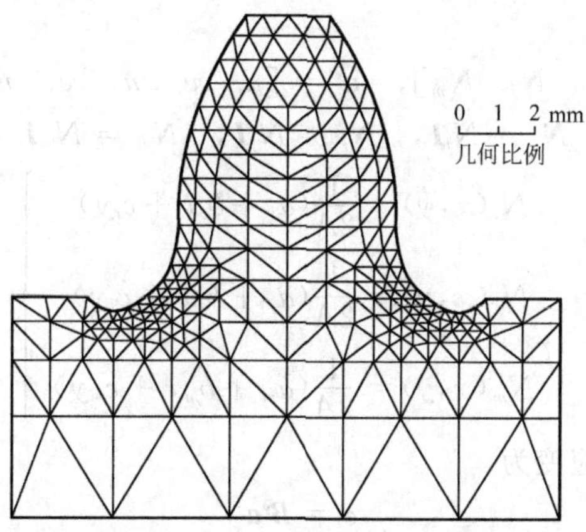

图 10-8 齿轮剖分为三角形单元

考虑一个典型三角形单元，其结点用 i、j 和 m 表示，如图 10-9 所示。每个结点具有 2 个自由度，单元共有 6 个自由度，因此可以用 6 个待定常数来构造单元的位移场。单元内任意点的位移可以用 6 个待定常数表示为线性函数的形式

$$\begin{aligned} u &= a_1 + a_2 x + a_3 y \\ v &= a_4 + a_5 x + a_6 y \end{aligned} \tag{10.70}$$

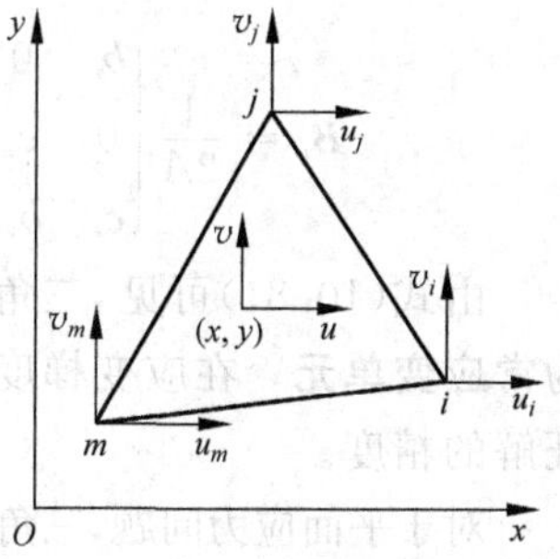

图 10-9 三结点三角形单元

单元位移函数 (u,v) 在单元各结点处应等于单元的结点位移，即

$$\left.\begin{aligned} u_i &= a_1 + a_2 x_i + a_3 y_i, \quad v_i = a_4 + a_5 x_i + a_6 y_i \\ u_j &= a_1 + a_2 x_j + a_3 y_j, \quad v_j = a_4 + a_5 x_j + a_6 y_j \\ u_m &= a_1 + a_2 x_m + a_3 y_m, \quad v_m = a_4 + a_5 x_m + a_6 y_m \end{aligned}\right\} \tag{10.71}$$

由以上 6 个方程可以解出 6 个待定常数

$$\left.\begin{aligned} a_1 &= (a_i u_i + a_j u_j + a_m u_m)/2A, \quad a_4 = (a_i v_i + a_j v_j + a_m v_m)/2A \\ a_2 &= (b_i u_i + b_j u_j + b_m u_m)/2A, \quad a_5 = (b_i v_i + b_j v_j + b_m v_m)/2A \\ a_3 &= (c_i u_i + c_j u_j + c_m u_m)/2A, \quad a_6 = (c_i v_i + c_j v_j + c_m v_m)/2A \end{aligned}\right\} \tag{10.72}$$

式中

$$\left.\begin{aligned} a_i &= x_j y_m - x_m y_j, \quad a_j = x_m y_i - x_i y_m, \quad a_m = x_i y_j - x_j y_i \\ b_i &= y_j - y_m, \quad b_j = y_m - y_i, \quad b_m = y_i - y_j \\ c_i &= x_m - x_j, \quad c_j = x_i - x_m, \quad c_m = x_j - x_i \end{aligned}\right\} \tag{10.73}$$

$$A = \frac{1}{2}(a_i + a_j + a_m) \tag{10.74}$$

为三角形单元的面积。将式(10.72)代回到式(10.70)中,并写成矩阵的形式,得

$$\boldsymbol{u} = \boldsymbol{N}^e \boldsymbol{a}^e \tag{10.75}$$

式中

$$\boldsymbol{N}^e = [\boldsymbol{N}_i \quad \boldsymbol{N}_j \quad \boldsymbol{N}_m], \quad \boldsymbol{a}^e = [u_i \quad v_i \quad u_j \quad v_j \quad u_m \quad v_m]^{\mathrm{T}} \tag{10.76}$$

$$\boldsymbol{N}_i = N_i \boldsymbol{I}, \quad \boldsymbol{N}_j = N_j \boldsymbol{I}, \quad \boldsymbol{N}_m = N_m \boldsymbol{I} \tag{10.77}$$

$$\left.\begin{aligned} N_i(x,y) &= \frac{1}{2A}(a_i + b_i x + c_i y) \\ N_j(x,y) &= \frac{1}{2A}(a_j + b_j x + c_j y) \\ N_m(x,y) &= \frac{1}{2A}(a_m + b_m x + c_m y) \end{aligned}\right\} \tag{10.78}$$

单元内任意点的应变为

$$\varepsilon = \boldsymbol{B}^e \boldsymbol{a}^e \tag{10.79}$$

式中

$$\boldsymbol{B}^e = \boldsymbol{L}\boldsymbol{N}^e = [\boldsymbol{B}_i \quad \boldsymbol{B}_j \quad \boldsymbol{B}_m] \tag{10.80}$$

$$\boldsymbol{B}_i = \frac{1}{2A}\begin{bmatrix} b_i & 0 \\ 0 & c_i \\ c_i & b_i \end{bmatrix}, \quad \boldsymbol{B}_j = \frac{1}{2A}\begin{bmatrix} b_j & 0 \\ 0 & c_j \\ c_j & b_j \end{bmatrix}, \quad \boldsymbol{B}_m = \frac{1}{2A}\begin{bmatrix} b_m & 0 \\ 0 & c_m \\ c_m & b_m \end{bmatrix} \tag{10.81}$$

由式(10.81)可见,三角形单元的应变矩阵为常数矩阵,单元的应变为常数,故称为**常应变单元**。在应变梯度比较大的区域中,三角形单元的尺寸必须取得很小以保证解的精度。

对于平面应力问题,三角形单元内任意点的应力由式(10.60)给出。单元的应变能为

$$\boldsymbol{U} = \frac{1}{2}\int_{\Omega^e} \varepsilon^{\mathrm{T}} \boldsymbol{D} \varepsilon t \, \mathrm{d}A = \frac{1}{2}\boldsymbol{a}^{e\mathrm{T}} \boldsymbol{K}^e \boldsymbol{a}^e \tag{10.82}$$

式中 t 为单元的厚度,

$$\boldsymbol{K}^e = At\boldsymbol{B}^{e\mathrm{T}} \boldsymbol{D} \boldsymbol{B}^e \tag{10.83}$$

三角形单元是常应变单元,精度较低,在工程中应尽可能使用其他精度较高的单元。如果所研究问题的总体区域是矩形的,采用矩形单元比三角形单元更有效。矩形单元共有8个自由度,其位移场可以用8个待定常数表示为

$$\left.\begin{aligned} u(x,y) &= a_1 + a_2 x + a_3 y + a_4 xy \\ v(x,y) &= b_1 + b_2 x + b_3 y + b_4 xy \end{aligned}\right\} \tag{10.84}$$

令位移场 (u, y) 在单元的4个结点处等于单元的结点位移,可以求得式(10.84)中的8个待定常数,并可将式(10.84)写成与式(10.75)类似的形式。类似地可导出单元内任意点的应变、应力以及单元刚度阵。

一般情况下,所研究问题的总体区域并不是矩形的,因此不能完全使用矩形单元。此时可以联合使用矩形单元和三角形单元,也可以使用任意四边形单元。由于

xy 项的存在,式(10.84)给出的位移场所对应的应变在单元内不再是常数,即矩阵 $\boldsymbol{B}^e$ 不是常数矩阵,给单元刚度阵式(10.64)的积分带来了很大的困难。引入等参变换可以有效地解决这一问题。

以平面问题为例,利用坐标变换可以将任意形状的四边形映射到自然坐标系 (ξ,η) 下的边长为 2 的正方形,如图 10-10 所示。如果坐标变换和位移函数插值采用相同的结点,并且采用相同的插值函数,则这种变换称为**等参变换**。采用等参变换的单元称为**等参单元**。如果坐标变换结点数多于位移函数插值的结点数,则称为**超参变换**,反之称为**次(亚)参变换**。在等参变换中,单元刚度矩阵式(10.64)中的积分区域也由任意四边形变换为边长为 2 的正方形,在此正方形区域上可以采用高斯积分准确地计算单元刚度矩阵。

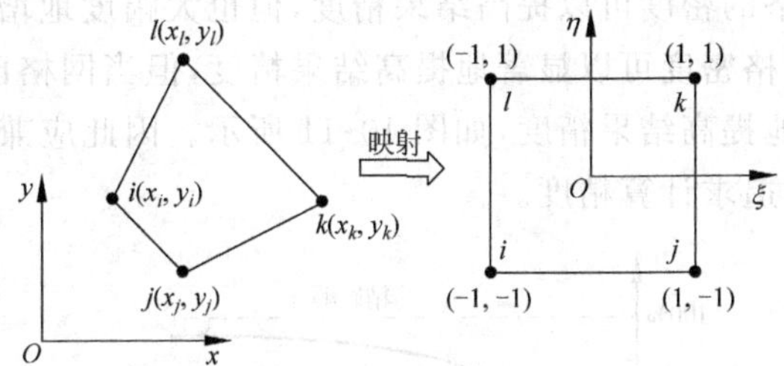

图 10-10　四边形单元的映射

在 3 结点三角形单元的三条边中点处增加三个结点,就构成了 6 结点曲边三角形单元。该单元具有 12 个自由度,因此可以利用 12 个待定参数来构造位移函数:

$$\left.\begin{aligned} u(x,y) &= a_1 + a_2 x + a_3 y + a_4 x^2 + a_5 xy + a_6 y^2 \\ v(x,y) &= b_1 + b_2 x + b_3 y + b_4 x^2 + b_5 xy + b_6 y^2 \end{aligned}\right\} \tag{10.85}$$

式(10.85)是二阶完全多项式,相应的应变场在单元内是线性的。6 结点三角形单元的精度高于 3 结点三角形单元,是二阶单元。

类似地,在四边形等参单元各边中点处和单元内部也可以增加结点,构成了曲边四边形单元。与 4 结点单元相比,这类单元位移函数的多项式阶次较高,精度高,但计算量较大,而且格式更复杂。

10.4 有限元模型化技术

利用有限元软件进行应力分析的首要任务是建立合适的有限元模型,这需要在实践中不断地积累经验。一个完整的有限元分析包括以下三个阶段:

(1) **前处理**　生成结构的有限元模型,包括单元及其材料特性数据、结点、载荷、约束和边界条件等,并将这些数据写入数据文件中,供后续有限元计算模块使用。目前商用有限元软件(如 ANSYS、ABAQUS、MARC、PATRAN、ADINA、ALGOR 等)都具有功能强大的前处理系统,用户可在图形界面下交互地建立有限元模型,也可以直接从其他 CAD 软件(如 AUTOCAD、UG 等)中导入实体模型,并自动将其剖分成单元。

(2) **有限元计算** 根据前处理中建立的模型数据进行有限元分析计算,给出各结点的位移、各单元的应力等结果。

(3) **后处理** 对有限元计算得到的结果进行分析处理,如观察结构的变形、应力等值线等。商用有限元软件都具有功能强大的后处理系统,用户可在图形界面下交互地观察分析各类结果,并可以图形和表格的形式输出结果。

建立合理的有限元模型是有限元分析的关键,应该注意以下几个方面。

1. 兼顾计算量和计算精度的要求

增加有限元网格的密度可以提高结果精度,但也大幅度地增加了计算量。当网格较稀疏时,增加网格密度可以显著地提高结果精度,但当网格已经较密时,增加网格密度已不能显著地提高结果精度,如图 10-11 所示。因此应兼顾计算量和计算精度的要求,不宜片面追求计算精度。

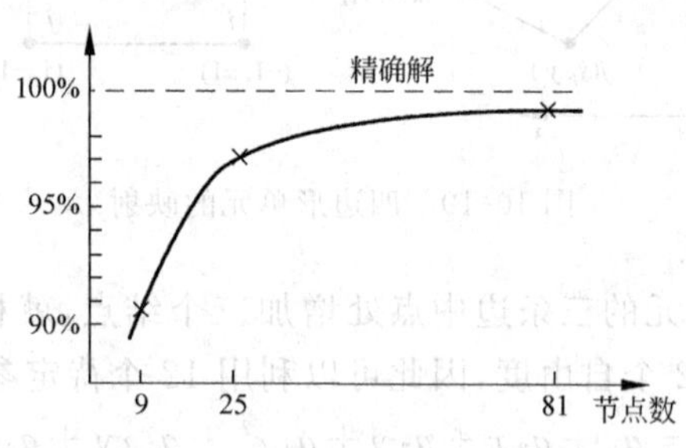

图 10-11 网格密度与计算精度

2. 单元过渡

在物体几何形状或载荷发生突变的地方,将会出现应力集中现象,应力随着远离突变点而迅速衰减。在建立有限元模型时,单元的尺寸应由小(在应力集中区域)逐渐变大(应力变化平缓区域),如图 10-8 所示。

3. 对三角形单元不应出现钝角;对矩形单元应注意单元的长宽比

单元的形状对单元的精度影响较大。应注意在三角形单元中不要出现钝角,而对于矩形单元不应使用过于细长的单元。图 10-12 给出了矩形单元的细长比对结果的影响,随着单元细长比的增加,单元的精度大幅度下降。在建立有限元模型时,对于任意四边形单元,应尽可能使各内角接近于 90°,且使最大边长与最小边长之比接近于 1。

4. 必须保证单元间的协调性

有限元解有两个收敛条件:**完备性条件**和**协调性条件**。完备性条件是指如果出

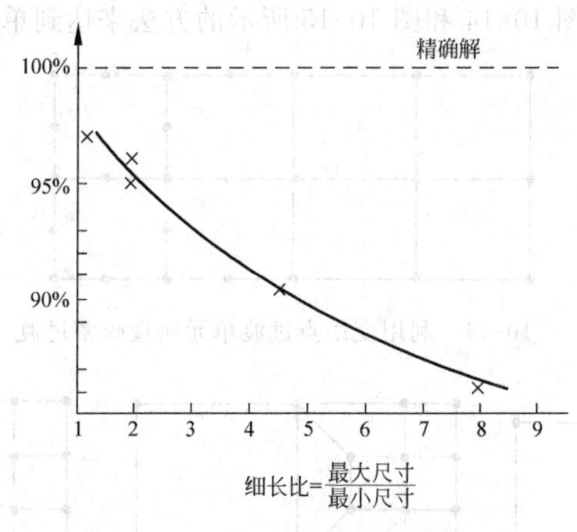

图 10-12 细长比对计算精度的影响

现在泛函中场函数的最高阶导数是 m 阶，则单元试探函数至少是 m 次完全多项式。协调性条件是指如果出现在泛函中场函数的最高阶导数是 m 阶，则试探函数在单元交界面上必须具有 C_{m-1} 连续性，即在相邻单元的交界面上函数应有直至 $m-1$ 阶的连续导数。一般程序中提供的单元已经具备了完备性要求，因此用户在建立有限元模型时只需要考虑协调性要求。

对于平面问题，泛函中场函数的最高阶导数是 1，单元间位移必须是连续的。对于梁和板壳问题，泛函中场函数的最高阶导数是 2，单元间除位移连续外，位移的一阶导数也必须连续。

对于平面问题而言，4 结点平面四边形单元(Q4)的位移场是线性的，8 结点平面四边形单元(Q8)的位移场是二次的。为了保证单元间位移的连续性，相邻单元在交界面上必须使用完全相同的结点，且任一单元的角点必须同时也是相邻单元的角点，而不能是相邻单元边上的内点。例如，图 10-13 中交界面 A-A 左边的单元和右边的单元没有使用完全相同结点，结点 $3'$ 没有和左边的单元连接，位移场在 A-A 面上是不连续的。在交界面 B-B 处，左边的单元位移函数是线性的，右边的单元位移函数是二次的。虽然相邻单元使用了完全相同的结点，位移场在 B-B 面仍然是不连续

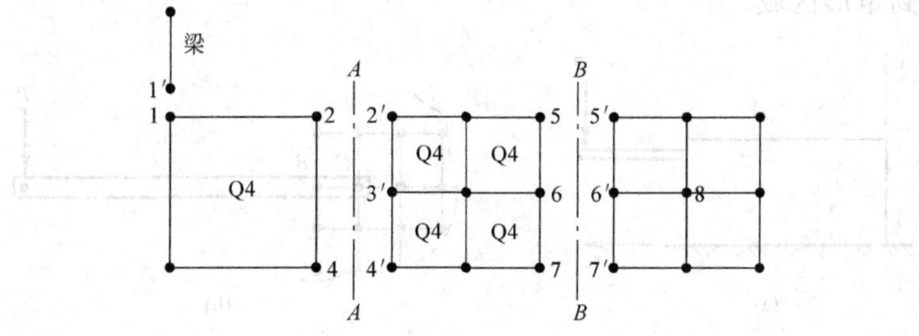

图 10-13 相邻单元界面上的连续问题

的。此时可以采用如图 10-14 和图 10-15 所示的方法来达到单元疏密过渡的目的。

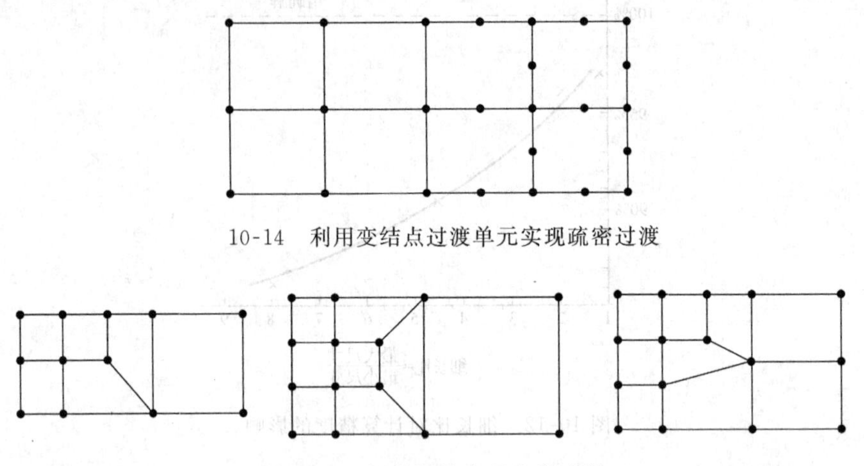

10-14 利用变结点过渡单元实现疏密过渡

图 10-15 调整网格实现疏密过渡

梁单元结点除了具有平动自由度外，还具有转动自由度，而平面单元结点只具有平动自由度。图 10-13 中梁单元和平面四边形单元在结点 1 处连接，位移场函数在单元间是连续的，但其一阶导数(转角)不连续，因此不满足协调性条件。梁单元结点 1′处的弯矩无法传递到平面单元上，该结点相当于一个机械铰，使得系统可能变为机构，可能产生刚体位移而导致系统刚度矩阵奇异。

图 10-16(a)所示的结构由两部分组成：大的矩形区域和细长的附件。系统处于平面应力状态，因此大矩形区域应该用平面四边形单元离散。虽然细长附件可以用四边形单元离散，但将会导致使用过多的单元。如果只需要准确分析系统的位移场，而不关心矩形区域和细长附件交界面附近的应力分布细节，可以用 1 个或多个梁单元来离散此细长附件。为了避免图 10-16 中梁单元和平面单元连接时所产生的困难，可以采取图 10-16(b)所示的离散方案，即在矩形区域内额外增加一个梁单元 BC，并删除 C 点的转动自由度。由于删除了梁单元上 C 点的转动自由度，消除了梁整体的刚体转动，不会导致系统刚度阵奇异。梁中的弯矩通过梁单元 BC 以力偶的形式传递到矩形区域。

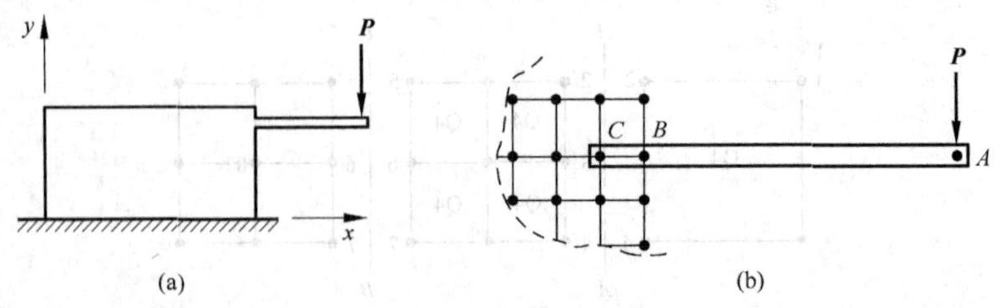

图 10-16 梁单元与四边形单元的连接

5. 材料性质突变处应是单元的边线

有限元法很容易处理由多种不同材料组成的结构，此时应注意使得不同材料的交界面为单元的边线（如图 10-17 所示），以保证每个单元中只有一种材料。

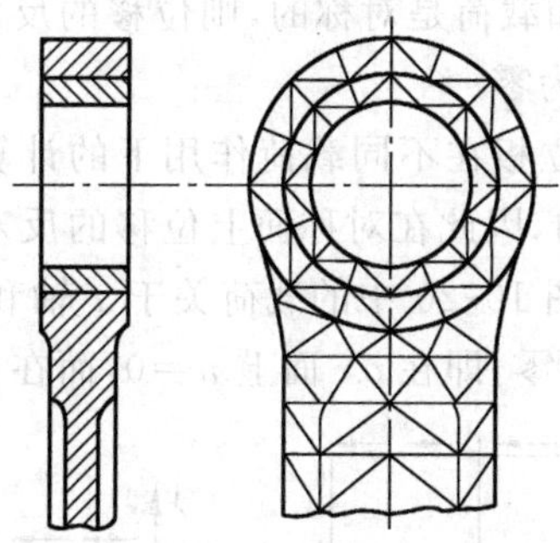

图 10-17　取不同材料的界面为单元边界

6. 应在分布载荷突变处和集中载荷作用处布置结点，其附近的单元应小一些，如图 10-18 所示。

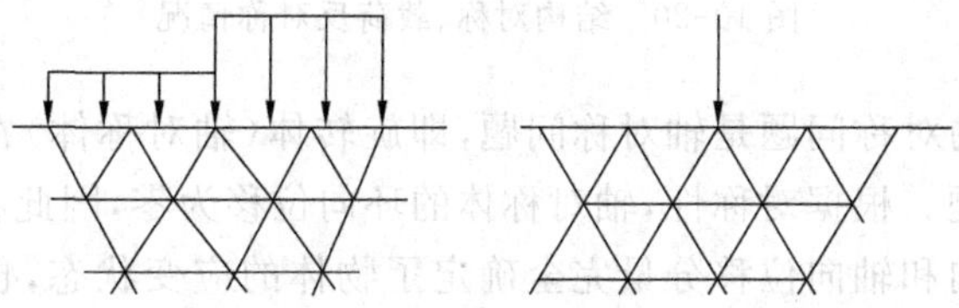

图 10-18　在载荷突变或集中力处布置结点

7. 充分利用对称性

工程中许多结构都具有对称性。充分利用对称性可以大幅度缩减有限元模型的规模，大幅度降低有限元建模和计算的工作量。例如，图 10-19 所示的具有中心圆孔的矩形板，xoz 平面和 yoz 平面是结构的对称面。如果外载荷关于 x 轴和 y 轴对称或反对称，则可取结构的四分之一作为有限元计算模型，如取第一象限的四分之一结构作为计算模型。对称面上的边界条件可以按以下规则确定：

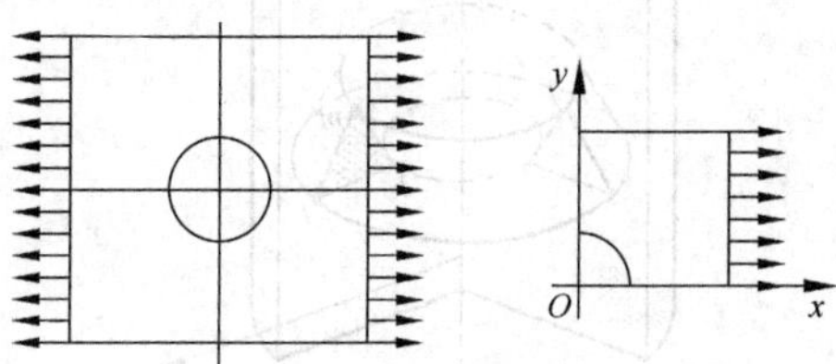

图 10-19　结构对称、载荷对称情况

(1) 在不同的对称面上,将位移分量和载荷分量区分为对称分量和反对称分量。例如,在 xoz 面上,u 和 P_x 是对称分量,v 和 P_y 是反对称分量。而在 yoz 面上,v 和 P_y 对称分量,u 和 P_x 是反对称分量。

(2) 对于同一对称面,如载荷是对称的,则位移的反对称分量为零;如载荷是反对称的,则位移的对称分量为零。

利用上述规则,可以建立板在不同载荷作用下的计算模型。图 10-19 中的载荷关于 x 轴和 y 轴都是对称的,因此在对称面上位移的反对称分量为零,即在 ox 面上 $v=0$,而在 oy 面上 $u=0$。图 10-20 中的载荷关于 x 轴和 y 轴都是反对称的,因此在对称面上位移的对称分量为零,即在 ox 面上 $u=0$,而在 oy 面上 $v=0$。

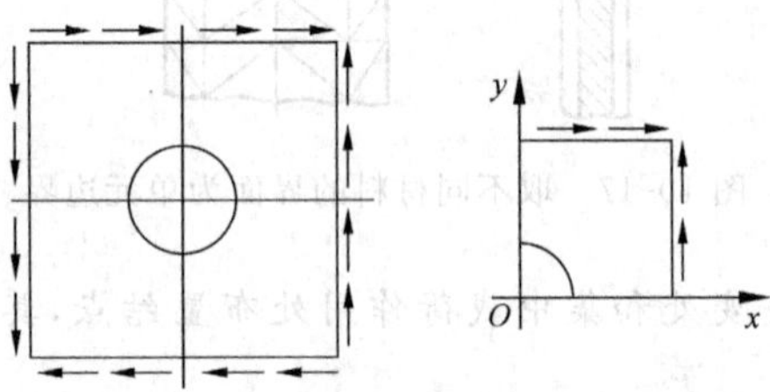

图 10-20　结构对称、载荷反对称情况

另一类重要的对称问题是轴对称问题,即旋转体(轴对称体)在轴对称载荷作用下的应力分布问题。根据对称性,轴对称体的环向位移为零,因此在通过对称轴的任意平截面内的径向和轴向位移分量完全确定了物体的应变状态,也完全确定了应力状态,如图 10-21 所示。对于这类问题,可以取出任意平截面用轴对称单元(二维单元)离散。可见,利用轴对称性,将三维旋转体转化成了二维问题进行求解,大幅度地降低了有限元模型的规模。

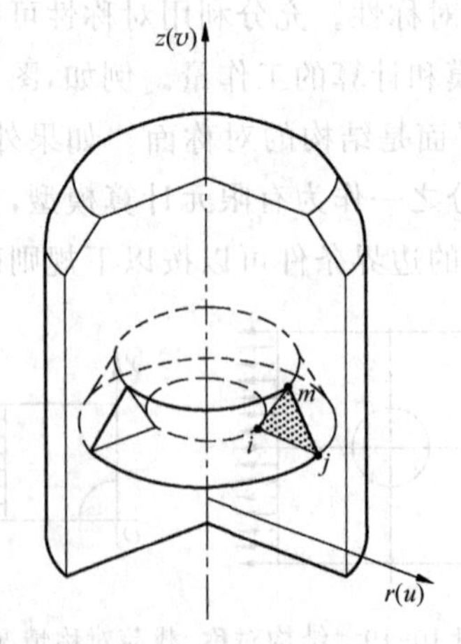

图 10-21　轴对称单元

习　题

10-1　如图所示左端固支轴在 B 点和 C 点受集中力作用，弹性模量 $E=200\text{GPa}$。试求

(1) 为使轴的右端 C 点与刚性墙接触所需在 B 点施加的力 F 的大小。

(2) 当 $F=F_a+20\text{kN}$（F_a为在上一步中求得的力 F 的大小）时轴在 A 点和 C 点处的反力。

10-2　在图中令 $F=0$，在 AB 上沿 x 方向作用 65kN/m 的均布载荷。求各结点的位移、墙的反力、单元应力和结点力。

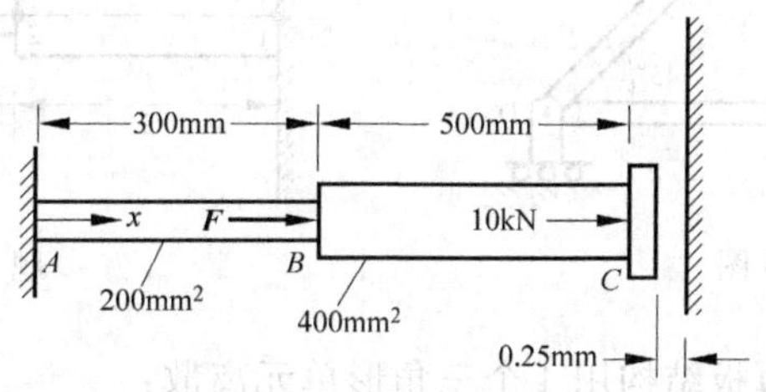

题 10-1 和题 10-2 图

10-3　推导 3 结点杆单元的形函数和刚度矩阵。令结点 i 为杆的左端点，结点 j 为杆的中点，结点 k 为杆的右端点。取单元的位移场函数为

$$u(x)=a_1+a_2x+a_3x^2$$

10-4　图中所示的钢索 BC 长 600mm，BC 和 BD 与铅垂线的夹角分别为 $\alpha=30^\circ$ 和 $\beta=45^\circ$。在 B 点处沿竖直方向作用一集中力 $P=80\text{kN}$，求 B 点的水平方向和竖直方向的位移、点 C 和 D 处的支反力、单元结点力和应力。钢索的弹性模量 $E=207\text{GPa}$，截面面积 $A=120\text{mm}^2$。

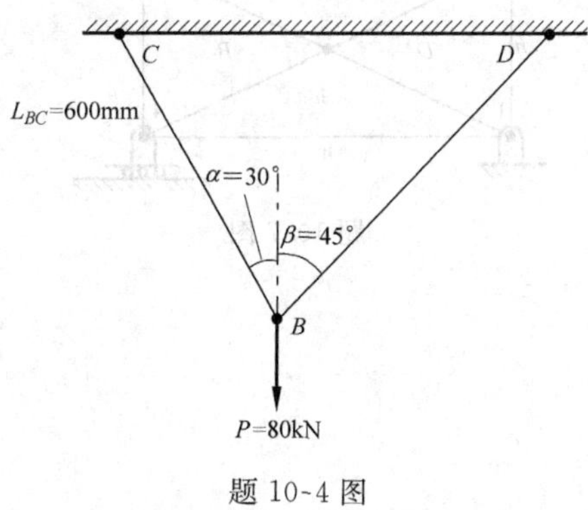

题 10-4 图

10-5 一桁架如图所示，$L=500\text{mm}$，$P=2\text{kN}$，各杆的弹性模量均为 $E=70\text{GPa}$，截面面积 $A=950\text{mm}^2$。求各铰点的位移、支反力、结点力和单元应力。

10-6 如图所示梁在结点 2 和 3 处的位移及转角。已知梁的弹性模量为 E，截面惯性矩 $I_1=2I_2$。提示：梁单元的刚度方程为

$$\begin{Bmatrix} V_i \\ M_i/L \\ V_j \\ M_j/L \end{Bmatrix}_e = \left(\frac{EI}{L^3}\right)_e \begin{bmatrix} 12 & 6 & -12 & 6 \\ 6 & 4 & -6 & 2 \\ -12 & -6 & 12 & -6 \\ 6 & 2 & -6 & 4 \end{bmatrix}_e \begin{Bmatrix} v_i \\ \theta_i L \\ v_j \\ \theta_j L \end{Bmatrix}_e$$

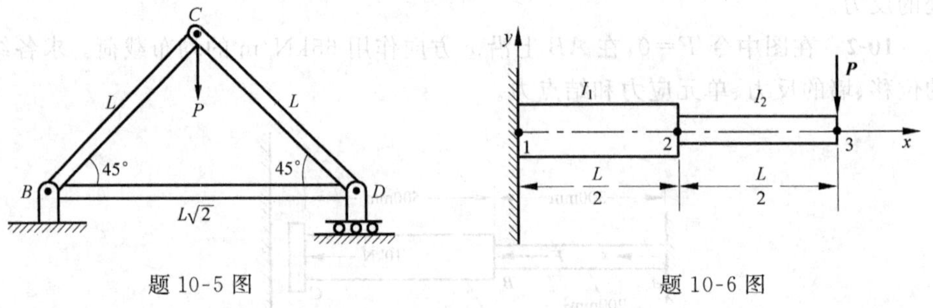

题 10-5 图　　　　题 10-6 图

10-7 如图所示薄板结构用 4 个三角形单元离散：

单元	i 结点	j 结点	m 结点
A	1	4	3
B	3	4	5
C	2	3	5
D	1	3	2

求结构的刚度矩阵。

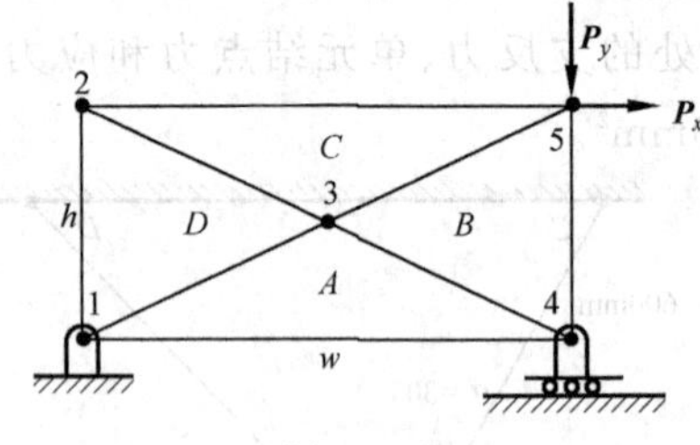

题 10-7 图

附　录

附录 A 矢量、张量与矩阵代数

学过线性代数的读者可以跳过本附录楷体部分的内容。

A.1 矢量、张量的矩阵表示

矩阵是按行列规则排列成矩形阵列的一组数。其中每个数都称为矩阵的**元素**，为了区分，每个元素右下角带有指标，表明它所在的行列号。

在三维空间中矢量有 3 个分量，一般用**列矩阵**表示。例如，矢量 $\boldsymbol{f}$ 用其分量 f_1，f_2，f_3 表示为

$$\{\boldsymbol{f}\}=\begin{Bmatrix} f_1 \\ f_2 \\ f_3 \end{Bmatrix} \tag{A.1}$$

有时因需要(例如式(A.12)中的 $\boldsymbol{a}$ 矢量)，也表示为**行矩阵**

$$[\boldsymbol{f}]=[f_1\ f_2\ f_3] \tag{A.2}$$

为了区分，列矩阵和行矩阵分别加大括号和中括号。

张量是具有多重方向性的物理量。具有 n 个方向性的物理量称为 n 阶张量，它在三维空间中有 3^n 个分量。弹性力学主要涉及二阶张量，例如应力张量 $\boldsymbol{\sigma}$，它在三维空间中有九个分量，可以表示成 3×3 的二阶矩阵：

$$[\boldsymbol{\sigma}]=\begin{bmatrix} \sigma_{11} & \sigma_{12} & \sigma_{13} \\ \sigma_{21} & \sigma_{22} & \sigma_{23} \\ \sigma_{31} & \sigma_{32} & \sigma_{33} \end{bmatrix}=[\sigma_{ij}] \tag{A.3}$$

其中 i 是行指标，j 是列指标。一般说，矩阵的行数 m 和列数 n 不一定相等，若 $m=n$，也称为方阵。

若把矩阵的行与列互换，得到其**转置矩阵**，用右上角指标 T 表示。例如二阶矩阵

$$[\boldsymbol{A}]=[A_{ij}];\quad [\boldsymbol{A}]^{\mathrm{T}}=[A_{ji}] \tag{A.4}$$

行矩阵和列矩阵互为转置矩阵：

$$\{\boldsymbol{f}\}=[\boldsymbol{f}]^{\mathrm{T}};\quad [\boldsymbol{f}]=\{\boldsymbol{f}\}^{\mathrm{T}} \tag{A.5}$$

若某矩阵与其转置矩阵相等：

$$[\boldsymbol{S}]=[\boldsymbol{S}]^{\mathrm{T}};\quad S_{ij}=S_{ji} \tag{A.6}$$

则称为**对称矩阵**。若某矩阵与其转置矩阵差一负号：

$$[\boldsymbol{A}]=-[\boldsymbol{A}]^{\mathrm{T}};\quad A_{ij}=-A_{ji} \tag{A.7}$$

则称为**反对称矩阵**。

A.2 矩阵代数、点积、叉积

1. 矩阵的和与差

两个矩阵相加或相减就是对它们的对应元素求和或差：

$$[S_{ij}]\pm[T_{ij}]=[S_{ij}\pm T_{ij}] \tag{A.8}$$

仅当两个矩阵的行、列数均相等时才能求和或差。

若把矢量和张量的分量作为矩阵的元素，则矢量、张量的和差运算规则与矩阵完全相同，例如：若求矢量 $\boldsymbol{a}=[a_1\ a_2\ a_3]^{\mathrm{T}}$ 和 $\boldsymbol{b}=[b_1\ b_2\ b_3]^{\mathrm{T}}$ 的和或差，则有

$$\boldsymbol{a}\pm\boldsymbol{b}=[a_1\pm b_1\quad a_2\pm b_2\quad a_3\pm b_3]^{\mathrm{T}} \tag{A.9}$$

这里的矢量是列矩阵，用行矩阵的转置来表示是为了节省印刷篇幅。

2. 矩阵积与点积

两个矩阵相乘所得的积矩阵的第 i 行、第 j 列元素是把左矩阵第 i 行和右矩阵第 j 列的元素按序两两相乘并相加的结果。即若 $[\boldsymbol{S}]=[\boldsymbol{A}][\boldsymbol{B}]$，则

$$S_{ij}=\sum_{k=1}^{n}A_{ik}B_{kj} \tag{A.10}$$

例如：

$$\begin{bmatrix}1 & -2\\ 3 & 4\end{bmatrix}\begin{bmatrix}3 & 0 & 6\\ 0 & 5 & 1\end{bmatrix}=\begin{bmatrix}3 & -10 & 4\\ 9 & 20 & 22\end{bmatrix}$$

仅当左矩阵的列数和右矩阵的行数相等时才能进行矩阵乘法，相乘后积矩阵的行数与左矩阵相同、列数与右矩阵相同。

矢量或二阶张量的**点积**可以用矩阵乘法表示。

两个矢量的点积是一个数(即标量),其大小为两矢量对应分量之积的和:

$$\boldsymbol{a}\cdot\boldsymbol{b}=a_1b_1+a_2b_2+a_3b_3 \tag{A.11}$$

若用矩阵乘法表示,前矢量 $\boldsymbol{a}$ 应取行矩阵,后矢量 $\boldsymbol{b}$ 则为列矩阵:

$$\boldsymbol{a}\cdot\boldsymbol{b}=[\boldsymbol{a}]\{\boldsymbol{b}\}=[a_1\ a_2\ a_3]\begin{Bmatrix}b_1\\b_2\\b_3\end{Bmatrix}=a_1b_1+a_2b_2+a_3b_3 \tag{A.12}$$

因为只有行列相乘才能得到一个数,反之,列行相乘将得到 3×3 的矩阵。如果 $\boldsymbol{a}$ 已经表示为列矩阵,根据矢量点积的可交换性也可以把 $\boldsymbol{b}$ 取为行矩阵,但必须放在 $\boldsymbol{a}$ 的左边:

$$\boldsymbol{a}\cdot\boldsymbol{b}=\boldsymbol{b}\cdot\boldsymbol{a}=[\boldsymbol{b}]\{\boldsymbol{a}\}=([\boldsymbol{a}]\{\boldsymbol{b}\})^{\mathrm{T}} \tag{A.13}$$

最后的等号应用了**转置规则**:矩阵乘积的转置等于相乘两矩阵分别转置并交换顺序后相乘。

矢量点积在力学中有重要的应用。例如:

(1) 求矢量的分量。若某方向的单位矢量为$\boldsymbol{\nu}$,则矢量 $\boldsymbol{f}$ 在该方向上的分量为

$$f_\nu=\boldsymbol{f}\cdot\boldsymbol{\nu}=f_1\nu_1+f_2\nu_2+f_3\nu_3=f_1\cos\alpha+f_2\cos\beta+f_3\cos\gamma \tag{A.14}$$

其中 $\cos\alpha,\cos\beta,\cos\gamma$ 是单位矢量$\boldsymbol{\nu}$ 的分量,也就是方向$\boldsymbol{\nu}$ 在 x,y,z 坐标系中的方向余弦。在直角坐标系中矢量在某方向上的分量与其在该方向上的投影是相等的,但是对斜坐标系分量与投影是不等的。

(2) 求功。力 $\boldsymbol{F}$ 在位移 $\boldsymbol{s}$ 上所作的功,见图 A-1:

$$\begin{aligned}W&=\boldsymbol{F}\cdot\boldsymbol{s}=|\boldsymbol{F}||\boldsymbol{s}|\cos\theta\\&=F_1s_1+F_2s_2+F_3s_3\end{aligned} \tag{A.15}$$

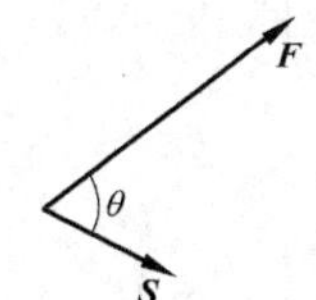

图 A-1 力在位移上作功

张量与矢量或张量与张量之间也有点乘运算(点乘运算结果称点积),它表示紧挨着点积号左右的两个方向性(相当于矢量)相互点乘,其运算规则是矢量点积式(A.12)或式(A.13)的推广,将结合物理意义在第 2 章中讲述。

3. 矩阵的逆

矩阵没有除法,但有求逆运算。与矩阵$[\boldsymbol{A}]$之积为单位矩阵的矩阵称为$[\boldsymbol{A}]$的逆矩阵,记为$[\boldsymbol{A}]^{-1}$:

$$[\boldsymbol{A}][\boldsymbol{A}]^{-1}=[\boldsymbol{A}]^{-1}[\boldsymbol{A}]=[\boldsymbol{I}] \tag{A.16}$$

其中单位矩阵为

$$[\boldsymbol{I}]=\begin{bmatrix}1&0&0\\0&1&0\\0&0&1\end{bmatrix} \tag{A.17}$$

它相当于代数中的数字 1,用单位矩阵乘任何矢量或二阶张量,其结果就是该矢量或二阶张量本身。

4. 矩阵的行列式

行列式是由矩阵元素按一定展开规则求得的一个数，矩阵$[\boldsymbol{A}]$的行列式记为$|\boldsymbol{A}|$或$\det \boldsymbol{A}$。只有行数和列数相等的矩阵才有行列式。

二阶行列式的展开式为

$$\begin{vmatrix} a_{11} & a_{12} \\ a_{21} & a_{22} \end{vmatrix} = a_{11}a_{22} - a_{12}a_{21} \tag{A.18}$$

三阶行列式的展开式为

$$\begin{vmatrix} a_{11} & a_{12} & a_{13} \\ a_{21} & a_{22} & a_{23} \\ a_{31} & a_{32} & a_{33} \end{vmatrix} = a_{11}a_{22}a_{33} + a_{12}a_{23}a_{31} + a_{13}a_{21}a_{32} - a_{13}a_{22}a_{31} - a_{11}a_{23}a_{32} - a_{12}a_{21}a_{33} \tag{A.19}$$

有两种等价的行列式**展开规则**(参见式(A.19)和式(A.18)的右端)：

(1) 右端各项中各元素的第一指标均按整数的自然顺序1,2,3(二维为1,2)排列；前3项(二维为1项)均取正号，且第二指标按自然顺序1,2,3及其轮换2,3,1和3,1,2(二维仅一种组合1,2)排列；后3项(二维为1项)均取负号，且第二指标按逆序3,2,1及其轮换2,1,3和1,3,2(二维仅一种组合2,1)排列。

(2) 右端各项分成两组，前一组的三项按图A-2(a)沿主对角线方向展开，项前均取正号；后一组的三项按图A-2(b)沿副对角线方向展开，项前均取负号。

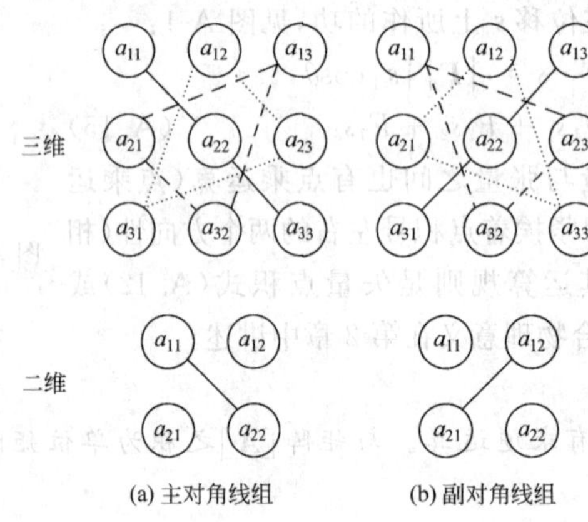

图A-2 行列式展开规则

行列式中的任意两行或两列每交换一次，行列式的值变一次负号。

行列式是矩阵的重要性质，行列式为零的矩阵称为**奇异矩阵**，它会导致计算的不稳定。

5. 矢量的叉积

两个矢量叉乘后得到的叉积仍是一个矢量，其方向垂直于两矢量所在平面，其大小为两矢量构成的平行四边形的面积。矢量叉积可以借用行列式展开形式来表达：

$$\boldsymbol{c}=\boldsymbol{a}\times\boldsymbol{b}=\begin{vmatrix}\boldsymbol{i} & \boldsymbol{j} & \boldsymbol{k}\\ a_1 & a_2 & a_3\\ b_1 & b_2 & b_3\end{vmatrix}=(a_2b_3-a_3b_2)\boldsymbol{i}+(a_3b_1-a_1b_3)\boldsymbol{j}+(a_1b_2-a_2b_1)\boldsymbol{k} \tag{A.20}$$

交换叉乘的顺序(即交换上述行列式的第二行与第三行)，叉积将改变负号：

$$\boldsymbol{a}\times\boldsymbol{b}=-\boldsymbol{b}\times\boldsymbol{a} \tag{A.21}$$

矢量叉积在力学中的重要应用例子有：

(1) 建立平动量和转动量之间的关系。例如，速度$\boldsymbol{v}$与角速度$\boldsymbol{\omega}$的关系为$\boldsymbol{v}=\boldsymbol{\omega}\times\boldsymbol{r}$；力$\boldsymbol{F}$与力矩$\boldsymbol{M}$的关系为$\boldsymbol{M}=\boldsymbol{r}\times\boldsymbol{F}$，其中$\boldsymbol{r}$为矢径。见图 A-3。

(2) 定义面积矢量。将平行四边形面积单元的两边定义为矢量$\boldsymbol{a}$与$\boldsymbol{b}$，则面积矢量$\boldsymbol{s}=\boldsymbol{a}\times\boldsymbol{b}$完整地表达了该面积单元的大小和方向。见图 A-4。

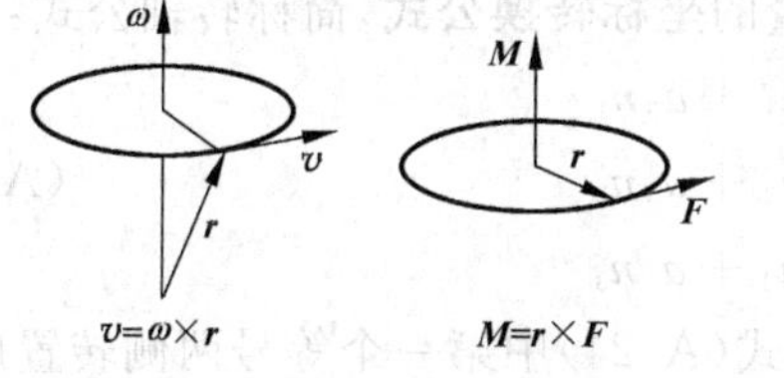

图 A-3 平动量与转动量的叉积关系

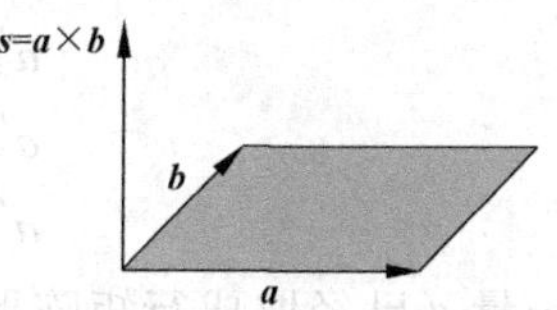

图 A-4 面积矢量

张量与矢量或张量与张量之间也有叉乘运算，这里从略。

A.3 坐标转换公式

同一个矢量在不同坐标系中的分量是不同的，它们之间存在着一定的转换关系。

设老坐标系为 $x_i(i=1,2,3)$，新坐标系为 $x_i'(i=1,2,3)$，如图 A-5。沿新坐标系三个坐标轴的单位矢量为$\boldsymbol{\nu}_1',\boldsymbol{\nu}_2',\boldsymbol{\nu}_3'$，它们在老坐标系中的方向余弦(即它们的分量)$l_1,m_1,n_1$；$l_2,m_2,n_2$ 和 l_3,m_3,n_3 构成一个坐标转换矩阵：

$$[\beta]=\begin{bmatrix}\beta_{11} & \beta_{12} & \beta_{13}\\ \beta_{21} & \beta_{22} & \beta_{23}\\ \beta_{31} & \beta_{32} & \beta_{33}\end{bmatrix}=\begin{bmatrix}l_1 & m_1 & n_1\\ l_2 & m_2 & n_2\\ l_3 & m_3 & n_3\end{bmatrix}=\begin{Bmatrix}\boldsymbol{\nu}_1'\\ \boldsymbol{\nu}_2'\\ \boldsymbol{\nu}_3'\end{Bmatrix} \tag{A.22}$$

这里，三个单位矢量$\boldsymbol{\nu}_1',\boldsymbol{\nu}_2',\boldsymbol{\nu}_3'$按列矩阵形式排列，而每个单位矢量的三个分量在矩阵$[\beta]$中按行形式排列。

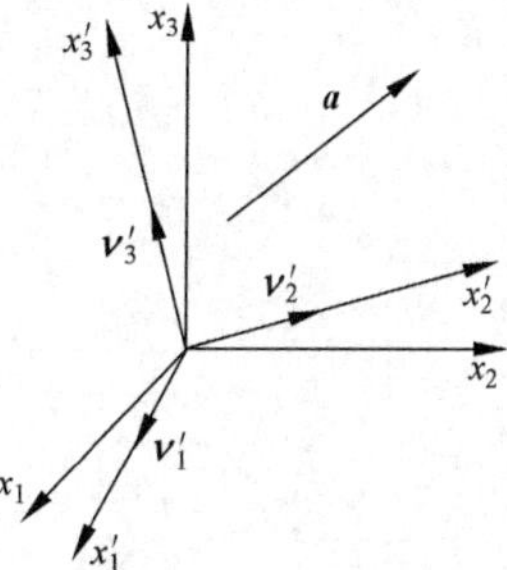

图 A-5 坐标转换

设矢量 $\boldsymbol{a}$ 在老坐标系中的分量为 a_1, a_2, a_3，将 $\boldsymbol{a}$ 分别点乘 $\boldsymbol{\nu}_1', \boldsymbol{\nu}_2', \boldsymbol{\nu}_3'$ 就得到它在新坐标系中的分量 a_1', a_2', a_3'：

$$a_1' = \boldsymbol{\nu}_1' \cdot \boldsymbol{a} = [l_1\ m_1\ n_1]\begin{Bmatrix} a_1 \\ a_2 \\ a_3 \end{Bmatrix}; \quad a_2' = \boldsymbol{\nu}_2' \cdot \boldsymbol{a} = [l_2\ m_2\ n_2]\begin{Bmatrix} a_1 \\ a_2 \\ a_3 \end{Bmatrix};$$
$$a_3' = \boldsymbol{\nu}_3' \cdot \boldsymbol{a} = [l_3\ m_3\ n_3]\begin{Bmatrix} a_1 \\ a_2 \\ a_3 \end{Bmatrix} \tag{A.23}$$

把式(A.23)中的三式按列形式合并得到

$$\begin{Bmatrix} a_1' \\ a_2' \\ a_3' \end{Bmatrix} = [\beta]\begin{Bmatrix} a_1 \\ a_2 \\ a_3 \end{Bmatrix} = \begin{bmatrix} a_1 l_1 + a_2 m_1 + a_3 n_1 \\ a_1 l_2 + a_2 m_2 + a_3 n_2 \\ a_1 l_3 + a_2 m_3 + a_3 n_3 \end{bmatrix} \tag{A.24}$$

令左右两边对应分量相等就得到矢量分量的**坐标转换公式**，简称转轴公式：

$$\begin{aligned} a_1' &= a_1 l_1 + a_2 m_1 + a_3 n_1 \\ a_2' &= a_1 l_2 + a_2 m_2 + a_3 n_2 \\ a_3' &= a_1 l_3 + a_2 m_3 + a_3 n_3 \end{aligned} \tag{A.25}$$

若矢量 $\boldsymbol{a}$ 已经取成行矩阵形式，则应该将式(A.24)中第一个等号两侧转置成

$$[a_1' \quad a_2' \quad a_3'] = [a_1 \quad a_2 \quad a_3][\beta]^{\mathrm{T}} \tag{A.26}$$

其展开结果同样是式(A.25)。

张量分量的坐标转换公式将结合其物理意义在第2章中讲述。

附录 B
指标符号与张量运算

为了推导简洁，本书第 9 章采用了张量指标符号及相应的运算。这里作一简介。

B.1 指标符号与求和约定

张量是具有多重方向性的物理量，有多个分量。例如弹性力学中的应力张量和应变张量在三维空间中都有 9 个分量。张量可以用指标符号来简洁地表示，**指标符号**由一个名称和一组指标组成，例如应力张量可以记为

$$\sigma_{ij} \quad (i,j=1,2,3) \tag{B.1}$$

其中 σ 是应力张量的名称，9 个分量都用同一名称；右下角的 i 和 j 称为指标，指标的数目等于张量的阶数，即张量所具有的方向性的数目；后面括号标明了指标的取值范围，即张量所在空间的维数，对三维空间每个方向性有三个分量，每个指标可以取值为 1 或 2 或 3。当(B.1)中的 i 和 j 相互独立地分别取 1,2,3 时可以得到 9 种排列，于是用一个符号 σ_{ij} 就全面地表示了应力张量的 9 个分量。通常约定：在笛卡儿直角坐标系中一律采用位于右下角的"下指标"；三维空间的指标用 $i,j,k\cdots$ 拉丁字母表示；二维空间的指标用 $\alpha,\beta\cdots$ 希腊字母表示。按此约定，本书对用拉丁字母或希腊字母表示的指标不再用括号加注取值范围。

指标分两类：哑指标和自由指标。在表达式或方程的某项中成对出现(即重复出现两次)的指标，称为**哑指标**，简称**哑标**。哑标定义了一种运算法则，即按照爱因斯坦(Einstein A.)**求和约定**，把该项在该指标的取值范围内遍历求和。例如，两个矢量 $\boldsymbol{a}$ 和 $\boldsymbol{b}$ 之点积的分量表达式为

$$\boldsymbol{a}\cdot\boldsymbol{b}=a_1b_1+a_2b_2+a_3b_3=\sum_{i=1}^{3}a_ib_i$$

引进对哑标的求和约定代替叠加号 $\sum_{i=1}^{3}()$，上式简化为

$$\boldsymbol{a}\cdot\boldsymbol{b}=a_ib_i \tag{B.2}$$

除哑标外，在表达式或方程的某项中非成对出现(即出现一次或重复出现两次以上)的其他指标都是**自由指标**。例如，采用哑标后，线性变换写成

$$\left.\begin{aligned}x'_1&=a_{11}x_1+a_{12}x_2+a_{13}x_3=a_{1j}x_j\\x'_2&=a_{21}x_1+a_{22}x_2+a_{23}x_3=a_{2j}x_j\\x'_3&=a_{31}x_1+a_{32}x_2+a_{33}x_3=a_{3j}x_j\end{aligned}\right\} \tag{B.3}$$

再引进自由指标，可以进一步合并成一个表达式：

$$x'_i=a_{ij}x_j \tag{B.4}$$

这里 j 是哑标，i 是自由指标。自由指标可以轮流取该指标范围内的任何值，关系式将始终成立。

每个**自由指标**代表一个方向性：当它取值 1 或 2 或 3 时，分别代表该方向性在 x 或 y 或 z 方向上的分量。当 i 分别取 1,2,3 时，式(B.4)给出三个分量方程，即式(B.3)。若表达式中出现两个或多个不同名的自由指标，则表示具有两个或多个方向性，例如，式(B.1)中就出现了 i、j 两个自由指标，表示应力是二阶张量。**哑标**经过遍历求和变成一个无方向性的数，正如力和位移两个矢量经过点乘后得到功，就不再有方向性。

哑标仅表示要做**遍历求和**的运算，至于用什么字母来表示则无关紧要，因此可以成对地任意**换标**。例如，式(B.2)中的 a_ib_i 可以改为 a_jb_j 或 a_mb_m，只要指标 j 或 m 仍是哑标且取值范围和 i 相同。**自由指标**仅表示要在取值范围内**轮流取值**，因此也可以换标。例如，式(B.4)可以改写成 $x'_k=a_{kj}x_j$，只要指标 k 不与同项中的其他指标成对且取值范围和 i 相同。

合理选择指标和及时进行换标是熟练应用指标符号的关键，应用时应该遵循如下原则：

(1) 同时取值的指标必须同名，独立取值的指标应防止重名。例如，原来记为 a_i、b_j 和 c_k 的三个矢量，满足矢量和关系 $\boldsymbol{c}=\boldsymbol{a}+\boldsymbol{b}$。当用指标符号表示此求和关系时不能直接代入写为 $c_k=a_i+b_j$，而应根据“合矢量的分量等于分矢量对应分量之和”的规则把指标换成同名，写成 $c_i=a_i+b_i$ 或 $c_k=a_k+b_k$。反之，若要把曾记为 a_i 和 b_i 的两个矢量的分量逐个地两两相乘，则指标应及时地换成异名，写成 a_ib_j，这样当 i 和 j 轮流取 1,2,3 时，共得到九个数。如果误写为 a_ib_i 则成为矢量点积式(B.2)了，它只有一个数。再如：

$$(a_1b_1+a_2b_2+a_3b_3)(c_1d_1+c_2d_2+c_3d_3)=a_ib_ic_jd_j \tag{B.5}$$

这里用两对异名的哑标正确地表示了两个括号中相互独立的遍历求和过程。如果误

写成 $a_ib_ic_id_i$，则 i 变成自由指标，失去了遍历求和的意义。把哑标误写成自由指标的形式是初学者常犯的错误，请读者自己判别下式中不等号的原因：

$$a_1^2+a_2^2+a_3^2=a_ia_i\neq a_i^2 \tag{B.6}$$

(2) 在一个用指标符号表示的方程或表达式中可以包含若干**项**，各项间用加号、减号或等号分开。自由指标的影响是整体性的，它将同时出现在同一方程或表达式的所有各项中，所以**自由指标必须整体换名**，即把方程或表达式中出现的同名自由指标全部改成同一个新字母，否则未换名的项就无法与已换名的各项同时求同一方向上的分量。

(3) 哑标的影响是局部性的，它可以只出现在方程或表达式的某一项中，所以**哑标**只需成对地**局部换名**。表达式中不同项内的同名哑标并没有必然的联系，可以换成不同的名字，因为根据求和约定，哑标的有效范围仅限于本项。

指标符号也适用于微分表达式。例如，三维空间中线元长度 $\mathrm{d}s$ 和其分量 $\mathrm{d}x_i$ 之间的关系 $(\mathrm{d}s)^2=(\mathrm{d}x_1)^2+(\mathrm{d}x_2)^2+(\mathrm{d}x_3)^2$ 可写成

$$(\mathrm{d}s)^2=\mathrm{d}x_i\mathrm{d}x_i \tag{B.7}$$

多变量函数 $f(x_1,x_2,\cdots,x_n)$ 的全微分可写成

$$\mathrm{d}f=\frac{\partial f}{\partial x_i}\mathrm{d}x_i,\quad i=1,2,\cdots,n \tag{B.8}$$

多重求和可以用两对(或几对)不同哑标来表示。例如二重和

$$\sum_{i=1}^{3}\sum_{j=1}^{3}a_{ij}x_ix_j\equiv a_{ij}x_ix_j \tag{B.9}$$

这里共有九项求和。请注意对比与式(B.5)的区别，那里是先对 i 和 j 两个指标分别求和，得到两个数，然后再相乘。

对于不符合“成对准则”的特殊情况需要做特殊处理。例如，若要对在同项内出现两次以上的指标进行遍历求和，一般应加求和号。或者，在多余指标下加一横，表示该多余指标不计指标数。例如：

$$a_1b_1c_1+a_2b_2c_2+a_3b_3c_3=\sum_{i=1}^{3}a_ib_ic_i=a_ib_ic_{\underline{i}} \tag{B.10}$$

若无法避免自由指标在同项内出现两次，一般应特别申明对该指标不作遍历求和，或者将其中一个指标加下横，以示不计其数。例如方程 $c_i=a_ib_{\underline{i}}+d_i$ 中的 i 是自由指标。

综上所述，通过哑指标可把许多项缩写成一项，通过自由指标又把许多方程缩写成一个方程。一般说在 n 维空间中，一个用指标符号写出的方程若含有 k 个独立的自由指标，则该方程代表了 n^k 个分量方程。在方程的某项中若同时出现 m 对哑标，则此项代表相互叠加的 n^m 个项。显然，指标符号使书写变得十分简洁，但也必须十分小心，因为许多重要的含义往往只表现在指标的细微变化上。在公式推导过程中，

要根据所描述问题本来的运算规律来合理选择和及时更换指标的名称。

B.2 张量运算

1. 张量代数

相等 若两个张量 $\boldsymbol{T}$ 和 $\boldsymbol{S}$ 相等，则对应分量相等。以二阶张量为例：

$$T_{ij} = S_{ij} \tag{B.11}$$

和、差 若两个同维同阶张量 $\boldsymbol{A}$ 与 $\boldsymbol{B}$ 之和（或差）是另一个同维同阶张量 $\boldsymbol{T}=\boldsymbol{A}\pm\boldsymbol{B}$，则和（或差）的分量是两个张量的对应分量之和（或差）。以二阶张量为例：

$$T_{ij} = A_{ij} \pm B_{ij} \tag{B.12}$$

数积 张量 $\boldsymbol{A}$ 和一个数（或标量函数）λ 相乘得到另一个同维同阶张量 $\boldsymbol{T}=\lambda\boldsymbol{A}$，其分量关系为

$$T_{ij} = \lambda A_{ij} \tag{B.13}$$

并积 两个同维同阶（或不同阶）张量 $\boldsymbol{A}$ 和 $\boldsymbol{B}$ 的并积（或称外积）$\boldsymbol{T}$ 是一个阶数等于 $\boldsymbol{A}$、$\boldsymbol{B}$ 阶数之和的高阶张量，其分量由 $\boldsymbol{A}$、$\boldsymbol{B}$ 两个张量的分量两两相乘而得。以 $\boldsymbol{A}$、$\boldsymbol{B}$ 分别为三阶和二阶张量为例：

$$T_{ijklm} = A_{ijk} B_{lm} \tag{B.14}$$

其中指标的顺序不能任意调换。

缩并 若高阶张量的指标符号中出现一对哑标，则该对指标就失去了方向性，张量被缩并为低二阶的新张量。例如，三阶张量 T_{iji} 中的第一和第三指标为哑标，则它被缩并为一个矢量：

$$S_j = T_{iji} \tag{B.15}$$

若哑标的位置不同，则缩并的结果也不同。例如，$R_i = T_{ijj}$ 是一个保留了 i 方向性的矢量，而上述 S_j 是一个保留了 j 方向性的矢量。不同方向性的物理意义是不一样的，例如在应力张量 σ_{ij} 中 i 代表的是截面法线的方向，而 j 代表的是截面上应力的分解方向。

内积 并积运算加缩并运算合称为内积。在指标符号中，内积表现为哑标的一对指标分别出现在相互并乘的两个张量中，例如：

$$S_{jkm} = A_{ijk} B_{im} \tag{B.16}$$

对并积的不同指标进行缩并其结果也不同。例如，$R_{ijl} = A_{ijk} B_{lk} \neq S_{jkm}$。

点积 是最常用的一种内积，它是前张量 $\boldsymbol{A}$ 的最后指标与后张量 $\boldsymbol{B}$ 的第一指标缩并的结果，记为 $\boldsymbol{A}\cdot\boldsymbol{B}$。其指标符号为

$$\boldsymbol{A}\cdot\boldsymbol{B} = A_{ijk} B_{km} \tag{B.17}$$

两个二阶张量的点积对应于矩阵乘法。

双点积 对前、后张量中两对紧挨着的指标缩并的结果称为双点积，有两种情况：

并双点积

$$\boldsymbol{A}:\boldsymbol{B}=A_{ijk}B_{jk} \tag{B.18}$$

串双点积

$$\boldsymbol{A}\cdot\cdot\boldsymbol{B}=A_{ijk}B_{kj} \tag{B.19}$$

转置 张量指标的顺序一般不能任意调换，若将张量 $\boldsymbol{T}$(指标符号为 T_{ij})的两个指标位置相互对换，则得到一个新张量 $\boldsymbol{T}^*$(指标符号为 $\boldsymbol{T}_{ji}$)，称为张量 $\boldsymbol{T}$ 的转置张量。若转置张量与原张量相等，即 $T_{ji}=T_{ij}$，则为**对称张量**。若转置张量等于原张量的负值，即 $T_{ji}=-T_{ij}$，则为**反对称张量**。

加法分解 任意二阶张量 $\boldsymbol{T}$ 均可惟一地分解成对称张量 $\boldsymbol{S}$ 和反对称张量 $\boldsymbol{A}$ 之和：

$$T_{ij}=S_{ij}+A_{ij} \tag{B.20}$$

其中

$$S_{ij}=\frac{1}{2}(T_{ij}+T_{ji});\quad A_{ij}=\frac{1}{2}(T_{ij}-T_{ji}) \tag{B.21}$$

上两式的运算也称为**对称化**和**反对称化**。

球形张量与偏斜张量 任意二阶对称张量 $\boldsymbol{S}$ 均可分解为球形张量 $\boldsymbol{P}$ 和偏斜张量 $\boldsymbol{D}$ 之和：

$$S_{ij}=P_{ij}+D_{ij} \tag{B.22}$$

其中，球形张量为

$$P_{ij}=\alpha\delta_{ij};\quad \alpha=\frac{1}{3}S_{ii} \tag{B.23}$$

这里的 α 是张量 S 三个主对角分量之平均值；δ_{ij} 是单位张量，其三个主对角分量均为 1，其他分量均为 0。偏斜张量

$$D_{ij}=S_{ij}-P_{ij} \tag{B.24}$$

是原张量 $\boldsymbol{S}$ 与球形张量 $\boldsymbol{P}$ 之差，其三个主对角分量之和为零。

并矢量 把 K 个独立矢量并写在一起称为并矢量，它们的并积是一个 K 阶张量。例如，并矢量 $\boldsymbol{abc}$ 是一个三阶张量，记为 $\boldsymbol{T}$，它的指标符号表达式为

$$T_{ijk}=a_ib_jc_k \tag{B.25}$$

由于矢量的并积不服从交换律，并矢量中各矢量的排列顺序不能任意调换。

2. 张量微积分

定义在空间域上的张量场可以用一个张量函数来表示。该函数对坐标的导数反映了张量场的空间变化规律。在笛卡儿直角坐标系中，沿坐标线方向的三个单位矢

量是与空间点坐标无关的常量，所以笛卡儿张量的微积分可以归结为对其每个分量求导或求积。

考虑三维空间中的张量函数 $T_{mn}(x_1,x_2,x_3)$，其每个分量都有三个偏导数：

$$\frac{\partial T_{mn}}{\partial x_i}\quad (i,m,n=1,2,3)$$

可以更简洁地把偏导数记为

$$T_{mn,i}\quad 或\quad \partial_i T_{mn}\quad (i,m,n=1,2,3) \tag{B.26}$$

这里用逗号$()_{,i}$或偏导号$\partial_i()$表示将括号中的张量函数对坐标 x_i 求偏导，排在逗号或偏导号后面的指标 i 称为**导数指标**。对高阶导数可以出现多个导数指标，根据连续函数高阶导数与求导顺序无关的性质，导数指标的排列顺序可以互换，例如：

$$T_{mn,ij}=\frac{\partial^2 T_{mn}}{\partial x_i \partial x_j}=\frac{\partial^2 T_{mn}}{\partial x_j \partial x_i}=T_{mn,ji} \tag{B.27}$$

当导数指标与张量的某分量指标或另一导数指标成对时，也应按哑标进行遍历求和。例如：

$$v_{i,i}=\frac{\partial v_1}{\partial x_1}+\frac{\partial v_2}{\partial x_2}+\frac{\partial v_3}{\partial x_3} \tag{B.28}$$

$$\varphi_{,ii}=\frac{\partial^2 \varphi}{\partial x_1^2}+\frac{\partial^2 \varphi}{\partial x_2^2}+\frac{\partial^2 \varphi}{\partial x_3^2} \tag{B.29}$$

由高等数学“方向导数”的概念知道，偏导数具有方向性。以三维情况为例，函数 $f(x_1,x_2,x_3)$在方向 $\boldsymbol{\nu}$ 上的导数为

$$\frac{\partial f}{\partial \boldsymbol{\nu}}=\frac{\partial f}{\partial x_1}\cos\theta_1+\frac{\partial f}{\partial x_2}\cos\theta_2+\frac{\partial f}{\partial x_3}\cos\theta_3 \tag{B.30}$$

其中 $\cos\theta_1$、$\cos\theta_2$ 和 $\cos\theta_3$ 是 $\boldsymbol{\nu}$ 方向的方向余弦。若把$\frac{\partial f}{\partial x_1}$、$\frac{\partial f}{\partial x_2}$和$\frac{\partial f}{\partial x_3}$看作某矢量在坐标轴上的三个分量，则按式(B.30)计算的结果$\left(即\frac{\partial f}{\partial \boldsymbol{\nu}}\right)$就是该矢量在方向 $\boldsymbol{\nu}$ 上的分量。由此可见，偏导数在形式上相当于一个矢量，求偏导后构成了高一阶的新张量。式(B.26)中二阶张量的 9 个分量 T_{mn} 的偏导数 $T_{mn,i}$ 共有 27 个。

在张量分析中常引进**哈密尔顿**(Hamilton)算子∇(读作 nabla)来表示多维空间中的求导运算。它形式上有三个分量$\frac{\partial()}{\partial x_1}$、$\frac{\partial()}{\partial x_2}$和$\frac{\partial()}{\partial x_3}$，像一个矢量。高等数学中场论的三个基本概念都与$\nabla$有关，用它并乘某个标量(或矢量或张量)函数就得到该函数的**梯度**，用它点乘或叉乘某个矢量(或张量)函数就得到该函数的**散度**或**旋度**。详细论述请参见教材[1]的附录 A。

高等数学场论中的**高斯**(Gauss)**公式**(又称**散度定理**)在弹性力学的能量原理中有重要应用。设 $\boldsymbol{a}$ 是定义在三维域 V 上的矢量场，S 是 V 的闭合边界曲面，其面元 $\mathrm{d}S$ 的外法线单位矢量为$\boldsymbol{\nu}$，若 $\boldsymbol{a}$ 在闭域 $V+S$ 上有连续偏导数，则高斯公式为

$$\int_V \left(\frac{\partial a_x}{\partial x}+\frac{\partial a_y}{\partial y}+\frac{\partial a_z}{\partial z}\right)\mathrm{d}V=\int_S (a_x\nu_x+a_y\nu_y+a_z\nu_z)\mathrm{d}S \tag{B.31}$$

用指标符号可以缩写成

$$\int_V a_{i,i}\mathrm{d}V=\int_S a_i\nu_i\mathrm{d}S \tag{B.32}$$

若把矢量 $\boldsymbol{a}$ 换成标量 φ 或张量 $\boldsymbol{T}$，高斯公式照样成立，即

$$\int_V \varphi_{,i}\mathrm{d}V=\int_S \varphi\nu_i\mathrm{d}S \tag{B.33}$$

$$\int_V T_{mn,i}\mathrm{d}V=\int_S T_{mn}\nu_i\mathrm{d}S \tag{B.34}$$

三维域中的分部积分公式是高斯公式的推论。令式(B.33)中的 $\varphi=uv$，则有

$$\int_V (uv)_{,i}\mathrm{d}V=\int_V u(v_{,i})\mathrm{d}V+\int_V (u_{,i})v\mathrm{d}V=\int_S uv\nu_i\mathrm{d}S$$

移项后即为分部积分公式：

$$\int_V uv_{,i}\mathrm{d}V=\int_S uv\nu_i\mathrm{d}S-\int_V u_{,i}v\mathrm{d}V \tag{B.35}$$

可以证明，无论 u 或 v 取为标量、矢量分量或张量分量，分部积分公式始终成立。对于二维情况，高斯公式和分部积分公式仍然成立，只是左端的体积域 V 改为面积域 S，右端的面积域 S 改为闭合边界曲线 L。

习　题

B-1　已知矩阵$[a_{ij}]$为

$$\begin{bmatrix} a_{11} & a_{12} & a_{13}\\ a_{21} & a_{22} & a_{23}\\ a_{31} & a_{32} & a_{33}\end{bmatrix}=\begin{bmatrix}1&1&0\\1&2&2\\0&2&3\end{bmatrix}$$

求：(1)a_{ii}；(2)$a_{ij}a_{ij}$；(3)当 $i=1,k=2$ 时 $a_{ij}a_{jk}$ 的值。

B-2　将下列指标符号按求和约定写成展开形式：

(1) $a_{ij}b_{jk}$；(2) $a_{ij}b_{kj}$；(3) $a_{ij\,j}$；(4) $a_ib_js_{ij}$；(5) $\sigma_{ij,i}$。

B-3　将下列各式按求和约定写成展开形式：

(1) $\dfrac{\partial\sigma_{ij}}{\partial x_j}+f_i=0$；(2) $2E_{ij}=\dfrac{\partial u_i}{\partial x_j}+\dfrac{\partial u_j}{\partial x_i}+\dfrac{\partial u_k}{\partial x_i}\dfrac{\partial u_k}{\partial x_j}$。

B-4　以指标符号表示胡克定律

$$\varepsilon_{11}=\frac{1}{E}[\sigma_{11}-\nu(\sigma_{22}+\sigma_{33})];\quad \varepsilon_{12}=\frac{1+\nu}{E}\sigma_{12}$$

$$\varepsilon_{22}=\frac{1}{E}[\sigma_{22}-\nu(\sigma_{33}+\sigma_{11})];\quad \varepsilon_{23}=\frac{1+\nu}{E}\sigma_{23}$$

$$\varepsilon_{33}=\frac{1}{E}[\sigma_{33}-\nu(\sigma_{11}+\sigma_{22})];\quad \varepsilon_{31}=\frac{1+\nu}{E}\sigma_{31}$$

提示：$\sigma_{11}=(1+\nu)\sigma_{11}-\nu\sigma_{11}$，且 σ_{22} 和 σ_{33} 有类似公式；并利用单位张量 δ_{ij}。

B-5 以指标符号表示下列运动方程

$$G\left[\nabla^2 u_1+\frac{1}{1-2\nu}\frac{\partial}{\partial x_1}\left(\frac{\partial u_1}{\partial x_1}+\frac{\partial u_2}{\partial x_2}+\frac{\partial u_3}{\partial x_3}\right)\right]+X_1=\rho\frac{\partial^2 u_1}{\partial t^2}$$

$$G\left[\nabla^2 u_2+\frac{1}{1-2\nu}\frac{\partial}{\partial x_2}\left(\frac{\partial u_1}{\partial x_1}+\frac{\partial u_2}{\partial x_2}+\frac{\partial u_3}{\partial x_3}\right)\right]+X_2=\rho\frac{\partial^2 u_2}{\partial t^2}$$

$$G\left[\nabla^2 u_3+\frac{1}{1-2\nu}\frac{\partial}{\partial x_3}\left(\frac{\partial u_1}{\partial x_1}+\frac{\partial u_2}{\partial x_2}+\frac{\partial u_3}{\partial x_3}\right)\right]+X_3=\rho\frac{\partial^2 u_3}{\partial t^2}$$

提示：$\nabla^2=\nabla\cdot\nabla=(\ )_{,ii}$

B-6 在笛卡儿坐标系中，已知四阶张量 $\boldsymbol{E}$ 的分量为

$$E_{ijkl}=\lambda\delta_{ij}\delta_{kl}+\mu(\delta_{ik}\delta_{jl}+\delta_{il}\delta_{jk})$$

写出张量方程 $\boldsymbol{\sigma}=\boldsymbol{E}:\boldsymbol{\varepsilon}$ 在笛卡儿坐标系中的分量形式，其中 $\boldsymbol{\sigma}$ 和 $\boldsymbol{\varepsilon}$ 为二阶张量。

附录C 有限单元法程序实现

与其他分析方法相比，有限元法的主要优点是其通用性，用它可以分析几乎任何具有复杂边界和加载条件的连续介质问题。假定实际结构已经用有限元离散成了有限个单元，应力分析包括以下三个阶段：

(1) 计算结构总体刚度阵 $\boldsymbol{K}$ 和外载荷向量 $\boldsymbol{R}$；

(2) 求解平衡方程得到结构位移向量；

(3) 计算单元应力。

本附录主要讲述第1阶段和第3阶段的程序实现。第1阶段形成求解系统平衡方程所需的结构总体刚度矩阵和外载荷向量。结构总体矩阵的计算由以下三步完成：

(1) 读入或生成结点和单元信息；

(2) 计算单元刚度阵和等效结点载荷；

(3) 组装结构总体矩阵。

C.1 结点和单元信息的读入

首先考虑与结点相关的数据。假定程序允许每个结点最多可以有6个可能的自由度，包括3个平动自由度和3个转动自由度，如图C-1所示。对于每一个结点必须标明在具体问题中使用了这6个可能自由度中的哪几个自由度。例如对平面应力问题中，每个结点只有两个自由度，即只使用各结点的第1个和第2个自由度。这可以通过定义**标示数组** ID(6,NUMNP)来实现，其中NUMNP为结构中结点的总数。数组 ID 的元素(i,j)对应于结点 j 的第 i 个自由度，如果 $ID(i,j)=0$，则在分析中使用结点 j 的第 i 个自由度，而如果 $ID(i,j)=1$，则在分析中没有使用结点 j 的第 i 个自由度。使用标示数组 ID 后，每个结点的自由度数是可以变化的，如在同一个结构中，薄膜上的结点只有 2 个结点自由度，板上的结点有 3 个自由度，而壳上的结点则有 5 个自由度。

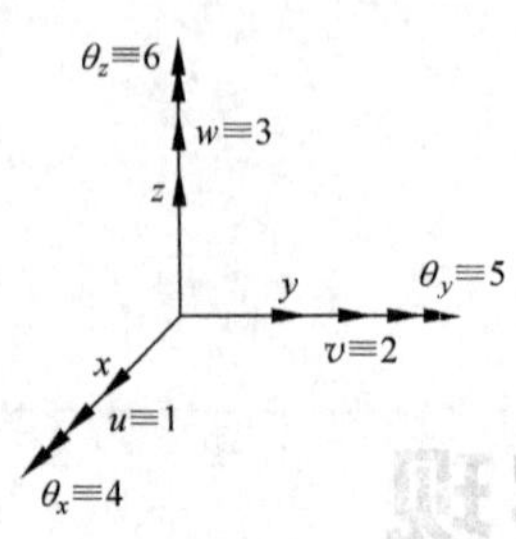

图 C-1　六个自由度

例如，图 C-2 所示的用平面应力单元离散的悬臂结构位于 xy 平面内，每个结点只可能有 x 和 y 方向的位移，即各结点只可能有 x 和 y 方向的自由度。结点 1、2 和 3 是固定的，它们的位移为零，这三个结点没有自由度，故该结构共有 12 个自由度，它的总位移向量为

$$a=[u_4\quad v_4\quad u_5\quad v_5\quad u_6\quad v_6\quad u_7\quad v_7\quad u_8\quad v_8\quad u_9\quad v_9]^{T} \tag{C.1}$$

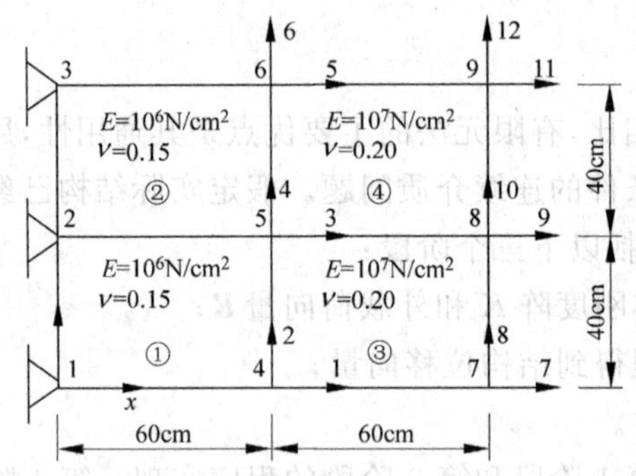

图 C-2　平面悬臂板

因此系统的标示数组 ID 为

$$ID=\begin{bmatrix}1&1&1&0&0&0&0&0&0\\1&1&1&0&0&0&0&0&0\\1&1&1&1&1&1&1&1&1\\1&1&1&1&1&1&1&1&1\\1&1&1&1&1&1&1&1&1\\1&1&1&1&1&1&1&1&1\end{bmatrix} \tag{C.2}$$

一旦确定了数组 ID 后，对应于这些自由度的方程号也就可以确定了，具体办法是依次扫描每个结点（即扫描 ID 的每列），将 ID 的每一个零元素替换为相应的方程号，同时把 ID 的其他元素置为零。因此对图 C-2 所示的系统有

$$\mathrm{ID}=\begin{bmatrix}0&0&0&1&3&5&7&9&11\\0&0&0&2&4&6&8&10&12\\0&0&0&0&0&0&0&0&0\\0&0&0&0&0&0&0&0&0\\0&0&0&0&0&0&0&0&0\\0&0&0&0&0&0&0&0&0\end{bmatrix}\tag{C.3}$$

为了减少存储量，可以用一个参量 NDF 表示结构中各节点所具有的最大自由度数，然后将 ID 数组的维数改为 ID(NDF,NUMNP)。对图 C-2 所示的结构有 NDF＝2，此时 ID 为 2 行 9 列数组。

除了定义 ID 数组外，还需要读入各结点的 x、y、z 坐标。对图 C-2 所示的系统，坐标数组 X 和 Y 为

$$\left.\begin{aligned}X&=[0.0\quad 0.0\quad 0.0\quad 60.0\quad 60.0\quad 60.0\quad 120.0\quad 120.0\quad 120.0]\\Y&=[0.0\quad 40.0\quad 80.0\quad 0.0\quad 40.0\quad 80.0\quad 0.0\quad 40.0\quad 80.0]\end{aligned}\right\}\tag{C.4}$$

已知所有结点信息后，程序需要读入或生成单元信息。描述一个单元所需的数据取决于单元的具体类型。一般来说，描述一个单元所需的数据有单元的结点号、单元的材料特性以及施加在单元上的面力或体力等。由于许多单元的单元材料特性和单元载荷是相同的，因此可以先定义单元材料组和单元载荷组，而对每一个单元只要给出其材料组号和载荷组号即可。

对于图 C-2 所示的系统，可以定义两个材料组，第一个材料组的材料参数为 $E=10^6\,\mathrm{N/cm^2}$，$\nu=0.15$，第 2 个材料组的材料参数为 $E=10^7\,\mathrm{N/cm^2}$，$\nu=0.2$。各单元可定义为

单元 1：5,2,1,4,1；

单元 2：6,3,2,5,1；

单元 3：8,5,4,7,2；

单元 4：9,6,5,8,2。

C.2 单元矩阵的计算

在这步中使用上一步已读入或生成的**单元信息**(包括单元结点坐标、单元材料和单元载荷)调用相应的单元子程序来计算单元的刚度阵和等效载荷向量等，并将其保存在磁盘文件中，供以后组装结构总体矩阵和计算单元应力时使用。

C.3 结构总体矩阵的组装

首先以三角形平面应力单元为例来说明结构刚度矩阵的组装过程。三角形单元(结点号分别为 i、j 和 m)的选择矩阵为

$$
\boldsymbol{G}^e = \begin{array}{c} \\ 1 \\ 2 \\ 3 \end{array}\!\!\begin{array}{c} \begin{array}{ccccccccc} 1 & \cdots & i & \cdots & j & \cdots & m & \cdots & N \end{array} \\ \begin{bmatrix} 0 & \cdots & \boldsymbol{I}_2 & \cdots & 0 & \cdots & 0 & \cdots & 0 \\ 0 & \cdots & 0 & \cdots & \boldsymbol{I}_2 & \cdots & 0 & \cdots & 0 \\ 0 & \cdots & 0 & \cdots & 0 & \cdots & \boldsymbol{I}_2 & \cdots & 0 \end{bmatrix} \end{array} \tag{C.5}
$$

式中 $\boldsymbol{I}_2$ 为 2 阶单位矩阵。结构的**总体刚度矩阵**为

$$
\boldsymbol{K} = \sum_e \boldsymbol{G}^{e\mathrm{T}} \boldsymbol{K}^e \boldsymbol{G}^e = \sum_e \begin{array}{c} \\ 1 \\ \vdots \\ i \\ \vdots \\ j \\ \vdots \\ m \\ \vdots \\ N \end{array}\!\!\begin{array}{c} \begin{array}{ccccccccc} 1 & \cdots & i & \cdots & j & \cdots & m & \cdots & N \end{array} \\ \begin{bmatrix} 0 & \cdots & 0 & \cdots & 0 & \cdots & 0 & \cdots & 0 \\ \vdots & & \vdots & & \vdots & & \vdots & & \vdots \\ 0 & \cdots & K_{ii}^e & \cdots & K_{ij}^e & \cdots & K_{im}^e & \cdots & 0 \\ \vdots & & \vdots & & \vdots & & \vdots & & \vdots \\ 0 & \cdots & K_{ji}^e & \cdots & K_{jj}^e & \cdots & K_{jm}^e & \cdots & 0 \\ \vdots & & \vdots & & & & & & \vdots \\ 0 & \cdots & K_{mi}^e & \cdots & K_{mj}^e & \cdots & K_{mm}^e & \cdots & 0 \\ \vdots & & & & & & & & \vdots \\ 0 & \cdots & 0 & \cdots & 0 & \cdots & 0 & \cdots & 0 \end{bmatrix} \end{array} \tag{C.6}
$$

其中 $\boldsymbol{K}_{rs}^e(r,s=i,j,m)$ 为单元刚度阵 $\boldsymbol{K}^e$ 的**子矩阵**,即

$$
\boldsymbol{K}^e = \begin{bmatrix} \boldsymbol{K}_{ii}^e & \boldsymbol{K}_{ij}^e & \boldsymbol{K}_{im}^e \\ \boldsymbol{K}_{ji}^e & \boldsymbol{K}_{jj}^e & \boldsymbol{K}_{jm}^e \\ \boldsymbol{K}_{mi}^e & \boldsymbol{K}_{mj}^e & \boldsymbol{K}_{mm}^e \end{bmatrix} \tag{C.7}
$$

由式(C.6)可见,在形成总刚度阵时,实际上是将各单元刚度阵的子矩阵 $\boldsymbol{K}_{rs}^e$ 叠加到总刚度阵的相应位置 $\boldsymbol{K}_{rs}$ 上,并不需要矩阵运算 $\boldsymbol{G}^{e\mathrm{T}}\boldsymbol{K}^e\boldsymbol{G}^e$,只要定义一个用来存放单元各自由度所对应的结构总体自由度号的联系数组 LM 即可,它的第 i 个元素给出了单元的第 i 个自由度所对应的总体方程号。

例如,对于图 C-2 所示的系统,单元 1 的 1、2、3、4 号结点对应于结构的 5、2、1、4 号结点,由数组 ID 可以得到这些结点的各自由度所对应的总体方程号,因此该单元的**联系数组**为

$$\text{LM}=[3\quad 4\quad 0\quad 0\quad 0\quad 0\quad 1\quad 2]$$

同理可得其他单元的联系数组为

单元 2：LM＝[5 6 0 0 0 0 3 4]

单元 3：LM＝[9 10 3 4 1 2 7 8]

单元 4：LM＝[11 12 5 6 3 4 9 10]

确定了单元的联系数组 LM 后，就可以将该单元的单元矩阵组装到相应的结构总体矩阵中。由于一个单元只由少数几个结点组成，因此结构的总体矩阵存在大量的零元素。在有限元程序中，为了提高计算效率和计算规模，一般都采用特殊的存储方案来存储结构总体矩阵，如一维变带宽存储。图 C-3(a)所示为一个典型的结构总体刚度阵 $\boldsymbol{K}$。用 m_i 表示矩阵 $\boldsymbol{K}$ 第 i 列的第 1 个非零元素的行号，它给出了矩阵 $\boldsymbol{K}$ 的轮廓线。$(i-m_i)$为矩阵 $\boldsymbol{K}$ 第 i 列的列高，各列的列高是不同的。在实际中不存储矩阵 $\boldsymbol{K}$ 的轮廓线外的所有零元素，但存储轮廓线内的零元素，而且这些零元素将参与运算，因此在矩阵消元过程中这些零元素将可能成为非零元素。

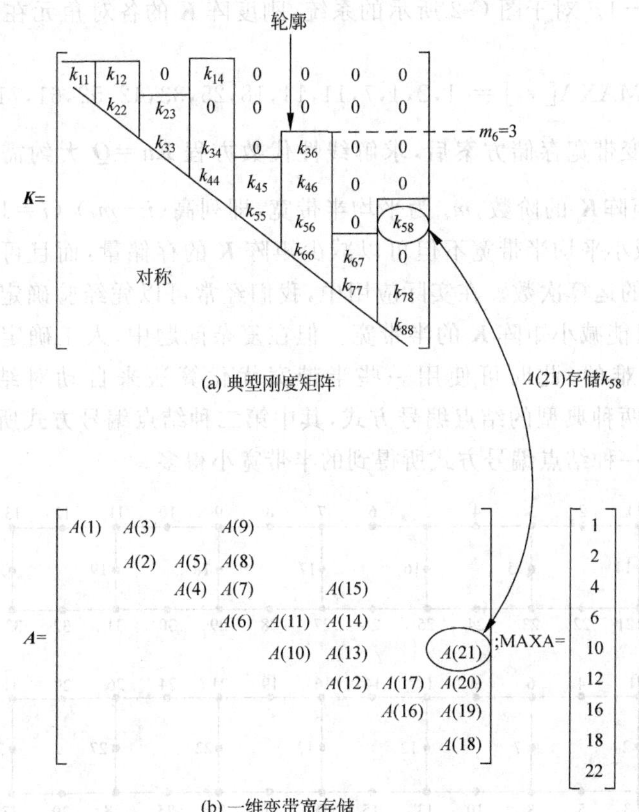

(a) 典型刚度矩阵

(b) 一维变带宽存储

图 C-3 刚度矩阵的一维存储

列高可以通过单元的联系数组 LM 来确定。例如对于图 C-2 所示的系统，由各单元的联系数组 LM 可知，只有单元 3 和 4 与结构的第 10 个自由度有关，而且这两个单元的数组 LM 中最小的自由度号是 1，因此 $m_{10}=1$，列高为 9。同理可得到其他列的列高：

$$0,1,2,3,2,3,6,7,8,9,8,9$$

对称矩阵**一维变带宽存储**方案是用一个一维数组 $\boldsymbol{A}$ 按列（行）依次存储结构总体矩阵的上三角阵各元素，每列从主对角元素开始直到最高的非零元素，即该列中行号最小的非零元素为止。图 C-3 给出了矩阵 $\boldsymbol{K}$ 的各元素在数组 $\boldsymbol{A}$ 中的具体位置。为了迅速地找出矩阵 $\boldsymbol{K}$ 的元素在数组 $\boldsymbol{A}$ 中的位置，可以定义一个数组 MAXA 来存放矩阵 $\boldsymbol{K}$ 的各对角元在数组 $\boldsymbol{A}$ 中的位置，即矩阵 $\boldsymbol{K}$ 的对角元 K_{ii} 在数组 $\boldsymbol{A}$ 中的地址为 MAXA(i)。由图 C-3 可以看出，MAXA(i) 等于矩阵 $\boldsymbol{K}$ 的前 $i-1$ 列的列高的总和再加上 i，因此矩阵 $\boldsymbol{K}$ 中第 i 列非零元素的个数等于 MAXA($i+1$)$-$MAXA(i)，这些元素在数组 $\boldsymbol{A}$ 中的地址分别为 MAXA(i)，MAXA(i)$+1$，MAXA(i)$+2$，…，MAXA($i+1$)-1。对于图 C-2 所示的系统，刚度阵 $\boldsymbol{K}$ 的各对角元在数组 $\boldsymbol{A}$ 中的地址分别为：

$$\text{MAXA}[\,*\,] = 1,2,4,7,11,14,18,25,33,42,52,61,71$$

使用一维变带宽存储方案后，求解线性代数方程 $\boldsymbol{Ka}=\boldsymbol{Q}$ 大约需要 $\frac{1}{2}nm_k^2$ 次运算，其中 n 为矩阵 $\boldsymbol{K}$ 的阶数，m_k 为平均半带宽，即列高 $(i-m_i)$ $(i=1,2,\cdots,n)$ 的平均值。因此，减小平均半带宽不但可以减少矩阵 $\boldsymbol{K}$ 的存储量，而且可以大幅度减少求解方程所需的运算次数。在实际应用中，我们经常可以凭经验确定结点的合理编号方式，以尽可能减小矩阵 $\boldsymbol{K}$ 的半带宽。但在复杂问题中，人工确定结点编号的最优方式是很困难的，此时可使用一些半带宽优化算法来自动对结点进行编号。图 C-4 比较了两种典型的结点编号方式，其中第二种结点编号方式所得到的矩阵 $\boldsymbol{K}$ 的半带宽比第一种结点编号方式所得到的半带宽小得多。

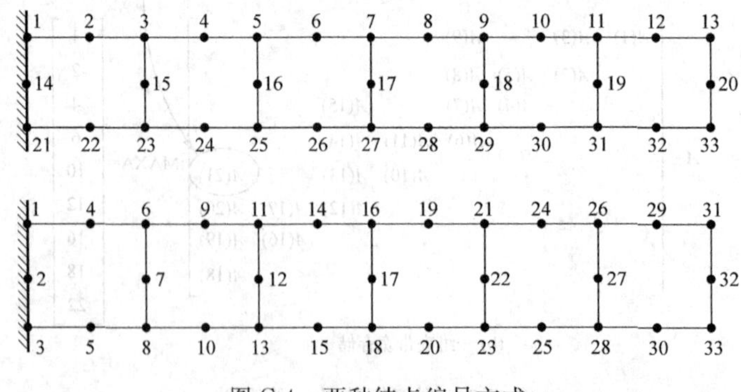

图 C-4 两种结点编号方式

在上面的讨论中，我们假定整个数组全部存储在计算机的内存中，但对大规模问题，不可能将整个数组 $\boldsymbol{A}$ 全部存放在内存中。这时可以将数组 $\boldsymbol{A}$ 分成许多块存放在计算机外存中，每次从外存中只读入一块，分块对数组 $\boldsymbol{A}$ 进行操作。这样就需要设计高效的内外存交换方案，尽可能减少内外存交换次数。

在结构总体刚度矩阵 $\boldsymbol{K}$ 和外载荷向量 $\boldsymbol{Q}$ 形成后，求解方程 $\boldsymbol{Ka}=\boldsymbol{Q}$ 可得到系统的总体位移向量，然后利用数组 LM 可得到各单元的结点位移向量 $\boldsymbol{a}^e$，再利用式 $\boldsymbol{\sigma}=\boldsymbol{S}^e\boldsymbol{a}^e$ 即可得到各单元内任一点的应力 $\boldsymbol{\sigma}$。

习题答案

第2章

2-4 (1) $\boldsymbol{\sigma}_{(\nu)}=\left[\frac{1}{2}-2\sqrt{2}\quad -3/2\quad 5\sqrt{2}/2-2\right]$； (2) $\sigma_{(\nu)}=\sqrt{27-12\sqrt{2}}$；

(3) $\beta=77.75^\circ$； (4) $\sigma_n=7/2-2\sqrt{2}$； (5) $\tau_n=\sqrt{27+2\sqrt{2}}$

2-6 $a=0\quad b=\rho g\quad d=-\rho g\cot^2\beta\quad c=\rho g\cot\beta-2\rho g\cot^3\beta$

2-7 $\sigma_{22}=1$； $l=n=\frac{1}{\sqrt{6}},m=-\sqrt{\frac{2}{3}}$

2-9 $I_1=\sigma_x+\sigma_y,I_2=\sigma_x\sigma_y-\tau_{xy}^2,I_3=0$； $\sigma_{1,2}=\frac{\sigma_x+\sigma_y}{2}\pm\sqrt{\left(\frac{\sigma_x-\sigma_y}{2}\right)^2+\tau_{xy}^2}$

2-10 $S_n=1120\times10^5\,\mathrm{N/m^2},\sigma_n=265\times10^5\,\mathrm{N/m^2},\tau_n=1090\times10^5\,\mathrm{N/m^2}$

2-12 $\sigma_{12}(x_1,x_2)=2x_1-x_2+3$

2-14 $A=-\frac{q}{\tan\beta-\beta},B=\tan\beta-\beta,C=-\beta$

第3章

3-4 $\varepsilon_t=0.00155,\varepsilon_\nu=0.02,\varepsilon_{\nu t}=0.0107$

3-5 $J_1=\varepsilon_x+\varepsilon_y,J_2=\varepsilon_x\varepsilon_y-\gamma_{xy}^2,J_3=0$；$\varepsilon_{1,2}=\frac{\varepsilon_x+\varepsilon_y}{2}\pm\sqrt{\frac{(\varepsilon_x-\varepsilon_y)^2}{2}+\gamma_{xy}^2}$

3-6 (1) $\varepsilon_N=644.44\mu$； (2) $\varepsilon_1=761.7\mu,\varepsilon_2=89.8\mu,\varepsilon_3=248.5$

方向余弦：$l_1=0.748$， $m_1=0.653$ $n_1=-0.117$

$l_2=0.476$， $m_2=-0.651$ $n_2=-0.591$

$l_3=0.462$， $m_3=-0.387$ $n_3=0.798$

3-7 (1) $\varepsilon_x=0.005,\varepsilon_y=0.003,\gamma_{xy}=-0.001\sqrt{3}$

(2) $\varepsilon_x=0.37,\varepsilon_y=0.3,\gamma_{xy}=-0.75$

3-8 (1) $\varepsilon_x=200\mu,\varepsilon_y=1000\mu,\gamma_{xy}=300\mu$

(2) $\varepsilon_1=1100\mu,\varepsilon_2=100\mu,\theta_{1,2}=-17.1^\circ,72.3^\circ$

3-9 (1)可能。(2)可能。(3)不可能。

3-10 可能。

3-12 $A_1+B_1=2C_2,C_1=4,A_0$、B_0、C_0 任意。

第4章

4-2 $\sigma_x=\sigma_y=-\dfrac{\mu}{1-\mu}q$；$\sigma_z=-q$；$\tau_{xy}=\tau_{xz}=\tau_{zy}=0$；$\tau_{\max}=\dfrac{1-2\mu}{2(1-\mu)}q$；

$$e=-\frac{(1-2\mu)(1+\mu)}{E(1-\mu)}q$$

4-3 (1) $\boldsymbol{\sigma}=\begin{bmatrix}720 & 80 & 0\\ 80 & 880 & 32\\ 0 & 32 & 40\end{bmatrix}$MPa；(2) $\boldsymbol{\tau}=\begin{bmatrix}81.25 & -50 & 62.5\\ -50 & -43.75 & 125\\ 62.5 & 125 & 50\end{bmatrix}\times 10^{-6}$

4-4 $\sigma_1:\sigma_2:\sigma_3=12:13:14$

4-5 $\sigma_x=q_1,\sigma_y=-q_0,\sigma_z=0$；$u=\dfrac{q_1+\nu q_2}{E}x,v=-\dfrac{q_2+\nu q_1}{E}y,w=-\dfrac{\nu(q_1+q_2)}{E}z$

$$\sigma_x=\sigma_y=-\frac{\nu}{1-\nu}(q+\rho gz),\sigma_z=-(q+\rho gz),\tau_{xy}=\tau_{xz}=\tau_{yz}=0$$

4-6 $u=v=0,w=\dfrac{1-2\nu}{4G(1-\nu)}[p(h^2-z^2)+2q(h-z)]$

4-7 不能

4-8 $\sigma_z=-\dfrac{p}{A}-\dfrac{pe}{J_y}x$， $\sigma_x=\sigma_y=\tau_{xy}=\tau_{xz}=\tau_{yz}=0$

4-9 是

第5章

5-4 $\sigma_y=2q\dfrac{y}{h}\left(1-\dfrac{3x}{h}\right)-\rho gy$， $\tau_{xy}=q\dfrac{x}{h}\left(\dfrac{3x}{h}-2\right)$

5-5 $\sigma_x=\gamma gy\left(2\dfrac{x^3}{h^3}-\dfrac{3x}{2h}-\dfrac{1}{2}\right)$， $\sigma_y=\dfrac{2\gamma g}{h^3}xy^3+\dfrac{3\gamma g}{5h}xy-\dfrac{4\gamma g}{h^3}x^3y-\rho gy$

$$\sigma_x=\frac{2q_0}{lh^3}xy\left(2y^2-x^2+l^2-\frac{3}{10}h^3\right),\quad \sigma_y=\frac{2q_0}{2lh^3}x(3h^2y-4y^3-h^3)$$

5-6 $\tau_{xy}=\dfrac{q_0}{4lh^3}(4y^2-h^2)\left(3x^2-y^2-l^2+\dfrac{h^2}{20}\right)$

$$\sigma_x=\frac{12M}{h^3}\left(y-\frac{3xy}{2l}\right),\quad \sigma_y=0$$

5-7 $\tau_{xy}=-\dfrac{9M}{4lh}\left(1-\dfrac{4y^2}{h^2}\right)$

5-8 $\sigma_x=\rho gx\text{ctg}\alpha-2\rho gy\text{ctg}^2\alpha$

第 6 章

6-3 $(u_r)_{r=a}=\dfrac{a(1-\nu)^2}{E}\left[q_1\left(\dfrac{b^2+a^2}{b^2-a^2}+\dfrac{\nu}{1-\nu}\right)-q_2\,\dfrac{2b^2}{b^2-a^2}\right]$

$(u_r)_{r=b}=\dfrac{b(1-\nu)^2}{E}\left[q_1\,\dfrac{2a^2}{b^2-a^2}-q_2\left(\dfrac{b^2+a^2}{b^2-a^2}-\dfrac{\nu}{1-\nu}\right)\right]$

6-4 $\sigma_r=-\dfrac{\dfrac{1-2\nu}{r^2}+\dfrac{1}{b^2}}{\dfrac{1-2\nu}{a^2}+\dfrac{1}{b^2}}p,\sigma_\theta=\dfrac{\dfrac{1-2\nu}{r^2}-\dfrac{1}{b^2}}{\dfrac{1-2\nu}{a^2}-\dfrac{1}{b^2}}p$； $u_r=\dfrac{1+\nu}{E}\left(\dfrac{\dfrac{1-2\nu}{r}-\dfrac{1-2\nu}{b^2}r}{\dfrac{1-2\nu}{a^2}+\dfrac{1}{b^2}}\right)p,u_\theta=0$

6-5 $\sigma_r=-\dfrac{[1+(1-2\nu)n]\dfrac{b^2}{r^2}-(1-n)}{[1+(1-2\nu)n]\dfrac{b^2}{a^2}-(1-n)}p,\sigma_\theta=\dfrac{[1+(1-2\nu)n]\dfrac{b^2}{r^2}+(1-n)}{[1+(1-2\nu)n]\dfrac{b^2}{a^2}+(1-n)}p$；

$n=\dfrac{E'(1+\nu)}{E(1+\nu')}$

6-6 $(\sigma_\theta)_{\max}=4q,(\sigma_\theta)_{\min}=-4q$

6-7 $\sigma_r=\sigma_\theta=0$， $\tau_{r\theta}=-q\dfrac{b^2}{r^2}$； $u_r=0$， $u_\theta=\dfrac{qb^2}{2Gra^2}(a^2-r^2)$

6-8 $\sigma_r=-q\left(\dfrac{\cos2\theta}{\sin\alpha}+\cot\alpha\right)$， $\sigma_\theta=q\left(\dfrac{\cos2\theta}{\sin\alpha}-\cot\alpha\right)$， $\tau_{r\theta}=q\dfrac{\sin2\theta}{\sin\alpha}$

6-9 $\sigma_r=-\left(\dfrac{q\sin2\theta}{2\alpha\cos\alpha-2\sin\alpha}+\dfrac{q\theta\cos\alpha}{\alpha\cos\alpha-\sin\alpha}+\dfrac{q}{2}\right)$

$\sigma_\theta=\dfrac{q\sin2\theta}{2\alpha\cos\alpha-2\sin\alpha}-\dfrac{q\theta\cos\alpha}{\alpha\cos\alpha-\sin\alpha}-\dfrac{q}{2}$

$\tau_{r\theta}=\dfrac{q\cos\alpha}{2\alpha\cos\alpha-2\sin\alpha}-\dfrac{q\cos2\theta}{2\alpha\cos\alpha-2\sin\alpha}$

6-10 $q_a/q_b=2b^2/(a^2+b^2)$

第 7 章

7-2 应力函数：$\varphi=-\dfrac{M_z}{\pi a^4}(x^2+y^2-a^2)$

剪应力：$\tau_{zx}=-\dfrac{2M_z}{\pi a^4}y$， $\tau_{zy}=\dfrac{2M_z}{\pi a^4}x$

最大剪应力：$\tau_{\max}=\dfrac{2M_z}{\pi a^3}$

位移：$u=-\dfrac{2M_z}{\pi Ga^4}zy$， $v=\dfrac{2M_z}{\pi Ga^4}zx$， $w=0$

7-4 截面边界方程：$x=-\dfrac{a}{3}$， $y=\mp\dfrac{x}{\sqrt{3}}\pm\dfrac{2a}{3\sqrt{3}}$

应力：$\tau_{zx}=-\dfrac{15\sqrt{3}M_z}{a^4}\left(y+\dfrac{3xy}{a}\right)$； $\tau_{zy}=\dfrac{15\sqrt{3}M_z}{a^4}\left[x-\dfrac{3}{2a}(x^2-y^2)\right]$

位移：$u=-\dfrac{15\sqrt{3}M_z}{Ga^4}zy$， $v=\dfrac{15\sqrt{3}M_z}{Ga^4}zx$，

$$w=\frac{15\sqrt{3}M_z}{2Ga^5}[y^3-3x^2y]$$

7-6 剪应力比：$\dfrac{S\delta}{6A}$；扭角比：$\dfrac{S^2\delta^2}{12A^2}$

7-9 中间管壁内 $\tau=0$，其余管壁内：$\tau=\dfrac{M_z}{4a^2t}$；$\theta=\dfrac{3M_z}{8Ga^3t}$

7-10 $\dfrac{32}{70}Ga_0^3b$

第 8 章

8-3 $w=\dfrac{q_0a^4}{\pi^4D\left(1+\dfrac{a^2}{b^2}\right)^2}\sin\dfrac{\pi x}{a}\sin\dfrac{\pi y}{b}$

8-4 挠度：$w=f(x)=-\dfrac{M}{2D}x^2+\dfrac{Ma}{2D}x$

内力：$M_x=M$， $M_y=\mu M$

8-6 $w=-\dfrac{Ma^2}{2(1+\mu)D}\left(1-\dfrac{r^2}{a^2}\right)$

8-7 挠度：$w=\dfrac{\delta}{a^2}\left(a^2-r^2+2r^2\ln\dfrac{r}{a}\right)$

内力：$M_r=-\dfrac{4D\delta}{a^2}\left[(1+\mu)\ln\dfrac{r}{a}+1\right]$， $M_\theta=-\dfrac{4D\delta}{a^2}\left[(1+\mu)\ln\dfrac{r}{a}+\mu\right]$，

$$Q_r=-\frac{8\pi\delta}{a^2r}$$

8-9 球顶：$\sigma_\varphi=-\dfrac{\gamma a}{6h}\left[3H+a\dfrac{1-\cos\varphi}{1+\cos\varphi}(1+2\cos\varphi)\right]$

$$\sigma_\theta=-\frac{\gamma a}{6h}\left[3H+a\frac{1-\cos\varphi}{1+\cos\varphi}(5-4\cos\varphi)\right]$$

8-10 内力：$\sigma_\varphi=-\dfrac{ps}{2h\cos\alpha}$

$$\sigma_\theta=-\frac{ps}{h\cos\alpha}\sin^2\alpha$$

反力：$R=\dfrac{pa}{\sin2\alpha}$

位移：$u_\varphi=\dfrac{p(1-2\nu\sin^2\alpha)}{4Eh\cos\alpha}\left(\dfrac{a^2}{\sin^2\alpha}-s^2\right)$

$$w=-\frac{p\tan\alpha}{4Eh\cos\alpha}\left[s^2(4\sin^2\alpha-1)+a^2\left(\frac{1}{\sin^2\alpha}-2\nu\right)\right]$$

8-11 内力：$\sigma_\varphi=-\dfrac{pa}{2h}$

$$\sigma_\theta=\frac{pa}{h}\left(\frac{1}{2}-\cos^2\varphi\right)$$

反力：$R=\dfrac{pa}{2}$

位移：$u_\varphi=\dfrac{pa^2\ (1+\nu)}{Eh}\sin\varphi\ (\cos\varphi-\cos\varphi_0)$

$$w=\frac{pa^2}{2Eh}[(1+\nu)-2\cos^2\varphi]-\frac{pa^2}{Eh}(1+\nu)\cos\varphi\ (\cos\varphi-\cos\varphi_0)$$

8-12 边缘效应解：$w=-\dfrac{\gamma a^2}{Eh}\left\{d-x-\mathrm{e}^{-\beta x}\left[d\cos\beta x+\left(d-\dfrac{1}{\beta}\right)\sin\beta x\right]\right\}$

最大弯矩：$M_0=\left(1-\dfrac{1}{\beta d}\right)\dfrac{\gamma adh}{\sqrt{12(1-\nu^2)}}$

最大横剪力：$Q_0=-\left(2\beta-\dfrac{1}{d}\right)\dfrac{\gamma adh}{\sqrt{12(1-\nu^2)}}$

8-13

$$\varphi=\frac{\dfrac{12R_C^2}{EBH^3}\left[1+0.778\,\dfrac{h\sqrt{R_1h}}{BH}\left(\dfrac{R_C}{R_1}\right)\right]M_f}{1+\left(3.11\,\dfrac{h\sqrt{R_1h}}{BH}+3.63\,\dfrac{R_1h^2}{BH^2}+2.83\,\dfrac{h(R_1h)^{3/2}}{BH^3}\right)\left(\dfrac{R_C}{R_1}\right)+1.1\,\dfrac{h^4R_1^2}{B^2H^4}\left(\dfrac{R_C}{R_1}\right)^2}$$

其中：$R_1=\dfrac{1}{2}(D+h)$； $R_C=\dfrac{1}{2}(D+B)$

第 9 章

9-1 纯剪状态应变能为 $W_1=\tau^2/2G$，等值拉压状态应变能为 $W_2=\tau^2(1+\nu)/E$。令 $W_1=W_2$，得 $G=E/2(1+\nu)$。

9-2 $P_1=\dfrac{EF}{l}u_1+\dfrac{16}{45}\dfrac{EF}{l}u_2$， $P_2=-\dfrac{20}{9}\dfrac{EF}{l}u_2$

9-4 $w=\dfrac{2Pl^3}{EI\pi^4}\sum\limits_{n=1}^{\infty}\dfrac{\sin\dfrac{n\pi a}{l}\sin\dfrac{n\pi c}{l}}{n^4}$， $w|_{a=\frac{l}{2}}=\dfrac{2Pl^3}{EI\pi^4}\left(1+\dfrac{1}{3^4}+\dfrac{1}{5^4}+\cdots\right)$

9-6 平衡方程：$EI\dfrac{\mathrm{d}^4w}{\mathrm{d}x^4}-q(x)=0$

边界条件：$\delta w|_{x=0}=0$，$\delta\left(\dfrac{\mathrm{d}w}{\mathrm{d}x}\right)\Big|_{x=0}=0$，

$$\left[kw-\frac{\mathrm{d}}{\mathrm{d}x}\left(EI\frac{\mathrm{d}^2w}{\mathrm{d}x^2}\right)\right]\Big|_{x=l}=0,\quad EI\frac{\mathrm{d}^2w}{\mathrm{d}x^2}\Big|_{x=l}=0$$

9-10 $w=\dfrac{4ql^4}{\pi^5EI}\sum\limits_{n=1,3,5\cdots}^{\infty}\dfrac{1}{n^5}\sin\dfrac{n\pi x}{l}$

9-12 $R_B=\dfrac{3}{4}ql$

第 10 章

10-1 （1）$F=15\mathrm{kN}$ ；（2）$F_{Ax}=-34.1\mathrm{kN}, F_{Cx}=-10.9\mathrm{kN}$

10-3 $N_i=1-3\xi+2\xi^2, N_j=4\xi(1-\xi), N_k=-\xi(1-2\xi)$ ，其中 $\xi=(x-x_i)/L_e$

$$\boldsymbol{K}_e=\frac{AE}{3L}\begin{bmatrix}7 & -8 & 1\\ -8 & 16 & -8\\ 1 & -8 & 7\end{bmatrix}$$

10-4 $\delta_{Bx}=-0.0628\mathrm{mm}$，$\delta_{By}=-1.670\mathrm{mm}$

$F_{BC}=58.56\mathrm{kN}$，$F_{BD}=41.41\mathrm{kN}$

10-6 $\{v_2\quad \theta_2\quad v_3\quad \theta_3\}=-\{5L\quad 18\quad 18L\quad 30\}\dfrac{PL^2}{96EI}$

附录 B

B-1 $a_{ii}=6$；$a_{ij}a_{ij}=24$；$a_{ij}a_{jk}=3$

B-3 （1）$\dfrac{\partial\sigma_{11}}{\partial x_1}+\dfrac{\partial\sigma_{12}}{\partial x_2}+\dfrac{\partial\sigma_{13}}{\partial x_3}+f_1=0$

$$\frac{\partial\sigma_{21}}{\partial x_1}+\frac{\partial\sigma_{22}}{\partial x_2}+\frac{\partial\sigma_{23}}{\partial x_3}+f_2=0$$

$$\frac{\partial\sigma_{31}}{\partial x_1}+\frac{\partial\sigma_{32}}{\partial x_2}+\frac{\partial\sigma_{33}}{\partial x_3}+f_3=0$$

（2）$E_{11}=\dfrac{\partial u_1}{\partial x_1}+\dfrac{1}{2}\left[\left(\dfrac{\partial u_1}{\partial x_1}\right)^2+\left(\dfrac{\partial u_2}{\partial x_1}\right)^2+\left(\dfrac{\partial u_3}{\partial x_1}\right)^2\right]$

$$E_{22}=\frac{\partial u_2}{\partial x_2}+\frac{1}{2}\left[\left(\frac{\partial u_1}{\partial x_2}\right)^2+\left(\frac{\partial u_2}{\partial x_2}\right)^2+\left(\frac{\partial u_3}{\partial x_2}\right)^2\right]$$

$$E_{33}=\frac{\partial u_3}{\partial x_3}+\frac{1}{2}\left[\left(\frac{\partial u_1}{\partial x_3}\right)^2+\left(\frac{\partial u_2}{\partial x_3}\right)^2+\left(\frac{\partial u_3}{\partial x_3}\right)^2\right]$$

$$E_{12}=E_{21}=\frac{1}{2}\left(\frac{\partial u_1}{\partial x_2}+\frac{\partial u_2}{\partial x_1}+\frac{\partial u_1}{\partial x_1}\frac{\partial u_1}{\partial x_2}+\frac{\partial u_2}{\partial x_1}\frac{\partial u_2}{\partial x_2}+\frac{\partial u_3}{\partial x_1}\frac{\partial u_3}{\partial x_2}\right)$$

$$E_{23}=E_{32}=\frac{1}{2}\left(\frac{\partial u_2}{\partial x_3}+\frac{\partial u_3}{\partial x_2}+\frac{\partial u_1}{\partial x_2}\frac{\partial u_1}{\partial x_3}+\frac{\partial u_2}{\partial x_2}\frac{\partial u_2}{\partial x_3}+\frac{\partial u_3}{\partial x_2}\frac{\partial u_3}{\partial x_3}\right)$$

$$E_{31}=E_{13}=\frac{1}{2}\left(\frac{\partial u_3}{\partial x_1}+\frac{\partial u_1}{\partial x_3}+\frac{\partial u_1}{\partial x_3}\frac{\partial u_1}{\partial x_1}+\frac{\partial u_2}{\partial x_3}\frac{\partial u_2}{\partial x_1}+\frac{\partial u_3}{\partial x_3}\frac{\partial u_3}{\partial x_1}\right)$$

B-4 $\varepsilon_{ij}=\frac{1+\nu}{E}\sigma_{ij}-\frac{\nu}{E}\sigma_{kk}\delta_{ij}$

B-5 $Gu_{i,jj}+\frac{G}{1-2\nu}u_{j,ji}+X_i=\rho\frac{\partial^2 u_i}{\partial t^2}$

参 考 文 献

[1] 陆明万,罗学富. 弹性理论基础. 第 2 版. 北京：清华大学出版社,2001

[2] 徐芝纶. 弹性力学简明教程. 第 3 版. 北京：高等教育出版社,2002

[3] 杨桂通. 弹塑性力学引论. 北京：清华大学出版社,2004

[4] Fung Y C. A First Course in Continuum Mechanics. Prentice-Hall,1997

[5] Budynas R G. Advanced Strength and Applied Stress Analysis. 2nd Edition. McGraw-Hill, 1999 (国内影印版,清华大学/施普林格出版社,2001)

[6] Timoshenko S P,Woinowsky-Krieger S. Theory of Plates and Shells. 2nd Edition. McGraw-Hill,1959

[7] 黄克智等. 板壳理论. 北京：清华大学出版社,1987

[8] Timoshenko S P,Goodier J N. Theory of Elasticity. 3rd Edition. McGraw-Hill,1970

[9] Love A E H. A Treatise on the Mathematical Theory of Elasticity. Dover,1944

[10] 穆斯海里什维利著. 赵惠元译. 数学弹性力学的几个基本问题. 北京：科学出版社,1965

[11] Zienkiewicz O C,Taylor K L. The Finite Element Method. 5th Edition. Butterworth Heinemannn,2000

[12] 王勖成. 有限单元法. 北京：清华大学出版社,2003

[13] 杜庆华主编. 工程力学手册. 北京：高等教育出版社,1994

[14] 一机部郑州机械科学研究所主编. 机械工程手册. 北京：机械工业出版社,1980

[15] Flugge W. Handbook of Engineering Mechanics. McGraw-Hill,1962

[16] Young W C,Budynas R G. Roark's Formulas for Stress and Strain. 7th Edition. McGraw-Hill,2002(国内影印版,清华大学/施普林格出版社,2003)